本研究得到国家社科基金“水源地保护区生态补偿制度建设与配套政策研究”（项目编号：14BJY027）的资助。

| 博士生导师学术文库 |

A Library of Academics by
Ph.D.Supervisors

生态补偿制度与配套政策研究

——以水源地保护区为例

葛颜祥　王爱敏　著

光明日报出版社

图书在版编目（CIP）数据

生态补偿制度与配套政策研究：以水源地保护区为例 / 葛颜祥，王爱敏著．--北京：光明日报出版社，2022.10

ISBN 978－7－5194－6857－6

Ⅰ.①生… Ⅱ.①葛… ②王… Ⅲ.①水源地—生态环境—补偿机制—研究—中国 Ⅳ.①X52

中国版本图书馆 CIP 数据核字（2022）第 190615 号

生态补偿制度与配套政策研究：以水源地保护区为例

SHENGTAI BUCHANG ZHIDU YU PEITAO ZHENGCE YANJIU：

YI SHUIYUANDI BAOHUQU WEILI

著　　者：葛颜祥　王爱敏

责任编辑：刘兴华　　　　责任校对：阮书平

封面设计：一站出版网　　责任印制：曹　诤

出版发行：光明日报出版社

地　　址：北京市西城区永安路 106 号，100050

电　　话：010－63169890（咨询），010－63131930（邮购）

传　　真：010－63131930

网　　址：http：//book.gmw.cn

E - mail：gmrbcbs@gmw.cn

法律顾问：北京市兰台律师事务所龚柳方律师

印　　刷：三河市华东印刷有限公司

装　　订：三河市华东印刷有限公司

本书如有破损、缺页、装订错误，请与本社联系调换，电话：010-63131930

开　　本：170mm×240mm

字　　数：255 千字　　　　印　　张：16.5

版　　次：2023 年 1 月第 1 版　　印　　次：2023 年 1 月第 1 次印刷

书　　号：ISBN 978－7－5194－6857－6

定　　价：95.00 元

序

呈现在读者面前的这部著作，是葛颜祥教授在其国家社科基金结题报告的基础上修改扩写而成的，也是国内关于水源地保护区生态补偿的首部著作。

在我国，水源地普遍存在“源头现象”，其特征是离水源地越近，经济发展水平越低；离水源地越远，经济发展水平越高。大江大河如此，小流域也概不能例外。究其原因，无外乎是水源地多居于偏远，交通等诸多短板对经济发展形成制约。还有一个重要的因素是政策约束。为了保护水源地生态，我国在1989年就着手水源地保护区的工作。划定保护区后，对水源地保护区的生产、生活行为进行了限定。如此一来，必然影响水源地的经济发展，从而造成水源地与下游的巨大经济落差，造成区域经济发展失衡。长此以往，不仅会造成社会的不公平，也会影响社会稳定。

如何解决水源地的“吃饭”和下游的“喝水”之间的矛盾，生态补偿是将水源地的“绿水青山”转化为“金山银山”的桥梁。生态补偿是根据“谁保护、谁受益”的原则，利用经济手段，对水源地保护区居民依据其对生态保护区的贡献和做出的牺牲进行补偿，以激励和强化其生态保护行为的经济机制。因保护区的设立，水源地保护区居民对生产做出诸多限制，在生活方面要做出许多约束，有些农民要放弃世代耕种的土地，部分企业甚至要关闭和搬迁，有些居民成为“生态移民”。他们为水源的生态环境保护做出了巨大贡献，但也增加了生产、生活成本。从经济学上来看，必须对这种外部正效应进行补偿，才能刺激这种行为的持续发生，也才能体现现代社会的公平与正义。

该书以水源地保护区生态补偿为研究对象，依据外部性理论、特别牺牲理论和利益相关者理论，基于水源地保护区居民的调查数据，从土地利用、企业经营和居民生活三方面，对水源地保护区生态补偿的范围、补偿标准和补偿方式进行研究。在土地利用生态补偿方面，又分禁止土地利用、限制土地利用和改变土地利用这三种类型；在企业经营方面，又分为搬迁（或关闭）企业、生产限制企业和转产企业三种情况；在居民生活方面，分为生态移民和生活受限居民两种类型。该书针对上述不同的类型，分别界定哪种行为应该纳入生态补偿中，对这种行为的补偿标准进行测算，对补偿的方式进行比较和创新。最后，从立法保障、资金筹集和协调管理三方面，分别探讨了建立和完善水源地保护区生态补偿的保障机制。从框架结构上来看，该书既遵循了“补偿主体、补偿标准、补偿方式”这一传统生态补偿研究范式，同时又在研究对象的厘定上进行了突破，对于读者深入了解水源地保护区建设以及如何进行生态补偿，都具有重要的参考价值。

葛颜祥教授是我在2000年招收的首届博士生，在读博期间潜心研究水权市场和农用水资源问题，是我们研究团队的骨干成员。博士毕业后，针对流域水环境日益恶化问题，开始了流域生态补偿的研究。近年来，主持了3项国家社科基金、1项国家自然科学基金、1项教育部人文社科和多项省部级课题，在相关领域发表论文80余篇，学术成果丰硕。作为导师，我也由衷地感到高兴和自豪。

生态补偿是一个年轻的研究课题，有许多观点、方法尚未有学术定论，一些领域还需要持续进行探索。希望此书的出版发行，能为学术同行提供参考和借鉴，也能为其个人的后续研究奠定坚实的基础，希望他能够在这一领域有更多建树。

是为序！

胡继连

2021年6月25日

前　言

水源地保护区是国家对水源地加以特殊保护而划定的区域，其设立可以保护和改善水源地的生态环境，缓解由于经济发展带来的一系列环境污染问题，保障用水安全，从而促进经济社会全面协调可持续发展。虽然保护区的建立在一定程度上保障了用水安全，但是也存在诸多矛盾和问题，其中问题之一是如何解决保护区内居民的生存与生态问题。建立生态补偿制度是解决水源地保护区所面临的生存和保护问题的有效途径，是生态文明建设的重点，也是建立和完善我国流域生态补偿机制的核心内容。建立水源地生态补偿机制，已经成为我国保护流域水资源生态安全和解决经济社会发展失衡的重要手段。本研究根据特别牺牲理论和利益相关者理论，从减少生态环境破坏的视角，分别研究了水源地保护区土地利用者、企业和居民的补偿范围、补偿标准和补偿方式。主要研究内容包括：

1. 水源地保护区生态补偿调查分析

保护区的设立必然会对当地居民的生产、生活及社会发展带来一定影响。为了更好地解决“谁补偿谁、补偿多少、如何补偿”问题，本研究基于条件价值评估法设计了调查问卷，选取山东等 12 个地市的水源地保护区进行了实地调查，得到有效问卷 731 份，其中处于一级、二级和准保护区的问卷共有 645 份，并针对当地居民对保护区的认知、生态补偿实施情况以及对现有生态补偿的满意度等方面进行了分析。通过分析发现，水源地保护区居民对保护区的设立和生态环境保护具有良好的认知，当前的生态补偿覆盖面主要涉及一级保护区，大多数当地居民对现有补偿标准不满意。通过建立回归模型发现，被调查者的年龄、家庭年收入、所处保护区类型以及补偿标准对生态补偿满意度的影响高度显著。

2. 水源地保护区生态补偿主客体及补偿范围界定

首先对水源地保护区生态补偿中的利益相关者及其利益诉求进行了识别和分析，并通过建立博弈模型，进一步分析了各利益相关主体的行为选择。在此基础上，分别从土地利用、企业经营和居民生活三方面对其补偿范围进行了界定。由于对水源地保护区的土地利用管制是基于增加公共利益而设定的，因此如果这种土地利用管制造成区内的土地所有权人需承受超出一般的社会责任而形成了损害，则需补偿，反之则不需补偿；对于保护区内的企业而言，为了保护生态环境，企业需要搬迁、关闭或转产、限产，这些对于企业的限制行为造成了企业效益下降，需要进行补偿；水源地保护区的居民可分为生态移民和生活受限居民，应该按照其所受限制的类型，确定需要完全补偿还是适当补偿。

3. 水源地保护区生态补偿标准核算

补偿标准的核算是生态补偿的重点和难点。在明确了补偿范围之后，针对禁止土地利用、限制土地利用和改变土地利用这三种情况下的补偿标准分别进行了测算。禁止土地利用需要政府与土地所有者就产权进行补偿，其补偿标准由两种方式形成：一是由第三方对土地价值进行评估所形成的标准，二是参照同类土地市场价格；限制土地利用要根据其受限程度的不同确定土地受限补偿系数，每年的补偿金额可以利用土地现值、土地面积和土地受限补偿系数来计算；改变土地利用要综合考量土地利用方式改变后产出的减少、经营方式的改变、设施的增加等经济损失，以及失业、转型等非经济损失，对此进行综合评估后形成补偿标准。对于搬迁（或关闭）企业的补偿，按照其资产评估价格进行补偿；对于生产限制的企业，其补偿标准确定要综合考量企业规模、行业以及受限程度等，确定补偿系数；对于转产企业，要综合考虑转产成本、机会成本等经济损失以及失业、行业风险等非经济损失，进行综合评估后形成补偿标准。对于生态移民的补偿标准要综合参照移入地的居住、生活标准以及移出地的收入水平和生活水平来确定；对于生活受限居民的生态补偿包括生活方式改变、就业转业训练及辅导等无形补偿，以及控制非点源污染的设施建设等有形补偿。本研究还以云蒙湖为例，对其保护区范围内的被征收耕地的生态补偿标准进行了估算。通过估算得出，2010年云蒙湖水库耕地的总价值为29.05万元/亩，其中耕地社会保障价值为19.29万元/亩，接近经济价值的2倍，超过征地补偿总额的一半（约占土地总补偿额度的66.4%），这说明现行征地补偿标准虽然兼顾了土地补偿费、安置补助费等补偿，但是补偿标准过低，并未包含耕地所承载的巨大社会保障价值。

4. 水源地保护区生态补偿方式选择

不同的利益主体，其适合的生态补偿方式也会有所不同。本研究分别对土地利用、企业经营和居民生活三种情况的补偿方式进行了分析。土地利用管制情况下的生态补偿方式，可以选择土地收储和发展权转移补偿方式。对于需要搬迁或关闭的企业，可采用资金补偿的方式以及土地置换的方式，支持和鼓励企业搬离水源地，以寻求更大的发展空间；对于限产及转产的企业，政府可以采用税收优惠、土地利用优惠等政策措施，间接地对企业进行补偿。对于迁出水源地保护区的生态移民，可采用资金补偿的方式；对于水源地保护区的居民，可在教育、生活等方面采用智力培训、就业培训等形式，帮助其提高就业能力。

5. 水源地保护区生态补偿综合效益评价

水源地生态补偿综合效益评价是科学制定生态补偿机制、保障生态补偿有效运行的关键，也是确定合理补偿标准的重要参考。综合水源地生态补偿各方面影响因素，制定了水源地生态补偿综合效益评价体系，共包括生态效益、经济效益和社会效益等15个评价指标，运用市场价值法、影子工程法等对云蒙湖生态补偿效益进行了货币价值核算。云蒙湖生态补偿实施后增加生态效益10649.75万元，经济效益7718.59万元，社会效益5603.18万元，综合效益显著。但也存在教育、旅游等效益不明显，生态、经济和社会效益增加不均衡等问题，今后应注重水源地生态补偿的经济社会带动作用，增强与农户的互动，实行差异化补偿，延长生态补偿期限，促进水源地生态补偿的可持续性发展。

6. 水源地保护区生态补偿保障机制

本研究从立法保障、资金筹集和协调管理三方面，分别探讨了建立和完善水源地保护区生态补偿的保障机制。建立水源地保护区生态补偿制度，首先要有立法保障，需要在法律框架下，明确水源地保护区生态补偿原则、主体、标准、内容、利益相关方的权责、补偿金的利用和管理等，以此作为水源地保护区利益相关者的生态补偿法律依据；在资金筹集方面，可以从地方资金预算、上级财政补贴、受益者付费、水源地经营收入以及社会捐赠等渠道筹集；在部门协调方面，要建立专门的水源地保护区生态补偿协调机构，协调水源地保护区各利益主体，以保障水源地生态补偿目标的实现。

目 录
CONTENTS

第一章　绪　论

第一节　研究背景

水是自然界广泛存在的一种物质，既是人类和其他生物的生存之源，又是生物体的重要组成部分，是维持生物体正常生理活动的重要介质。水资源是国民经济不可缺少的重要自然资源，是人类生存和发展不可替代的资源，也是组成地质环境系统的重要因素。

我国是一个水资源短缺的国家，人均水资源占有量只有2200立方米，仅为世界平均水平的1/4，是全球13个人均水资源最贫乏的国家之一。我国还是一个水资源分布极其不均匀的国家，长江以南地区拥有全国五分之四的水量，但是其国土面积却只占全国面积的三分之一，而面积广阔的北方地区却只拥有不足五分之一的水量，尤其是西北内陆，水资源量只有全国的4.6%。

进入21世纪，我国水资源供需矛盾进一步加剧。据水利部预测，2030年全国总需水量将达1万亿立方米，届时全国将会有4000亿立方米左右的供水缺口。在全国600多个城市中，有400多个存在供水不足的问题，其中严重缺水的城市有110个，全国城市缺水总量达60亿立方米。

水资源是量与质的高度统一。随着经济的持续快速增长，我国不仅水资源的消耗在大幅增加，而且面临着用水效率低下和水资源浪费等问题，造成水土流失和水资源的严重短缺，并引起水体污染和经济上的损失。与此同时，我国水源地同时受到各种生活污染、工业点源污染以及农业面源污染的影响，尤其是水库、湖泊等这些在饮用水中占有很大比例的地表水源，其生态环境恶化，水资源环境污染严重。地表水如此，地下水情况也不容乐观。当前全国多数城市地下水受到一定程度的点状和面状污染，且有逐年加重的趋势。2015 年上半年，我国抽检的地下饮用水水源地 340 个，达标占比 87.10%，主要超标项目为铁、锰和氨氮。① 水源地生态环境的污染降低了水资源的质量并破坏了生态系统，而生态系统的破坏又进一步加剧了水资源的紧缺。

由于各种突发的环境污染事件不断发生，加之我国产业结构的不合理，以及土地利用的不科学等问题，严重威胁着饮用水源地的环境安全。根据 2014 年《中国水资源公报》，在全国 21.6 万千米的河流中，全年Ⅰ类水河长占评价河长的 5.9%，Ⅱ类水河长占 43.5%，Ⅲ类水河长占 23.4%，Ⅳ类水河长占 10.8%，Ⅴ类水河长占 4.7%，劣Ⅴ类水河长占 11.7%，水质状况总体为中。全年总体水质为Ⅰ~Ⅲ类的湖泊有 39 个，Ⅳ~Ⅴ类湖泊 57 个，劣Ⅴ类湖泊 25 个，分别占评价湖泊总数的 32.2%、47.1%和 20.7%。对上述湖泊进行营养状态评价表明，大部分湖泊处于富营养状态，处于中营养状态的湖泊有 28 个，占评价湖泊总数的 23.1%；处于富营养状态的湖泊有 93 个，占评价湖泊总数的 76.9%。②

日趋严重的水污染不仅降低了水体的使用功能，进一步加剧了水资源短缺的矛盾，对我国正在实施的可持续发展战略也带来了严重影响，而且严重威胁到城乡居民的饮水安全和人民群众的健康，水源地环境保护与管理已经成为确保生活和生产用水安全的第一环节。

第二节　研究目的与意义

随着社会经济的不断发展，水资源危机所带来的生态系统的恶化、生物多样性的破坏等一系列问题，严重地威胁着人类的生存。水资源的管理和保

① 李明华. 大连市水源地保护与实践研究［D］. 大连：大连理工大学，2012.

② 数据来源于中华人民共和国水利部 2014 年水资源公报。

护已经迫在眉睫，关系到广大人民群众健康生产生活。水源地保护区的设立，保护了水源地的生态环境，但也影响了保护区当地生态保护者的利益，生态补偿作为公认的解决相关利益方矛盾的有效途径，其政策制定、完善和实施是经济社会可持续发展的重要保障。

一、研究目的

近几年来，世界各国都已注意到生态环境保护的重要性，并陆续出台了一些政策法规来改善生态环境。水源地作为水资源的源头，在水资源保护中占有极其重要的位置。随着城市化进程的加快、人民生活水平和人们对供水要求的提高，为了保障用水安全，国家要求各地建立水源地保护区，希望以此缓解我国经济的高增长带来的一系列流域环境污染问题。水源地保护区生态环境的良好保护，是保障经济社会用水安全的首要问题，是促进经济社会发展、提高人口素质、稳定社会秩序的基本条件，也是实现经济社会可持续发展、构建和谐社会的基础。

水源地保护区的建立在一定程度上保障了用水安全，但也带来了一系列的问题，其中最重要的问题之一是如何解决保护区内居民的生存问题。长期以来我国一直沿用行政解决生态的思路，即在水源地生态保护区内用行政手段强令地方政府和居民进行水源保护，但这些手段忽视了保护区内居民的生存权和发展权。党的十八大报告提出建立体现生态价值和代际补偿的资源有偿使用制度和生态补偿制度，用制度保护生态环境。因此，建立生态补偿制度是解决水源地保护区所面临的生存和保护问题的有效途径，同时也是建立和完善我国流域生态补偿机制的核心内容，并且已经成为我国保护流域水资源生态安全、解决经济社会发展失衡问题的重要手段和迫切需要。

本研究通过实地调查，分析水源地保护区居民对保护区设立的认知及对现有补偿标准满意度等问题。在此基础上，从减少生态破坏者的视角出发，利用特别牺牲理论和博弈论研究水源地保护区生态补偿中利益相关者的行为，并分析其利益诉求，从土地利用、企业经营和居民生活三方面界定生态补偿范围，然后分别从这三个维度对生态补偿标准进行测算，并从土地收储、发展权转移以及土地置换等方面，分别探讨其适合的生态补偿方式，并对水源地保护区生态补偿综合效益进行评价，最后从制度保障层面，通过对水源地保护区生态补偿实施的配套法律、法规建设的研究，提出制定和完善水源地保护区生态补偿的相关配套政策。本研究是整个流域生态补偿理论的一个补充，为水源地保护区生态补偿的政策制定提供新的思路和科学依据。

二、研究意义

随着经济社会的快速发展，水资源短缺与水源地生态环境恶化问题日益严重，逐渐成为阻碍我国社会经济可持续发展的重要因素之一。我国大多数水源地是大江大河的源头，其在流域中所处的地理位置至关重要，加强水源地的生态环境保护，事关人民群众的身体健康，是确保社会繁荣稳定和维护国家长治久安的民生工程，是保障用水安全最直接、最经济的方式，也是保障人民身体健康的头等大事。

水源地保护区的设立，在保障水源地生态环境的同时，也限制了区内土地所有者、企业和居民的收益权、发展权以及生存权。为了保护水源地良好的生态环境，水源地保护区的土地所有者以绿色的方式经营土地，企业以高于一般环境要求的方式进行生产，居民以环境友好的方式进行生活，由此导致土地产出下降、企业经营成本增加和居民生活成本提高。如果这些权益损失得不到补偿，不仅会影响保护区生态环境的修复和建设，而且也违背了社会公平和正义。

生态补偿作为一种新型的环境管理制度，既是国内外多个学科和领域的理论研究热点，又是我国各级政府决策和实践探索的焦点。我国的水源地保护区大多数是贫困人口集中分布的地区，这些地区经济相对落后、人民生活相对贫困。长期以来，水源地保护区承担着建设和保护生态环境的巨大责任，而对保护区提出的禁止和限制开发的相关政策和要求，进一步限制了保护区的经济发展，逐渐拉大了这些地区与下游地区之间的社会经济发展水平的差距，基于特别牺牲理论，如果不对水源地保护区利益受损主体进行补偿，就会严重影响他们保护生态环境的积极性，同时也有悖于社会公平原则。然而到目前为止，我国尚未建立水源地保护区相关生态补偿方面的法律法规，本研究的相关结论可以为水源地保护区生态补偿法律法规的建设提供参考，对于丰富和完善流域生态补偿政策研究来说，具有重要的理论和实践意义。

第三节 国内外相关研究

国内外对生态补偿的研究是随着生态环境的恶化而展开的。由于西欧和北美的发达国家是较早进入工业化的国家，这些国家的生态问题出现得相对较早，因此对于生态补偿方面的研究和实践开始得也比较早。相对而言我国在生态补偿方面的研究起步较晚，虽然已经涉及了补偿内涵界定、补偿主客体界定、补偿标准、补偿方式等各方面，但是目前为止尚未形成一套行之有效的体系。①

一、国外研究现状

早在20世纪下半叶，水源地保护就已经得到各国政府和公众的重视。1972年联合国为加强和促进公共机构对饮用水源的管理，在第一次人类环境会议上将1981—1990年定为“国际饮用水供给和卫生十年”。此后，发达国家相继提出针对各国国情的水源地保护框架，在此背景下，诸如水源地规划管理技术、水源地运作机制和利益保障模式，以及区域可持续发展等领域的研究引起学术界的高度重视，并成为社会各界的研究热点。

从世界范围来看，对水源地保护区进行生态补偿被普遍认为是保护水源地生态环境比较有效的制度设计。对于生态补偿这一领域的研究，国外已由最初的概念、内涵等理论研究逐步延伸到生态补偿的类型、模式、功能评价、服务机制、评价方法和实践探索等领域。Costanza（1997）和 Daily（1997）将流域生态服务归纳为产品提供、调节功能、生境提供和信息功能等，Daubert J，R Yong（1981）和 Ward F A（1987）利用市场替代法、旅游费用法、概念模型以及经验模型等研究了径流量和水质等变化对河流休闲娱乐功能的影响。生态补偿内涵的经济范畴始于欧洲，指的是如果批准的项目影响

① 徐光丽．流域生态补偿机制研究——以生产用水和经营用水为例［D］．泰安：山东农业大学，2014.

或损害了自然环境，为了确保生态系统的稳定性，则要按照“没有净损失”（no net loss）的原则，实施修复或异地重建，以此来应对由于建设基础设施而对自然生态系统产生的负面影响。荷兰学者 Cuperus 等人（1991）认为，生态补偿是对由于发展而削弱的生态功能和质量的替代，弥补受损地区的环境质量或者创建新的具有相似生态功能和环境质量的区域。Allen（1996）等认为生态补偿是对生态破坏地的一种恢复或新建。可见，自然生态补偿的内涵界定，主要是指自然生态系统在受到外界干扰或破坏后的敏感性和恢复能力，即自然生态系统对外界干扰的一种自我调节和修复再生能力，不涉及人类活动的因素。后来 Wunder（2005）从科斯理论视角界定了生态补偿的内涵，认为生态补偿是环境服务购买者与提供者之间的一种自愿交易，随后 Engel 等（2008）对 Wunder 的定义进行了拓展，基于降低交易成本的考虑将服务的购买方扩大到包括政府等在内的第三方，还考虑到了集体产权在实践中的作用。而 Farley 与 Costanza（2010）则认为 Wunder 对生态补偿的界定过于狭隘和严格，且补偿标准不合理。尽管如此，Petheram 等（2012）与 Newton 等（2012）都认为 Wunder 和 Engel 等对生态补偿的界定仍然被国外学者认为是许多相关理论研究的起点，也是不断被引用的主流定义。

在生态补偿标准方面，Pham 等（2009）认为依据实际机会成本来确定支付标准才是最有效率的生态补偿。Pagiola 等（2007）和 MunozPina 等（2008）则认为补偿标准应当介于机会成本与服务使用者获取的收益之间。除此之外，生态补偿项目实施后对区域的影响成为近年来国外生态补偿研究的热点。Scullion 等（2011）利用现场调查和遥感技术，评价了墨西哥科阿特佩克实施生态补偿的环境影响。HAYES 等（2012）以哥伦比亚林生态补偿项目为例，从农户视角研究项目实施对农户的行为变化以及资源可持续管理的影响。

在生态补偿方式方面，Butche（1998）指出早在 19 世纪 90 年代美国就已逐步将水源地关键区域的私人土地收购归国有，以便于能够更加有效地对水源地土地利用进行调控。Fennessy（1997）认为通过土地征用补偿的方式，较好地解决了集水区保护与当地经济发展的问题，并为公众提供安全饮用水发挥了关键作用。Scherr（2004）还指出从目前来看在世界各国的水源地生态补偿模式中，政府购买补偿是支付生态环境服务的主要方式。Asquith 等

（2008）通过研究指出面对不同的服务提供者应采取不同的补偿方式，而当补偿数额不大时，非现金补偿方式的激励作用要比现金补偿方式更明显。

国外在生态补偿模式上相对多样，如德国、墨西哥、哥斯达黎加等国家实施的生态补偿基金制度模式，瑞典、比利时、芬兰等国家征收生态补偿税的模式，另外还有区域转移支付制度模式和流域（区域）合作模式等。大致来说，国际上的生态补偿模式大致经历了三个阶段：以政府为唯一补偿者，以政府为主导、补偿模式多样化，以市场化运作为主体、多种实践模式相结合。

第一阶段是以政府为主导的生态补偿模式，建立的是公共支付体系。保护流域是作为一种公益事业来看待的，因此这种生态补偿方式在世界范围内广泛存在。例如，1985 年美国开始的流域管理计划，该计划是由政府利用公共支付方式购买生态脆弱土地设立为自然保护区，并将其作为自然保护区，同时政府通过补贴，鼓励对农业用地实施“土地休耕计划”，通过对利益受损的农场主实施补贴，以获得保护流域和改善水质的生态效应。

第二阶段是由政府主导和私人共同参与进行的生态补偿模式。例如，哥斯达黎加的两家公共水电公司和一家私营公司对上游土地所有者进行补偿，该补偿模式是通过国家林业基金进行支付的，补偿金额是根据使用新技术可能减少的利润和所承担的风险计算的。自发组织的私人交易模式常见于较小流域上下游之间的生态补偿，交易双方可以通过谈判签订包含有交易条件和价格的协议合同进行直接交易。

第三阶段是以市场化运作为主体的开放市场贸易方式。指的是在政府制定了生态环境服务的需求规则的条件下，进入市场进行交易，主要指配额交易。还有一种生态补偿模式是生态标记，这是一种间接支付生态环境服务的价值实现方式，体现的是该产品保护生态的附加值和效益，如绿色食品、有机食品的认证与销售。在国外，具有经过认证的生态标记的农产品的价格，要高出普通产品 2 倍以上，这些商品是以生态友好方式生产出来的，而消费者愿意以较高的价格来购买，这就间接完成了对生态服务的补偿支付。

在生态补偿实践方面，国外开始得相对较早。德国是欧洲开展生态补偿比较早的国家之一，其在 1990 年与捷克达成的对易北河的整治合作是比较成功的案例，通过建设两国交界处的城市污水处理厂，实现了互惠互赢。目前国际上许多国家已经建立起了流域生态服务框架，政府和市场都发挥了重要作用，但是各国对生态补偿的做法各有侧重，不同国家由于国情不同，在生态补偿过程中的做法也不尽相同。为了提高生态补偿的实施效率，目前很多国家致力于建立各种生态服务市场，也出现了多种形式的经济激励机制。拥有雄厚的经济实力的一些欧美发达国家，其重点在于补偿金的有效配置，从而使得生态补偿的投入能获得最大的收益。例如，美国田纳西州在流域管理计划中，实施了污染信贷交易；澳大利亚针对 Mullay-Darhng 流域采取了水分蒸发蒸腾信贷。市场化生态补偿模式在实践中也起到了积极作用，如美国的绿色偿付模式和配额交易模式、欧盟和美国的生态标签体系模式、澳大利亚的排放许可证交易模式以及哥斯达黎加的国际碳汇交易模式等。国际上这些生态补偿成功的实践经验，对我国制定和完善水源地保护区生态补偿政策来说具有很好的借鉴价值。

二、国内研究现状

随着我国环境问题日益严重，社会各界开始重视环境保护问题，于是生态补偿逐渐成为学术研究热点。我国关于生态补偿研究起步相对较晚，开始于 1980 年，根据补偿对象不同，研究内容主要集中在矿产资源、森林、自然保护区、退耕还林还草还湖、流域、湿地等方面。从研究领域来看，主要分布在生态补偿的内涵及依据、补偿标准、补偿方式以及实践探索等方面。大致来看，目前学者们对水源地保护区生态补偿方面的研究，主要是从生态补偿内涵的界定、补偿主客体的界定、补偿标准、补偿方式以及生态补偿实践探索等方面进行的，其中对生态补偿研究的核心问题主要是三方面：“谁补偿谁”“补偿多少”和“如何补偿”。

（一）生态补偿内涵界定

水源地保护区生态补偿是促进环境保护的利益驱动机制、激励机制和协调机制的综合体，其目的是调动生态建设者和保护者的积极性。因此水源地作为流域中非常重要的一部分，也需要建立一套适用的生态补偿机制来保护其生态环境。20 世纪 80 年代后期至今，国内外开始了大量生态补偿的理论研究，不过，国内学术界所称的生态补偿概念，在国际上一般称为 PES（payments for environmental/ecological services），即环境/生态服务付费。对于生态补偿含义的认识，经历了一个由浅入深的过程，但由于生态补偿涉及多个学科，交叉性较强，于是生态学、法学和经济学等不同领域的专家、学者们，往往以各自不同的视角对生态补偿的内涵进行解释，因而他们对生态补偿内涵的阐释也存在很大差异，至今生态补偿的内涵还没有形成一个统一的界定。

1. 自发式生态补偿阶段

最初生态补偿起源于生态学，专指自然生态补偿。自然生态补偿是指自然生态系统对由于社会、经济活动造成的生态破坏所起的缓冲和补偿作用。马世骏（1981）认为，自然生态系统各成分之间具有一定程度相互补偿的调节功能，但随着人类对自然系统的影响逐渐扩大，这种补偿和调节作用就有了限度。1991 年版的《环境科学大辞典》将自然生态补偿（natural ecological compensation）定义为生物有机体、种群、群落或生态系统受到干扰时，所表现出来的缓和干扰、调节自身状态使生存得以维持的能力，或者可以看作生态负荷的还原能力。

2. 惩罚性生态补偿阶段

随着科学技术经济社会的发展，人类参与自然资源的活动强度加大，自然资源不能依靠自身修复得到重建，承载能力已经处于“超负荷”状态，如果得不到补偿，其自我还原能力就会衰退并逐渐丧失。于是，到了 20 世纪 80 年代后期至 90 年代中后期，从这个时期开始，学者们对生态补偿的研究进入高峰期，并逐渐开始从经济学角度研究生态补偿，从最初的自然生态系统的自发生态补偿，逐渐演变为促进生态环境保护的经济手段和机制。蒋中天等（1990）提出以“谁污染、谁治理，谁开发、谁保护”为原则，对农业环境的污染和生态破坏给予补偿。庄国泰等（1995）认为生态环境补偿的理论依据是生态环境价值，这是自然要素所固有的，生态环境补偿费就是补偿由于环境破坏导致的生态环境价值损失。何子福（1999）指出单位和个人在进行生产建设和资源开发时，破坏了水土资源的永续利用以及水土保持设施、地形和地貌等，导致原有生态功能降低或丧失，应向其征收补偿费用，这其实是一种社会性的补偿。这一阶段将生态补偿这一概念赋予了经济学的含义，主要是强调生态环境的破坏者应该对其破坏行为进行补偿，使破坏行为对生态环境所造成的直接损失得到补偿和恢复，此生态补偿的内涵与国际上通称的“生态服务付费”或“生态效益付费”基本类似。

3. 权益性生态补偿阶段

从20世纪90年代后期以来，社会各界对生态补偿内涵的关注更加深入，生态补偿的内容在前期研究基础上发生了一些新变化。1998年7月我国实施的新《森林法》建立了森林生态效益补偿基金制度，根据“谁受益，谁负担，全民受益，政府统筹，社会投入”原则，对生态服务受益者予以征收，用以补偿生态公益林维护者的劳动成果。毛显强（2002）通过分析“庇古税”和“科斯手段”，认为这两种理论的目的都是解决外部性内部化的问题，它们在资源与环境保护领域中的应用就是生态补偿手段。他认为生态补偿其实就是指对损害资源环境的行为进行收费，以提高该行为的成本，从而激励损害行为的减少；对保护资源环境的行为进行补偿，提高该行为的收益，以达到保护资源的目的。沈满洪（2004）认为，生态补偿是一种政策或者制度，即通过一定的政策手段实现生态保护外部性的内部化，让生态保护成果的受益者支付相应的费用；通过制度设计解决好生态产品这一特殊公共产品消费中的“搭便车”现象，激励公共产品的足额提供；通过制度创新解决好生态投资者的合理回报，激励人们从事生态保护投资并使生态资本增值。俞海等（2007）通过分析庇古福利经济学角度的外部性理论，认为生态补偿是一种有效的制度安排和政策手段，它将生态保护或损害的外部性内部化，激励生态保护者或损害者理性调整自己的行为，从而实现社会福利的最大化，实现资源的最优配置。马国勇等（2014）将利益相关者理论和生态补偿理论相融合，将生态补偿界定为中央政府或地方政府以实现经济社会可持续健康发展为根本目标，以解决区域（国家或地区）经济发展与生态环境的矛盾为宗旨，以协调生态环境治理利益相关主体间的利益冲突为内容，并以提高公共福祉为原则的一系列制度安排。

另外，燕守广（2009）指出生态补偿的内涵在从生态学视角向经济学视角发展的同时，也逐渐被赋予了法律学意义。张建（2014）认为生态补偿作为一种利益协调机制，只有进入法律关系的轨道才能得到有效实施。黄锡生（2008）从法学角度，认为流域生态补偿应该是指一个行为因利用流域生态服务而导致某主体利益受损害，或者给自然环境造成不利影响，那么其中的获利主体就应支付相应的代价，否则将承担不利的法律后果。王鑫等（2014）通过分析赔偿与补偿以及流域生态补偿与生态服务付费的区别，认为流域生态补偿是遵循一定市场规律下，受益者与保护者之间利益分配的法律制度，是生态受益者以多种形式的补偿来激励生态保护者保护生态环境，从而实现流域经济社会发展的可持续性。李团民（2010）认为生态补偿的实质就是一种权益补偿，调整的是各利益相关者环境利益与经济利益之间的关系。李永宁（2011）认为生态补偿是对个人或组织在水源区保护、水源涵养、水土保持等方面所做出的对环境生态系统有利的修复和还原活动，由国家或其他受益组织和个人对其行为进行价值补偿的环境法律制度。黄润源（2010）认为生态补偿的法学概念应当是为了生态系统提供的环境服务能够持续供给和实现生态公平，协调利益相关者的生态利益和经济利益，维护生态安全，国家通过运用各种经济手段，对破坏环境服务持续供给的行为主体征收直接损害补偿费及生态恢复与治理费等费用，或者对保护环境服务持续供给的行为主体所丧失的机会成本、生态保护和建设成本予以补偿的法律行为。

这一时期的研究主要是强调生态补偿是一种有效的制度设计，不仅要对生态破坏者征收生态环境补偿费，从而达到外部不经济内部化的效果，同时也应该对生态环境的保护者和建设者给予补偿，以此来补偿他们为了提供生态服务而造成的损失。张术环（2008）就认为从制度层面来探求生态补偿并将其看作一个过程、一个工程，并认为这种理解更加符合人、自然、环境之间的关系，以及这种关系的现状和未来要求。总之，生态补偿这种制度安排，可以很好地解决生态服务这一特殊公共产品的“搭便车”现象和“外部性”特征，激励人们从事生态建设和保护的积极性，从而使生态资本增值。

从以上分析来看，虽然学者们在不同时期，从各自不同的相关领域以及不同侧重点对生态补偿的内涵做了诸多研究，但是这些内涵解释都遵循着共同的基础和理论，其最根本目的，就是解决生态环境效应的外部性问题，从而缓解人类经济社会发展与生态环境、自然资源开发和保护之间的矛盾。本研究认为水源地保护区生态补偿是指通过制度创新，让利益受损的水源地保护区生态建设与保护者得到相应的补偿，从而解决水源地保护区生态保护的利益驱动协调机制和激励机制。这种制度安排能够调动水源地保护区生态建设者与保护者的积极性，并能调整各相关利益主体之间的经济关系。

（二）对生态补偿主客体的界定

开展生态补偿的首要任务是确定生态补偿的主客体。生态补偿主客体的界定是开展生态补偿工作的先决条件，对于科学合理地制定生态补偿标准、创新生态补偿方式具有重要意义。我国对生态补偿主客体的界定始于对公益林、防护林、水源涵养林等的生态效益补偿，后来由于水污染和水资源短缺等问题日益严重，流域生态补偿随之成为社会各界关注的热点问题。目前国内外学者对水源地生态补偿主客体进行了详细而深入的研究，随着生态补偿内涵的演进，生态补偿主客体的界定也随之变化，且由于水源地保护区所处地域的不同，其地理特征就有所不同，生态补偿主客体的划分标准也就不尽相同。

1. 生态补偿中的主客体

主客体的界定是生态补偿机制设计的前提。围绕生态补偿主客体界定，学者们进行了大量的研究。杜群（2005）从法律关系角度分析生态补偿的主客体，认为生态补偿的主客体是指有民事责任能力的自然人和法人，可分为“生态补偿的实施主体”和“生态补偿的受益主体”。王淑云、耿雷华（2009）认为，对于饮用水水源地而言，生态补偿主体可以分为两个层次：一是中央或当地政府；二是生态改善的受益群体（社会团体）。马兴华等（2011）认为生态补偿客体应该是指那些为保护和治理生态服务系统，其发展受到限制或因生态环境的破坏而受到影响的个体或群体，生态补偿主体则是指那些因使用生态服务产品或破坏生态环境而需要向生态服务客体予以补偿的个体或群体。生态补偿主体可以是中央或地方政府，也可以是企业、社会团体或个人；而生态补偿客体一般是指地方政府、社会团体或个人。对水源区而言，生态补偿主体一般是指水源区下游政府、企业或者中央政府；补偿客体一般指水源区政府、水源区群众或个人。目前大多数学者认为水源地生态补偿的主体是生态环境的破坏者或受益者，而补偿客体则应该是生态环境利益受损者、保护者以及减少破坏者。

2. 从破坏和受益的角度来界定补偿主体

20 世纪 90 年代初期，学者们通常是根据“谁破坏谁补偿”的原则，从“抑损性”角度界定生态补偿的主体，主张生态破坏者要为其破坏行为付费，即生态补偿的主体就是生态环境的破坏者。从这个角度来界定，生态补偿的主体就是指因其行为对生态系统和自然资源造成了污染或破坏，他们要对其破坏或污染行为付费，用于生态系统和自然资源的治理、修复等。

20 世纪 90 年代后期，随着对生态补偿内涵理解的深化，学者们在界定生态补偿的主体时，不仅考虑了生态补偿的破坏行为，还将生态受益这一客观事实考虑在内，根据“谁受益谁补偿”的原则，大多数学者从受益角度对生态补偿主体范围进行了界定，他们认为生态补偿主体应该包括从生态环境服务产品中受益的单位和个人。如余海等（2007）在研究南水北调中线水源涵养区生态补偿问题中，认为当地政府和中央政府是受益者的集体代表，他们应该是生态补偿的主体，特别是下游政府。史淑娟（2010）认为在水源地补偿问题中补偿主体应指一切从利用流域水资源中受益的群体，包括政府机构、社会组织、企业、个人、外国政府。邓明翔（2012）以滇池流域为例，认为水源区生态补偿主体应该包括所有对滇池造成污染的单位或个人，以及从滇池取水的、经营旅游等受益者；补偿客体则是滇池湿地的建设者、维护者和清理者，同时还强调政府及其相关职能部门应当承担起补偿主体和协调监督的责任。王国栋等（2012）根据生态补偿“受益者补偿”和“公平与合理”原则，界定丹江口库区及上游生态补偿的给付主体为国家和受水区的 4 省（市）政府和群众。石利斌（2014）通过对官厅水库水源地的分析，认为生态补偿的主体不仅包括对水源地水质造成污染的群体，还应包括为从官厅水库水源地保护中受益的群体，如中央政府、下游的北京市和河北省怀来县。

3. 从保护和减少破坏等利益受损的角度来界定补偿客体

目前学术界对生态补偿的客体的界定侧重于对生态环境的保护建设者和减少生态环境破坏者等利益受损个人和群体的补偿。李杰等（2014）基于“谁保护谁受益”的原则，认为黑河水源地的居民应享有获得补偿的权利，他们是补偿的客体即受偿方。毛晓建等（2005）以崂山水库上游饮用水源保护区作为研究对象，认为生态补偿的客体应该是为保护与恢复生态环境而牺牲了部分利益的崂山库区要搬迁的农民和停产的企业。王作全等（2006）认为对三江源区生态补偿范围应包括对地方财政和农牧民生活、生产费用两方面的补偿，其中对农牧民的补偿还应该考虑他们为保护当地生态环境而被迫放弃草场和原来的生活方式，从而需要重新择业、重新适应新生活所做出的特殊牺牲的补偿。李森等（2015）以清水海水源区为研究对象，认为清水海水源区生态补偿的客体是水资源和生态环境的保护行为，包括水源区的节水行为、水资源保护和生态建设者，以及因水资源保护和生态建设而导致自身发展受到限制或受损的企业和居民，但同时由于他们不当或者过度排放污染物的活动影响了水质，又成为生态补偿的主体，因而具备了生态补偿主体和客体的双重身份。不过他们还指出只要清水海引水水质达到Ⅱ类标准，水源区企业和居民的行为符合相关的法律、法规和条例要求，就不应作为生态补偿的主体，而是生态补偿的客体。

从经济学视角来看，对水源地进行生态补偿是一种卡尔多-希克斯（Kaldor-Hicks）改进，根据“谁保护谁受益”的原则，沈满洪等（2004）认为有些生态破坏是“贫穷污染”所致，如果没有外部的资金注入和补偿机制，生态环境就得不到改善，因此对减少生态破坏者给予补偿也是很有必要的。葛颜祥（2006）指出水源地保护区的生态补偿对象应该包括生态保护者和减少生态破坏者，水源地生态保护者主要包括保护区内涵养林的种植及管理者、水源地建设及管理者以及其他生态建设及管理者，其主体可能是当地居民、村集体，也可能是当地政府；而减少生态破坏者主要指保护区内的为维持良好的水资源生态而丧失发展权的主体，如企业为维护生态环境而只能选择无污染项目导致生产效益下降，居民家庭在种植业经营中由于减少化肥使用量而导致的机会损失，当地政府由于无法对旅游资源开发经营、无法招商引资从而带来财政收入的减少等。刘晶等（2011）从生态服务的提供者和受益者两方面来界定补偿主体，认为提供者应该是生态保护者，如水源地管理保护人员、水源地保护区政府等，以及减少生态破坏者如搬迁重建的企业、生态移民、退耕还林还草的居民等。于富昌（2013）将水源地下游补偿主体分为生产用水户、生态用水户和经营用水户，并按照对水源地生态系统的影响方式的不同，将被补偿主体分为生态建设者和减少生态破坏者两大类，并依据产业和群体的不同进行了进一步的界定，将生态建设者分为个体生态建设者和团体组织生态建设者，并将减少生态破坏者分为第一产业减少生态破坏者、第二产业减少生态破坏者和第三产业减少生态破坏者。曾宪磊（2014）认为补偿客体应该是减少生态破坏的集体和个人，如水源地保护区范围内因水源保护而损失利益的居民、村社集体和企业，以及其他从事水源地生态保护的个人或单位。

还有的学者从取用水资源的用途出发来界定，如徐光丽（2014）根据“谁保护、谁受益、获补偿”原则，分别从生产用水和经营用水两方面对生态补偿主客体进行了界定。其中，将流域生产用水中的补偿主体界定为取用流域水资源的用于农业、工业生产的主体和居民，补偿客体界定为水源地或流域上游地区的生态服务提供者；并将流域经营用水生态补偿主体界定为旅游业、水电业、流域养殖业和内陆航运等用水户，补偿客体界定为上游的流域生态保护者和减少生态破坏者。同时还强调减少生态破坏者虽然没有直接参与到生态环境保护行动，却为了流域的生态环境改善和维护放弃自己的发展权、改变生产方式等，如退耕还林带来的机会损失、限制高消耗和重污染的企业的发展等，从而造成了利益损失，应该得到补偿。还有的学者从利益相关者角度阐述了生态补偿主客体，如张晓峰（2011）根据生态补偿对象的利益相关程度将其分为三类：核心利益相关者、次要利益相关者和边缘利益相关者。

4. 从法律的角度来界定补偿主客体

生态补偿主客体的界定，涉及各参与主体的利益问题，这不仅是一个经济问题，也是一个法律问题。姜曼（2009）认为生态补偿的主体是指依照生态补偿法律规定有补偿权利和行为能力，负有生态环境和自然资源保护职责或义务，且依照法律规定或合同约定应当向他人提供生态补偿费用、技术、物资甚至劳动服务的政府机构、社会组织和个人，如政府、社会组织、公民和外国政府等；生态补偿的客体是指为了向社会提供生态产品、生态服务，要从事生态环境建设、使用绿色环保技术或者因其生活地、工作地或财产位于特定生态功能区或经济开发区域，而使其正常的生活、工作条件或者财产利用受到不利影响，依照法律规定或合同约定应当得到物质、技术、资金补偿或税收优惠等的社会组织、地区和个人，包括生态建设者、生态功能区内的地方政府和居民、积极主动采用环保、节能等新技术的企业，以及为提高生态环境和自然资源保护及利用水平而进行相关研究、教育培训的单位和个人。

另外还有的学者对水源地的生态补偿主客体进行了分类，如李明华（2012）将水源地生态补偿主体分为三类，第一类是政府和公共财政；第二类是水源地环境改善的受益群体，主要包括水资源产品的使用者、水资源开发者和其他环境效益的受益者；第三类是水源地生态环境破坏群体，主要有造成水生态环境水质和水量破坏的个人或组织。同时也将补偿客体分为三种，第一种是对水生态环境进行保护和修复活动，提高水环境生态效益的主体；第二种是由于水源生态环境受到破坏而遭到损失的群体；第三种是改善本身的社会经济活动从而减少对水源地生态环境破坏的行为主体。

综上所述，国内外学者从破坏和受益的角度、保护和减少破坏的角度以及法律的角度对水源地生态补偿主客体的界定进行了研究，虽然不同地区的水源地其生态补偿的主体和客体不尽相同，但界定范围逐渐明晰。目前学者们普遍认同将补偿主体界定为生态环境的破坏者和受益者，将补偿客体界定为生态环境的建设保护者、利益受损者和减少破坏者。如孟浩（2012）认为补偿的主体一定是受益者与破坏者，补偿的客体是保护者和利益受损者。学者们在生态补偿主客体界定方面取得的丰硕研究成果，对生态补偿实践以及生态补偿制度的建立和完善提供了理论保障。但是从这些研究成果来看，补偿主客体的界定还缺少系统的科学理念指导，界定标准还存在不一致、不清晰等问题，而且在补偿实践中尚未对补偿主客体的利益诉求及行为选择进行分析，缺少针对不同的补偿客体设计适合的补偿标准和补偿方式。

（三）对生态补偿标准的确定

生态补偿标准的测算是建立生态补偿机制的核心问题，是生态补偿政策制定和实施据以参照的条件和关键点。因此，水源地保护区生态补偿作为流域生态补偿的重要内容，建立一套公平合理、科学可行的补偿标准核算体系，是实施水源地保护区生态补偿的前提。葛颜祥等（2006）认为水源地生态补偿要根据“谁受益谁补偿”的原则，以环境产权外部性理论为指导，以水资源为载体，对水源地生态环境的外部性进行界定，并从经济属性上分类，根据不同的受益对象，依据其消费生态资源的数量进行付费。目前国内学者们对水源地保护区生态补偿标准测算方面也有了一些成果和实践探究，具有代表性的测算方法主要有生态系统服务价值评估法、成本法、意愿调查法等。

1. 基于生态系统服务价值评估法确定补偿标准

生态系统服务价值评估法就是通过适当的经济学评估方法对生态系统服务功能价值进行货币化测算的过程。欧阳志云等（1999）认为生态系统服务功能是人类生存与现代文明的基础，它是指生态系统与生态过程所形成以及所维持的人类赖以生存的自然环境条件与效用。其功能可以包括调节气候、环境净化与有害有毒物质的降解、生物多样性的产生与维持等许多方面。它不仅能为人类提供生产生活原料，还能维持人类赖以生存的生命支持系统，以及维持生物的多样性。桓曼曼（2001）将生态系统服务价值评估方法分为两类：替代市场技术和模拟市场技术，其中替代市场技术评估方法常见的有市场价值法、影子工程法、费用支出法、机会成本法、价格替代法等；而模拟市场技术评价方法只有一种，即条件价值法。何欣（2008）将其中的几种方法做了分析，认为市场价值法是目前应用最广泛的一种较合理的生态系统服务价值评价方法，但是由于生态系统服务种类繁多，在实际评价时仍有许多困难。影子工程法可以通过寻找一个影子工程，来解决生态系统服务难以进行价值量化的问题，但是由于两种功能效用具有异质性和替代工程的非唯一性，这种方法不能完全替代生态系统给人类提供的服务；而条件价值法不仅可以评价非使用价值，还可以评估环境物品的使用价值，对于其他方法难以涵盖的环境问题评价特别适用，但是这种方法需要较大的样本数量。

利用生态系统服务价值评估法确定水源地保护区生态补偿标准的研究成果以案例研究居多。在对水源地保护区的生态补偿标准进行测定时，主要是对水源地保护区生态系统所提供的产品及服务的价值进行估算，按价值形态来划分，可将其分为生态价值、经济价值和社会价值。徐琳瑜等（2006）以厦门市莲花水库工程为例，认为水库工程运行期生态补偿的最终目的是维系其生态服务功能的正常发挥，这些生态服务功能是通过激励水库汇水区及库区生态环境保护的行为来实现的，而其生态服务功能价值就可以用来确定生态补偿费标准，他们还根据莲花水库库区（包括汇水区）不同的土地利用方式，分别计算出自然价值、社会价值和经济价值，经计算得到所需生态补偿费为1.29亿元，且通过比较这个数值是相对合理的。刘桂环等（2010）利用生态系统服务价值法对官厅水库流域生态补偿标准进行了测算，得出2008年官厅水库的生态系统服务价值要高于215.82亿元，并认为此计算结果应作为补偿标准的上限。黄一凡（2012）通过水量平衡法计算了辽东森林年涵养水源的总量，然后采用影子工程法估算其生态服务功能经济价值，以此为基础，量化了大伙房水库上游水源保护区每年需要得到2440万元的直接经济补偿，水源涵养功能价值为389元/公顷·年。

相对于其他生态补偿标准确定方法，生态服务价值评估法确定的补偿标准偏高，在实践中一般将生态服务价值评估标准作为生态补偿标准的上限。

2. 基于成本法确定补偿标准

成本法是指通过可量化的指标，相对客观地对水源地保护区的生态补偿标准进行测算，其可行性与操作性较强，因此运用较为广泛。水源地生态保护与建设的总成本可分为直接成本和间接成本。其中，直接成本是指那些相对比较容易量化的、通常有财务数据做支撑的，且在开展生态建设保护的各项措施时必须直接投入的人力、财力、物力；间接成本又称为机会发展成本，指的是由于资源的有限性，为保护水源地保护区的生态维护与水源涵养功能，而放弃的其他方案中最大经济效益的选择方案，包括当地发展权受限导致的损失等。

也有的学者认为生态服务价值法估算的结果作为生态补偿标准的上限并不妥当，如张郁等（2012）指出因为这种估算方法并不能反映生态服务功能的增值或损失，他们认为成本法可以近似地反映生态系统服务提供者和保护者所遭受的经济损失，是当前及今后一段时期内易于接受、较为合理的确定生态补偿标准的方法，并利用成本法估算出大伙房水库输水工程水源地生态补偿的最低标准为15958.5万元，通过比较，这种方法计算出来的补偿额是接近客观实际的基本补偿标准。李彩红等（2013）指出水源地生态补偿标准的确定不仅需要考虑环境保护过程中产生的直接投入，还需要考虑由此产生的机会成本，并以大汶河流域为例，从企业、居民、政府三个层面的受损主体对其机会成本损失分别进行了测算，得出莱城区2010年在水资源保护中发生的机会成本大约为1880136万元。张韬（2011）利用机会成本法对西江流域水源地保护区的水资源生态服务系统价值进行了估算，以此作为该地区为保护水源地而放弃的一部分产业发展的生态补偿标准。陈江龙等（2012）认为对于水源地保护区发展权损失的测算，实质上是对水源保护行为投入产出效益的评价，保护行为的成本可以用机会成本法来估算，据此在地理要素修正的基础上，应用区域比较法评价了太湖东部水源保护区的发展权价值损失为423868.5万元，并以此作为生态补偿的标准。

还有的学者对水源地生态环境保护的机会成本进行了研究。薄玉洁等（2011）利用机会成本法，分别对水源地第一产业、第二产业和第三产业的发展权损失进行了测算，并指出在具体补偿实施时，可以综合考虑水源地补偿区、受偿区以及整体大环境的经济社会发展状况进行逐年补偿，而不必一次性给付。禹雪中等（2011）指出虽然基于成本法计算的生态补偿量的核算依据易于被水资源保护方和受益方所接受，但是目前其核算方法尚不成熟，尤其是在机会成本核算上的不确定性较大。段靖等（2010）对机会成本核算方法进行了改进，提出了基于分类核算的水源地机会成本计算方法，引入增加值增速及收益调整系数进行校正。孔凡斌（2010）运用“工业发展机会成本法”和“成本—效益分析法”，并引入水质修正系数、水量分摊系数和用水效益分配系数，测算出了江西东江源水源保护区的生态补偿标准总额为51335.2万元。郭志建等（2013）认为不同流域中水质和水量的重要程度不同，其生态建设和保护的成本以及生态补偿额就不同，并以大汶河流域为例，分别计算出基于水质和水量的生态补偿额，通过测算，2008年大汶河流域泰安段应向上游水源地莱芜补偿33.69万元。

3. 基于意愿价值评估法（CVM）补偿标准

意愿价值评估法又称为条件价值评估法，是以福利经济学理论为基础，通过构造生态环境物品的假想市场，调查获知消费者的支付意愿或受偿意愿，从而实现非市场物品的估值方法。靳乐山等（2012）采用意愿调查法通过实地调研得出贵阳鱼洞峡水库水源地下游用户总的支付意愿达847万元/年，同时还全面估算了上游龙里汇水区的生态环境治理维护成本，认为生态补偿标准应该介于上游生态保护费用与下游支付意愿之间。彭晓春等（2010）采用意愿价值评估法估算了东江流域上游农民的受偿意愿和下游居民的支付意愿，分别是 360.75 元/（年·hm^2）和 332.7~364.5 元/（年·户），并且通过回归分析发现，下游居民的支付意愿受其收入、受教育水平、自来水水质影响明显，而上游农民受性别和受教育水平与其受偿意愿影响显著。徐大伟（2012）通过对辽河流域居民的实地调研，运用条件价值评估法（CVM）对其补偿意愿（WTA）和支付意愿（WTP）进行了测算，利用非参数估计法和参数估计法，测算得出辽河流域生态补偿标准分别为 160.72 元/（人·年）和 255.97 元/（人·年）。这样通过同时测量受访者的 WTP 和 WTA，可以较为真实地反映他们的实际支付意愿，一定程度上来说，可以解决单独测量其支付意愿（WTP）作为补偿依据而带来的补偿金偏高问题。

4. 其他方法

除了生态价值评估、成本法和意愿价值评估法，市场价值法、水足迹分析法、博弈法以及综合法等也得到学者的关注。韩美等（2012）运用环境保护投入费用评价法和市场价值法等量化了黄河三角洲湿地的生态补偿额，通过计算发现，依据生态服务功能价值计算的生态补偿量 6599 元/hm^2，远高于依据市场价值法计算的补偿标准 4381 元/hm^2。耿涌等（2012）和邵帅（2013）认为现有的生态补偿标准测算方法或者模型对水资源评价的精确度难以控制和预测，这些方法并未将人类的参与状况纳入考虑范围，而基于水足迹模型的生态补偿标准测算方法可以定量地将虚拟水资源纳入测算范围中，这种方法可以全面反映某一区域水资源的占用情况，从而判断这一地区水资源的安全状态，因此利用水足迹分析法计算出来的生态补偿额相对客观、准确，从而流域上下游之间生态补偿的公平性和认可度能够得到提高。庞爱萍等（2010）构建了基于水环境容量的水源地生态补偿标准模型，并对漳卫南流域几个重要水源区的生态补偿额进行了计算，这种方法可以根据每年上下游的水质情况来确定补偿者，从而能够动态地对流域上下游进行生态补偿标准的核算，有利于环保政策的推行和实施。刘玉龙等（2009）以新安江为例，从福利经济学的角度，借助边际价值的概念，通过分析上游补贴、下游征税、谈判这三种实现流域帕累托最优的方法，核算出上下游生态补偿额度应该在5.2亿元和136亿元之间进行选择，并建议采用谈判的方式在补偿额度上达成一致，从而达到帕累托最优状态。

还有的学者利用博弈理论和方法分析水源地保护区生态补偿中各利益相关主体的行为选择，王爱敏等（2015）利用利益相关者理论从生态补偿主体和补偿客体两方的利益诉求出发，通过构建纳什均衡矩阵，分析了二者参与生态补偿的行为选择及其影响因素。李维乾等（2013）以水质水量作为模型的输入参数，构建了基于改进的Shapley值的数据包络分析（DEA）合作博弈模型，并以新安江为研究对象，对其上游水源地保护成本与生态建设进行分摊，从而使整个流域的效益达到最大值。

也有的学者结合当地的实际情况，在综合分析两种及以上计算结果的基础上确定一种最合适的补偿标准。刘强等（2012）利用生态保护总成本法和意愿调查法对东江流域上游水源地生态保护总成本（包括直接成本和发展权损失等的间接成本），以及下游用水城市居民的支付意愿进行了量化，并引入水质修正系数和水量分摊系数，通过计算，得出生态补偿额度为24.69亿元/年，而下游四市生态补偿支付意愿总额为5.91亿元/年，二者相差了18.78亿元。乔旭宁等（2012）以机会成本和直接成本为基础的综合成本法，结合流域生态损益法和支付意愿法，计算出了渭干河流域生态补偿的高、中、低三种标准，将其分别作为补偿的上限、参考值和下限，通过分析发现，不同补偿标准对流域农牧民的生计和福祉会产生较大影响，如果按照参考标准8.67%进行补偿，水源涵养区的农牧民收入水平就可以达到流域的平均收入水平。

还有一些学者如马俊丽等（2012）认为公平合理的水源地生态补偿标准应该充分考虑到补偿主体的支付能力，以及补偿对象的接受意愿，并将资源价值法和支付意愿法结合起来，测算了贵阳市花溪水库的生态补偿标准上限和下限。王彤等（2010）在综合考虑供给方和需求方的利益角度，建立了水库流域生态补偿标准测算体系，并以大伙房水库流域为例，利用基于水库上游水源保护区的生态系统服务评价法、总成本法和基于下游用水城市的支付意愿法，分别计算出补偿标准的上下限，在综合考虑上游水源保护区做出的贡献及下游用水地区的支付能力基础上，将补偿金额定在10000万元，并指出这一补偿标准可以使水资源供给方和需求方都能接受。

5. 现有水源地保护区生态补偿标准计算方法比较

作为生态补偿的核心问题与难点，补偿标准的确定直接关系到生态补偿政策制定和完善的可行性、科学性以及实施效果。上述主要是针对目前学者们常用的有关水源地生态补偿标准的测算方法进行了总结，事实上，流域生态补偿标准的不同核算方法都有其自身的优缺点（见表1.1），因此在实践中，可以根据流域生态补偿的具体情况来选择适当的补偿标准测算方法。

表1.1　水源地保护区生态补偿标准几种测算方法比较

测算方法	优点	缺点	实用程度评价
生态系统服务价值评估法	对生态服务赋予了可计量的经济价值，体现的是人类可以从生态系统中获得各种生态服务	评估生态系统服务方法的不同会导致计算结果差别很大，计算结果往往偏高，是目前比较有争议的方法	低
基于成本法的测算方法	充分发挥了水源地保护区的生态效益，对当地生态环境保护的投入包括对发展机会成本进行补偿，补偿量核算依据易于接受	机会成本的核算方法尚未统一，还存在争议	高
意愿价值评估法	充分考虑了生态服务受益方的支付意愿和能力，以及保护方的受偿意愿和生计	受人为因素影响较大，实际中可能存在调查数据与真实意愿不符	高
基于水质水量指标的测算方法	由水源供需双方共同决定水质水量，实行超标罚款、达标补偿，可操作性和适用性强	主要用于跨流域上下游水质较差的区段，较少用于水源地保护区生态补偿的理论和实践研究中	中

（四）对生态补偿方式的探索

水源地保护区生态补偿方式解决的是如何进行补偿的问题，它指的是补偿主体对补偿客体进行补偿的形式与途径，它集中体现了水源地保护区补偿主客体之间的权利义务关系，是生态补偿政策得以实现的最终落脚点，也是生态补偿制度的中心环节。水源地保护区生态补偿的方式和途径很多，按照不同的依据和准则其分类不同。江秀娟（2010）提出从生态补偿主体的角度对生态补偿方式进行分类，可以将其分为直接补偿与间接补偿；从补偿客体的角度进行分类，可以将其分为货币补偿、实物补偿、政策补偿及智力补偿，这四种补偿方式在立法中明确规定了补偿主体和补偿客体的权利与义务，这种分类有利于补偿客体主张其受补偿的权利，也是将来在相关生态补偿立法中所选择的分类模式。葛颜祥等（2006）认为直接补偿是给予生态环境服务提供者的直接现金或实物等的补偿方式，资金来源主要是中央财政支付，在实践中为了减少水源地生态补偿的运作成本，还常采用地区以及部门直接补偿的形式；间接补偿包括政策补偿、智力补偿、项目补偿等方式。黄昌硕等（2009）认为补偿措施必须是机制化且长效的，同时还需要辅以阶段性或暂时性补偿措施。目前我国生态补偿主要是通过行政调节来实现的，市场补偿方式是这种行政补偿方式的补充。

徐永田（2011）认为生态补偿方式决定生态供给者获得何种补偿、决定生态供给者获得补偿的时点、决定生态供给者获得补偿的期限，并影响着生态供给地区生态保护的积极性。根据补偿对水源地经济的促进性和生态保护的激励性，可将补偿方式分为输血型补偿、造血型补偿以及生态造血型补偿，另外还指出在水源保护区生态补偿方式的选择上，要结合不同补偿对象的特点以及受损的性质来确定，且应尽可能采用生态造血型补偿方式。王青瑶等（2014）认为目前湿地生态补偿的方式过于单一，不同的湿地保护模式应该运用多元化的生态补偿方式，也就是说对于湿地自然保护区的核心区、缓冲区和实验区，其生态补偿方式应有所不同，同时还应将输血型补偿方式和造血型补偿方式结合起来，从而实现湿地生态补偿方式多元化，防止湿地生态功能退化，有利于我国湿地生态补偿的有效实现。王成超等（2013）以福建省长汀县为研究案例区，研究了现金补偿、实物补偿、技术补偿和政策补偿等不同生态补偿模式对农户可持续生计的影响，通过研究发现，现金补偿仅仅在一定程度上缓解了农户的生计压力，其生态保护意义相对较弱；实物补偿是研究区采用的最主要的生态补偿方式，在一定程度上夯实了农户的物质资本；而技术补偿、政策补偿和产业补偿方式的实施应进一步加强。赵雪雁等（2010）以甘南黄河水源补给区为研究区，利用问卷调查资料分析了当地农牧民对不同补偿方式的偏好，以及不同补偿方式对其生计能力的影响，结果表明对现行的退牧还草工程补偿方式，农牧民并不太满意，从而提出了应选择现金/实物补偿与能力补偿相结合的补偿方式。苏芳等（2013）指出目前我国政府对农户的生态补偿方式，主要有资金补偿、物质补偿和技术补偿，并通过设计农户生计资本评估体系，分析了张掖市甘州区各种生态补偿方式对农户生计资产的影响，结果显示以农业生产为主的农户倾向于选择技术支持和物质支持两种生态补偿方式，而以非农经营为主的农户则更倾向于资金支持和政策支持两种补偿方式。

三、现有研究述评

通过对已有研究文献综述分析可以看出，国外对于生态补偿的研究起步较早，已经切入了理论应用和实证研究阶段，市场作为补偿资金供求实现均衡的有效配置手段是比较突出的特点之一。我国对流域生态补偿的研究起步较晚。水源地保护区生态补偿作为流域生态补偿的重要部分，虽然得到了国家的重视并在全国各地的实践中积累了丰富的经验和可取的模式，但是从现有的研究文献可以看出，目前国内学者们对于生态保护者的补偿研究居多，对于减少生态破坏者的补偿研究相对较少，而水源地保护区的设立，所面临的补偿问题多为对保护区内的土地所有者、企业和居民等这些减少生态破坏者的补偿问题，并且相关研究基本还是处于法规制度和理论政策的探讨阶段，还没有形成系统、完整的体系。

（一）对于水源地保护区生态补偿研究角度及补偿范围方面的研究

从近年来学者们对水源地保护区生态补偿问题所进行的研究和探索来看，主要围绕着两个领域，一是对生态保护者的补偿，二是对减少生态破坏者的补偿。学者们的研究大多是从水源地保护区生态保护者的角度出发，对生态保护者的补偿标准和补偿方式等方面进行了探讨，并对一些实践应用案例进行了研究，取得了一些值得借鉴的模式和经验，但是对于那些生产生活方式受到限制，以减少对水源地保护区生态环境破坏的一部分单位和个人如保护区内的土地所有者、企业和居民等，对其生态补偿及补偿范围界定方面的研究较少。

（二）对于减少生态破坏者生态补偿标准方面的研究

目前对减少生态破坏者的生态补偿标准的测算方法研究相对滞后，无法满足生态实践的需要。补偿标准的测算是生态补偿的研究核心，关系到水源地保护区生态补偿的效果和可行性。目前学者们采用了基于成本、生态服务价值以及补偿意愿等多种方法用于确定具体的补偿额度，并在实践上做了许多尝试性的研究和探讨，然而目前国内对于水源地保护区生态补偿的研究，主要还是集中于生态补偿机制的设计上，着重于总体层面的探讨，而针对减少生态破坏者的补偿标准的量化研究，目前还处于探索阶段，还没有形成一个完整、系统而成熟的测算体系，对于如何制定补偿标准目前尚不统一，理论和实践上都有待进一步完善。

（三）对于减少生态破坏者的补偿方式方面的研究

在补偿方式的研究上，目前学者们大多从生态环境保护者角度出发，提出了财政转移支付、生态补偿基金、政策补偿、水权交易以及异地开发等模式，而对于保护区内的土地所有者、企业和居民等减少生态破坏者的生态补偿方式研究较少。并且在实践中生态补偿政策的制定和实施，主要还是依赖于政府的指导文件和行政指令，生态补偿资金的来源主要还是通过财政转移支付来实现，市场化的生态补偿创新方式较少。

（四）缺乏相关水源地保护区生态补偿的政策法规

从现有的文献来看，我国对水源地保护区生态补偿机制的设计，更多地体现在“扶贫”的意义上，目前还没有相关法律法规或者政策依据支持。水源地保护区生态补偿实质上是保护区当地政府与上下游地区政府之间财政收入的重新再分配过程，而当前在生态补偿资金的筹措和运作方面的相应体制和政策支持缺乏，这在很大程度上影响了补偿资金的筹集、运作和统一管理，加大了生态补偿政策的实施。

我国目前在水源地保护区生态补偿方面的研究和实践仍处于初期探索阶段，相应的生态补偿机制和制度安排的改革还需要一段时间。为了保护水源地的生态环境，迫切需要研究水源地一级、二级和准保护区设立后对于减少生态破坏者的补偿范围、补偿标准以及补偿方式等问题，建立一套各利益主体能够共同认可的、具有可操作性的生态补偿制度。

第四节 研究方法与技术路线

一、研究方法

（一）规范分析法

依据经济学的外部性理论、特别牺牲理论以及利益相关者理论，对水源地生态保护区利益相关者的行为进行分析，判断哪些主体行为需要补偿，哪些属于其应尽义务而不应补偿，从而确定水源地保护区生态补偿的主体，界定减少生态破坏者需要进行补偿的范围。

（二）实证分析法

采用实证分析的方法，设计调查问卷对典型水源地保护区进行实地调查，借助调查问卷，从土地利用、企业经营和居民生活三方面，收集不同利益相关主体对生态补偿认知、对现行生态补偿的满意度以及生计状况等方面的资料，利用统计资料进行计量模型分析，然后利用模型研究相关影响因素，为水源地保护区生态补偿范围的界定、补偿标准的核算和补偿方式的选择提供依据，并以此为基础提出相关政策保障措施。

（三）模型分析法

采用博弈分析方法，建立在水源地保护区生态补偿中利益相关主体（补偿主体和补偿客体）的博弈模型，并引入监督惩罚机制，补偿主体可能采取的行为是补偿和不补偿，补偿客体可能采取的行为是保护生态环境和不保护生态环境，当补偿客体不保护生态环境的行为一经监督发现将会受到惩罚，由此建立支付矩阵，二者在各种行为选择的情况下，最终形成保护—补偿的纳什（Nash）均衡。

（四）案例分析法

目前国内外水源地保护区已有许多生态补偿案例，这些案例为水源地保护区生态补偿的制度建设提供了很好的借鉴。在规范分析的基础上，对典型水源地保护区生态补偿案例进行实证分析，作为规范分析的补充，为我国水源地保护区生态补偿制度及配套政策设计提供借鉴。

二、研究的技术路线

本研究对水源地保护区生态补偿制度的研究将沿着以下路线图展开（图1.1）。基于水源地保护区减少生态破坏者的补偿，本研究就土地利用、企业经营和居民生活三个主体行为，从补偿范围、补偿标准以及补偿方式三方面进行交叉研究。其中土地利用情况可分为禁止利用土地、限制利用土地和改变利用土地，并分别针对这三种情况对土地利用者的生态补偿范围、补偿标准以及补偿方式进行分析；企业经营也包括三种情况，分别是企业搬迁或关闭、限制生产和企业转产，分别探讨这三种情况下的企业生态补偿范围、补偿标准以及补偿方式；居民生活包括生态移民和生活受到限制两种情况，针对这两种情况下的生态补偿范围、补偿标准以及补偿方式分别进行分析。根据以上研究结果以及实际案例运行存在的问题，从立法保障、资金筹集以及

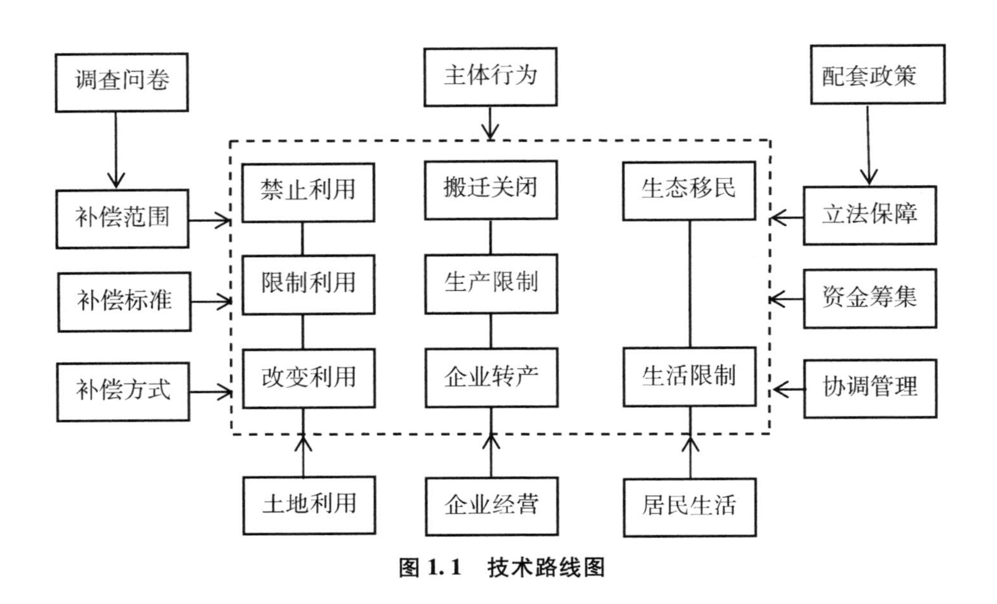

图1.1　技术路线图

协调管理三方面提出配套政策设计。

第五节 创新之处

本研究在文献查阅、理论分析、专家访谈、实地调研基础上，利用特别牺牲理论以及外部性理论，探讨水源地保护区生态补偿问题。

第一，本研究从减少破坏者的角度，利用特别牺牲理论对水源地保护区生态补偿利益相关者进行补偿范围界定，这在研究思路上不同于现有的研究。水源地保护区生态补偿需要符合三个要件：其一，承受对象为特定人或少数人；其二，因水源地保护区设立及其管制行为使其权利受损；其三，所受的管制负担超过其应承担的社会责任范围。按照这三个要件，水源地保护区生态补偿范围是保护区内的土地利用者、从事生产经营的企业以及当地居民。

第二，补偿标准的测算是水源地保护区生态补偿的重点和难点，本研究从土地利用、企业经营和居民生活三方面对于水源地保护区生态补偿标准进行分析，这种分类相比现有研究而言更加全面和清晰。

第三，本研究提出在水源地保护区范围内土地用途管制情况下采取发展权转移补偿，这在补偿方式上是一个创新。发展权转移是一项补偿受损地区相关权利人以促进公平分配的重要制度，我国对此方面的探讨还处于初级阶段，相关实践也仅仅是解决建设用地供给与需求之间的矛盾，而水源地保护区范围内土地的用途管制致使土地利用者的基本土地发展权益遭受损失，因此通过发展权转移这种补偿方式，能够合理补偿水源地保护区土地利用者为生态环境保护而做出的牺牲，从而保护了他们的合法权益，而且通过出售发展权，还可以消除水源地保护区对土地管制而产生的土地暴损，借由出售发展权来得到补偿。

第二章　水源地保护区生态补偿及相关理论

在水源地保护区生态补偿过程中，往往涉及多个利益相关主体，其利益诉求也各不相同，同时其补偿所依据的相关经济理论也就不同。基于此，本章首先对水源地保护区生态补偿中的相关概念进行界定，然后论述相关经济理论。

第一节　相关概念界定

为了更好地研究水源地保护区生态补偿各相关利益主体所涉及的主客体界定、补偿标准测算以及补偿方式选择等问题，就需要清晰地界定在生态补偿过程中的相关概念。

一、水源地

大自然中的水资源都有特定的源头，大致分为三类：地表水、地下水、大气中的雨水。地表水源有江、河、湖、海和水库等，地下水源有潜流水、承压水、泉水、岩溶水等。一般来说水源地指的是水源头所在的区域，从广义角度按照取水水源差异来进行划分的话，可以将水源地划分为河流流域、湖泊所在、水渠沿途、水库属地以及以海水为水源的取水海洋等。①

① 姜楠，梁爽，谷树忠．城市水源地建设中的水权交易理论与实践述评［J］．中国人口·资源与环境，2005，15（1）：126-131.

水源地作为一个水生态系统，由生物群落与非生物环境两部分组成。生物群落依其生态功能分为：生产者（浮游植物、水生高等植物）、消费者（浮游动物、底栖动物、鱼类）和分解者（细菌、真菌）；非生物环境包括阳光、大气、无机物（碳、氮、磷、水等）和有机物（蛋白质、碳水化合物、脂类、腐殖质等），为生物提供能量、营养物质和生活空间，其循环过程如图 2.1 所示。

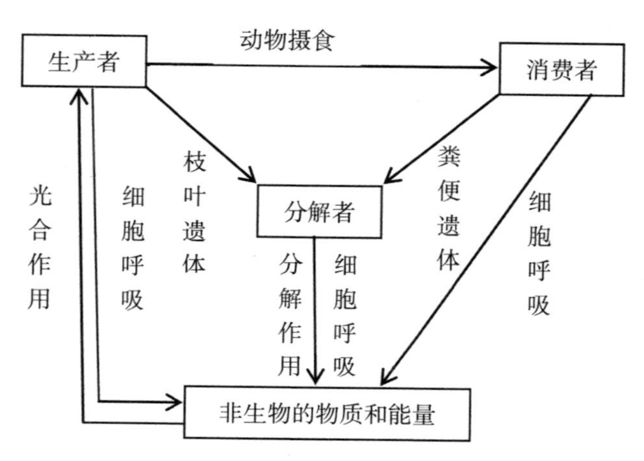

图 2.1　水源地水生态系统能量循环过程

水生态系统中的水生生物群落与水环境相互作用、相互制约，通过物质循环和能量流动，共同构成具有一定结构和功能的动态平衡系统。水源地水生态系统的主要功能就是保证系统内的物质循环和能量流动，以及通过信息反馈，维持系统相对稳定与发展，并参与生物圈的物质循环。

水源地水生态系统中的各种生物群落，不断与外界进行着物质能量交换，并与外界环境一起构成了一个有机整体，表现在为水源地自身和周围区域提供生态用水、生产和生活用水。水源地水生态系统不仅具有一定的自动调节能力，以实现生物系统和非生物系统之间与环境之间能够相互适应，而且能够使系统中生物群体不断进行演化与发展，达到稳定、有序与均衡的状态。因此，水源地水生态系统在维护自然界生物的多样性和人类经济社会可持续发展方面起到了非常重要的作用。

这样看来，水源地就是为一定范围内的动植物提供生存场所，为城镇居民、企业和农业生产提供生活生产用水，以及为公共服务用水提供取水工程的水源地域。水源地以水系系统为纽带，与下游流域及其沿岸陆生、水生生态系统和人类社会组成了一个复杂而完备的综合系统。从水利学和生态学的角度来看，对水源地的生态环境保护研究可以归属到流域生态环境保护研究的范畴。

二、水源地保护区

水源地保护区是国家对某些特别重要的水体加以特殊保护而划定的区域，它是为了防治水污染、保护和改善环境、保障饮用水安全、促进经济社会全面协调可持续发展而划定的。水源地保护区是由司法行政机构划定，一个水源流域区或者水源流域区的一部分地域，还包括为保护区颁布的保护措施，它是一个法律概念。①

我国在 1984 年颁布的《中华人民共和国水污染防治法》为建立水源地保护区提供了法律依据，其中第 12 条规定，县级以上的人民政府可以将下述水体划为水源地保护区：生活饮用水水源地、风景名胜区水体、重要渔业水体和其他有特殊经济文化价值的水体。按照水体的特征进行划分，水源地可以划分为地下水水源地保护区和地表水水源地保护区，其中地表水水源地保护区又可分为水库型水源地保护区（一般是专用水源的露天水库）、湖水型水源地保护区以及河流型水源地保护区。之后我国在 2008 年颁布的《中华人民共和国水污染防治法》中，还特别要求各地建立地表饮用水和地下饮用水水源保护区制度，将饮用水水源保护区划分为一级保护区和二级保护区，必要时，可以在饮用水水源保护区外围划定一定的区域作为准保护区，并规定对水源保护区要实行特别的管理措施，以使保护区内的水质符合规定用途的水质标准。本研究研究的地域范围就是水源地保护区设立之后的一级保护区、二级保护区和准保护区。

水源地保护区是容易受到破坏的地区，其发展如果不加控制必然是破坏性的，因此水源地的发展必须和区域的目标保持一致，要想从根本上解决我

---

① 李建新．德国饮用水水源保护区的建立与保护［J］．地理科学进展，1998，17（4）：90-99.

国水源地生态环境的保护问题，就要切实解决好保护与发展的关系。①《饮用水水源保护区划分技术规范》中规定，地表饮用水水源保护区包括一定的水域和陆域，其范围应按照不同水域特点进行水质定量预测并考虑当地具体条件加以确定，保证在规划设计的水文条件和污染负荷下供应规划水量时，保护区的水质能满足相应的标准。该规范还规定，在一级保护区的水质标准不得低于国家规定的《地面水环境质量标准》GB3838-88Ⅱ类标准，并须符合国家规定的《生活饮用水卫生标准》GB5749-85的要求；二级保护区的水质标准不得低于国家规定的《地面水环境质量标准》GB3838-88Ⅲ类标准，应保证一级保护区的水质能满足规定的标准；准保护区的水质标准应保证二级保护区的水质能满足规定的标准。

饮用水地下水源保护区要根据所处的地理位置、水文地质条件、供水的数量、开采方式和污染源的分布划定，水质均应达到国家规定的《生活饮用水卫生标准》GB5749-85的要求。饮用水地下水源一级保护区位于开采井的周围，其作用是保证集水有一定滞后时间，以防止一般病原菌的污染；二级保护区位于饮用水地下水源一级保护区外，其作用是保证集水有足够的滞后时间，以防止病原菌以外的其他污染；准保护区位于饮用水地下水源二级保护区外的主要补给区，其作用是保护水源地的补给水源水量和水质。

同时，《饮用水水源保护区污染防治管理规定》还规定在地表饮用水和地下饮用水水源各级保护区内，禁止一切破坏水环境生态平衡的活动，禁止向水域倾倒污染废弃物，禁止未经有关部门批准、登记的运输船舶和车辆进入保护区，禁止使用剧毒和高残留农药，不得滥用化肥，不得使用炸药、毒品捕杀鱼类。

水源地保护区的水资源是母体资源，具有满足人类生存和经济社会发展需要的作用，这种作用集中表现在其生态服务价值上。水源地生态服务价值不仅体现了其提供人类可利用的水资源效用，同时还体现了水源地保护区当地政府和居民为保护和改善生态环境而投入的费用。由此看来，水源地保护区水资源的生态服务价值体现了水源地保护区与人类之间的关系，要协调好二者之间的关系，就要对保护区保护水生态环境所投入的费用进行合理补偿。

---

① 袁中宝．合肥市水源地保护与水源地城镇协调发展研究［D］．上海：同济大学，2007.

对保护区水资源生态环境价值进行的补偿，即是补偿水资源价值的损耗以及为保护生态环境所支付的保护费用，这构成了水源地保护区生态补偿的基础和依据，是抑制折损扩大的有效途径，也是实现水资源可持续利用的前提，是协调人类经济社会发展与水资源利用之间关系的必然要求。因此，充分认识水源地保护区水资源生态系统的服务功能和价值，是建立和完善水源地保护区生态补偿制度的基础。

三、土地利用者

水源地保护区的设立是为了保护和修复生态环境，而生态补偿政策是激励保护区为生态环境改善做出贡献的相关利益群体，其中利用土地作为主要生计来源的一部分人占有很大的比例，为了更好地明确生态补偿的补偿客体，就有必要对土地及这部分利用土地从事生产生活的群体进行界定。

（一）土地的含义及其用途

土地是财富之母，是自然资源中最基本、最重要的资源。无论是水资源、森林资源、矿产资源、水产资源，还是人类和生长栖息在土地上的动植物资源，都离不开土地。土地的含义可分狭义和广义两种。狭义的土地概念是指地球的陆地表层，包括内陆水域（河流、湖泊、水库等）和滩涂。其上层的气候、生物，以及下层的岩石和地下水等都是形成土地的外部条件，而不是土地本身。广义的概念又分两种：一种认为土地系指整个地球表面，包括陆地和海洋；另一种认为土地是指地球表层垂直剖面，包括气候、地貌、岩石、生物和水文等因素构成的自然综合体。

土地用途一般是指土地权利人依照规定对其权利范围内的土地的利用方式或功能。我国颁布的《中华人民共和国土地管理法》第一章第四条规定：国家编制土地利用总体规划，规定土地用途，将土地分为农用地、建设用地和未利用地。农用地是指直接用于农业生产的土地，包括耕地、林地、草地、农田水利用地、养殖水面等；建设用地是指建造建筑物、构筑物的土地，包括城乡住宅和公共设施用地、工矿用地、交通水利设施用地、旅游用地、军事设施用地等；未利用地是指农用地和建设用地以外的土地。

为了更有效地管理土地，在上述三种分类的基础上，我国土地管理工作者又将土地做了更进一步的分类，其方法是按照《土地利用现状调查技术规程》中使用的土地利用现状体系，根据土地的用途、利用方式和覆盖特征等因素，将我国土地分为8大类、46小类。8大类土地是指耕地、园地、林地、牧草地、居民点及工矿用地、交通用地、水域、未利用土地。

（二）土地利用者

土地利用是指人类劳动与土地结合获得物质产品和服务的经济活动，这一活动表现为人类与土地进行的物质、能量和价值、信息的交流和转换。土地利用是个技术问题，同时又是个经济问题。土地作为一种最基本的生产要素，与其他要素结合后才能进入生产过程。土地与其他生产要素一样，在利用中必须服从一定经济规律，才能取得良好的经济效益。

有的学者认为土地利用者是指在支付土地出让金之后，获得土地使用权的法人或自然人，他们也是土地征收增值收益在一级市场的兑现者。[①] 本研究所指土地利用者，是指通过劳动，与土地进行物质、能量和价值、信息的交换，以获得物质产品和服务这种经济活动的人，包括耕种土地的农民和通过从他人那里转包土地用于经济用途并拥有土地使用权的法人或自然人。

四、企业经营者

企业经营是指以企业为载体的物质资料的经营。对于企业经营者的理解，《中国企业管理百科全书》将其定义为以企业获得生存和发展为己任，并担负着企业整体经营领导职务，以及对企业经营成果负有最终责任的，且具有专门知识技能，并能为企业制造出较高绩效的经营管理人才。实际上企业经营者就是为了获得最大的物质利益，力图用最少的物质消耗，并运用经济权力创造出尽可能多的产品，以满足人们各种需要的经济活动。

根据以上分析，本研究将水源地企业经营者界定为，经过工商部门注册并在水源地保护区范围内从事生产经营活动的组织或个人。水源地保护区的企业经营者主要涉及从事工业生产的企业、从事矿产资源开采的企业以及从事畜禽、水产等养殖的个人和组织，这些企业经营者在水源地保护区设立之

---

① 邓晓兰，陈拓．土地征收增值收益分配双规则及相关主体行为分析［J］．贵州社会科学，2014（5）：82-87.

后，由于水源地生态环境保护区工程和措施的实施，面临搬迁或关闭、生产受到限制甚至转产的要求。

五、水源地保护区的居民

除了土地利用者和经营企业之外，还有一个群体需要明确，这部分人的生活方式因由保护区生态保护的相关要求而受到限制，根据生态补偿的研究角度，本研究将其分为居民和生态移民。

（一）居民

水源地保护区大多地处偏远的乡村，在水源地保护区居民的概念界定之前，首先要明确农民和村民这两个概念的界定。本研究认为，在新农村建设的背景下的农民应该是指与土地息息相关、长时间从事农业生产的劳动者，土地是维持农民生活的基本保障，是农民最重要、最基本的生活生产资料。而村民是指以居住地域为条件，而不依据户籍制度，包括居住在农村且户口也在当地的农业户籍人员，也包括居住在农村而户籍不在当地，但在一定期限内履行了村民义务的其他长住人员。

从以上分析可知，农民是一个职业概念，而村民是一个居住区域概念。本研究认为水源地保护区居民是指在一定时期内，居住在水源地保护区某一乡村区域或村庄内，受某一区域或村庄组织领导管理的村落居民，包括从事农业生产的农民和仅仅在此区域或村庄居住的村民。水源地保护区设立之后，对其生活方式提出了要求，比如，不能乱扔垃圾、不得乱排生活污水、禁止砍伐林木及捕鱼等，传统生活方式的改变保护了水源地生态环境，却增加了他们的生活成本。本研究即针对这一部分生活受限居民的生态补偿标准和补偿方式进行研究。

（二）生态移民

生态移民是近五十年来才提出的一个概念，直到 20 世纪 90 年代末在我国才开始出现真正意义上的生态移民。对于生态移民内涵界定，角度和着眼点不同，可从致因层面与目的层面来分析。生态移民的动因是自然环境恶化以及人口数量超过生态环境的承载容量；而从目的层面来看，生态移民的目的是为了保护和改善生态环境，并且提高他们整体的生产生活水平。生态移民的目标是达到生态效益、社会效益、经济效益的完美统一，至少要使生态破坏逐步减弱和恢复，生产、生活得以维持并逐渐好转。① 按照人口迁移的目的，移民可以分为生态保护性移民、社会经济移民和工程开发性移民。②

对于生态移民的界定，不但要跟其他移民类型区别开来，其定义中还要包括一切与生态环境相关的迁移活动。生态移民是指那些因为生态环境恶化，或者是为了改善和保护生态环境，由此迁移而产生的迁移人口。③ 由此看来，之所以称之为生态移民，就是因为其与生态环境有着直接相关的迁移活动。因此，所谓生态移民是指为了保护生态脆弱区的生态环境，在不破坏迁入地的生态环境前提下，将人口从生态环境严重恶化的地区移居出去，迁到生态承载能力高的地区，并且改变群众传统的生活方式，缓解人口对生态环境的压力，从而确保生态自我修复措施顺利实施的一种主动人口迁移。④⑤ 生态移民的目的虽然是改善生态环境，但实际上具有了城镇化的性质，而且生态移民不同于气候移民等其他概念，其本质上是指以生态保护为首要目的，其宗旨是提高生态系统服务功能和价值的人口迁移行为。⑥

本研究认为，水源地保护区生态移民是指由于处于一级保护区范围以及水库扩容等原因，将生活在该范围内的居民从生态保护区范围搬迁到生态人口承载能力高的地区，以保护和恢复保护区的生态环境，从而实现经济文明、社会文明与生态文明的和谐发展。

水源地保护区生态移民具有强制性、补偿性、时限性、社会性、破坏性和不可逆性等特点。其目的首先是保护水源地保护区生态系统，通过逐步减轻当地居民对原本脆弱的生态环境的压力，使生态系统得以恢复和重建；其

---

① 李笑春，陈智，叶立国，等．对生态移民的理性思考——以浑善达克沙地为例［J］．内蒙古大学学报（人文社会科学版），2004，36（5）：34-38.

② 赵宏利，陈修文，姜越，等．生态移民后续产业发展模式研究——以三江源国家级自然保护区为例［J］．生态经济，2009（7）：105-108.

③ 包智明．关于生态移民的定义、分类及若干问题［J］．中央民族大学学报（哲学社会科学版），2006，33（1）：27-31.

④ 闫喜凤，王静．大小兴安岭生态功能保护区生态移民的对策研究［J］．理论探讨，2010（3）：162-165.

⑤ 刘学敏．西北地区生态移民的效果与问题探讨［J］．中国农村经济，2002（4）：47-52.

⑥ 郑艳．环境移民：概念辨析、理论基础及政策含义［J］．中国人口·资源与环境，2013，23（4）：96-103.

次是通过异地开发或就地集中安置当地居民，逐步改善他们的生存状态，并提高他们的整体生活水平，达到经济社会发展的可持续性；再次是通过减小保护区的人口压力，有效保护自然景观和生态以及生物的多样性。水源地保护区生态移民属非自愿性移民，他们是国家有目的、有计划、有组织的整体移民搬迁，由此产生的间接效益要远远大于生态移民获得的效益，因此在政策制定和实施中，政府应该在资金投入、政策配套和土地使用等方面给予倾斜。

第二节 水源地保护区生态补偿的内涵、类型与原则

水源地承担着区域生态安全的重要责任，水法中专门设立了水源地保护区制度，并明确了保护区的法律义务，这是一种人类与生态系统之间的“契约正义”关系的体现，在一定程度上可以理解为“生态补偿”的含义。①

一、水源地保护区生态补偿的内涵与外延

在生态环境的保护中，一部分人的生态利益受到保护的同时，另一部分人的经济利益或其他权利利益往往会受到损害或限制，从法律公平正义的角度出发，就需要通过生态补偿来调节。② 生态补偿就是指在生态环境保护中，根据法律的规定或约定，生态利益享受者通过直接或间接的方式或活动，对经济利益或其他权利利益受到损害或限制者进行补偿。有的学者认为水源区生态补偿是指通过实行政策或法律手段，让水源区生态保护成果的“受益者”支付相应的费用，以使水源区生态保护产生的外部性内部化。针对水源区生态环境这一特殊公共物品，通过制度设计，解决好其在消费中的“搭便车”现象，从而激励生态环境服务的足额提供；通过制度创新，来实现对水源区生态投资者的合理回报，从而激励和调动水源区内外的人们，积极从事生态

① 武立强．水源涵养区生态补偿研究——以大伙房水库上游苏子河流域为例［D］．沈阳：沈阳农业大学，2007.
② 江秀娟．生态补偿类型与方式研究［D］．青岛：中国海洋大学，2010.

保护投资并使生态资本增值。

有的学者认为水源地生态补偿的内涵解释不应该仅仅停留在对生态系统的重建或恢复层面，而是更需要强调，生态补偿是对水源区利益受损者的利益填补与恢复，只有做到这些，才能调动保护者的积极性，真正达到水源区生态环境保护的效果。① 也有的学者认为水源保护区生态补偿是指基于水资源保护利用和可持续发展，在水源保护区和用水区（或受水区）之间，由用水区（或受水区）对水源区给予生态补偿的制度。②

根据以上分析，本研究基于外部性理论，认为水源地保护区生态补偿应该是指以维护保护区生态系统服务功能、保护生态环境以及资源和经济的可持续发展而建立的，对破坏者给予惩罚，对受益者给予收费，同时对保护者和减少破坏者给予补偿，以使生态环境的外部效应内部化的一种制度安排。水源地保护区生态补偿是在生态补偿理论基础上，在水源地水资源开发领域的进一步推广及延伸，它具有补偿的单向性特征，重点是强调生态环境受益者应向水源地保护者和建设者给予补偿，其目的是保护水源头的水生态环境。

水源地保护区的生态补偿主要涉及两方面的补偿：一是对保护区生态环境维护和设施建设投入的保护补偿。保护补偿是指水源区设立水源保护区后，水源所在的水域以及周边部分的陆域都被纳入保护范围，为了保护和恢复这些划定区域的生态环境而进行的资金投入。这些保护性和修复性资金投入包括对保护区范围内实施退耕还林还草工程和发展生态农业等保护生态环境工程的资金投入，水库扩容等水利工程建设方面的投入，以及在保护区的清洁卫生设施、污水处理等设施设备的投入，还包括定期对这些基础设施进行维护的费用，这些投入都应该包含在水源地保护区生态补偿范围中。二是对保护区的发展补偿。发展补偿是指对水源保护区当地政府、居民、企业等为保护生态环境而丧失的发展机会进行的补偿。为了保护生态环境和提供足量优质水源，他们牺牲了发展权，当地政府因生态工程建设的投入而导致财政收入减少，农民因失去耕地或禁用少用化肥农药而导致农作物和经济作物减产，

---

① 黄昌硕，耿雷华，王淑云．水源区生态补偿的方式和政策研究［J］．生态经济，2009（3）：169-172.

② 李森，丁宏伟，何佳，等．昆明市清水海水源保护区生态补偿机制探讨［J］．环境保护科学，2015，41（3）：126-131.

企业因保护水源地生态环境而被迫搬离保护区或者加大生产污染物处理导致成本增加的资金投入，水库扩容而导致的搬迁移民，保护区居民因遵守保护区管理规章制度而造成的各种生活限制和不便。

水源地保护区生态补偿的特点体现在四方面：第一，水源地保护区实施的生态补偿是针对生态环境保护过程中发生的合法的行为，目的是增加或维护生态利益和公共利益；第二，基于生态环境保护的需求，在水源地保护区生态补偿过程中一部分人要牺牲一定的经济利益或合法权利，甚至生存与发展的权利也受到限制或损害；第三，水源地保护区生态补偿是生态受益者通过直接或间接的方式进行的补偿，且这种补偿是依据法律规定或约定的；第四，水源地保护区生态补偿不是赔偿，这是由于生存发展与生态利益等很难定价，且生态利益同时也被补偿客体自身享受着，如果由其他生态受益者全部赔偿其损失将是另一种不公平。因此，从某种意义上来看，水源地保护区生态补偿其实就是保护区生态环境服务在不同经济主体之间的让渡，但是由于保护区生态环境服务的公共物品特性，使得其通过市场途径的让渡存在很多局限性，因此要采取补偿的方式来实现。

二、水源地保护区生态补偿的类型

目前学术界在划分生态补偿类型方面的研究，不同的学者有不同的划分方法。我国生态补偿类型的划分尚处在尝试中，主要包括自然保护区生态补偿、矿产资源开发生态补偿、重要生态功能区生态补偿及流域生态补偿四类。其中，流域生态补偿是指流域上游为了修复或维护流域生态功能，导致生态保护者的利益和权利受到了限制和损害，由此流域下游生态利益享受者应对其进行的直接或间接的补偿。① 也有的学者将流域生态补偿划分为污染赔偿和保护补偿两种补偿类型。② 所谓污染赔偿是指流域上游地区的排放污染物的量超过了限制的排污总量，并对下游地区的水环境造成污染，根据事先约定，上游地区应该对下游地区进行赔偿；保护补偿是指为了保护流域具有特定用

① 江秀娟．生态补偿类型与方式研究［D］．青岛：中国海洋大学，2010.

② 禹雪中，冯时．中国流域生态补偿标准核算方法分析［J］．中国人口·资源与环境，2011，21（9）：14-19.

水功能的区域如下游地区的水源区等，对流域上游地区实施了水生态环境的特殊保护措施，由此上游地区付出了额外成本，且对该区域经济社会的发展造成了限制，根据公平合理原则，流域下游地区应该对上游地区进行补偿。

水源地保护区生态补偿作为流域生态补偿的重要组成部分，对其进行补偿类型的划分，能为厘清生态补偿的主客体和生态补偿方式的选择提供依据。从补偿对象划分，水源地保护区生态补偿类型可以分为三种：对在生态破坏中的受害者进行的补偿，对为生态保护做出贡献者进行的补偿和对减少生态破坏者进行的补偿。按照补偿的内容划分，可以分为价值补偿、智力补偿、政策补偿和生态修复，价值补偿主要是指根据水源地保护区的生态资源价值或生态损害成本等资金形式进行的补偿，最常用的有财政转移支付、专项保证金和生态税等；智力补偿是指生态补偿主体为水源地保护区居民提供无偿技术咨询和指导，培养和提高他们的生产技能、管理组织水平和技术水平；政策补偿是指从政策层面支持保护区居民的生产和生活，并在宏观上对其发展起到方向性的引导作用；生态修复是指通过对水源地保护区进行生态保护和建设，比如，涵雨林建设、水利设施建设等措施，来促进保护区生态系统自我修复能力的更新。从条块角度划分，水源地保护区生态补偿可以分为保护区上下游之间的补偿和产业之间的补偿，保护区上下游之间的补偿主要是参考上下游之间的经济发展水平，一般来说，水源地保护区往往处于偏远地区，本身经济发展水平就不高，为了保护和修复保护区生态环境以及对其经济发展提出了各种限制性要求，这就造成了保护区经济发展水平相对弱于下游地区的现实，因此，可以由经济比较发达的下游地区通过缴纳的相关税费等方式，对水源地保护区进行“反哺”；产业之间的补偿是一种“直接受益者付费”的补偿类型，比如，水源地保护区的旅游业来补偿给林水部门等。从补偿效果划分，可以分为“输血型”补偿和“造血型”补偿，“输血型”补偿是当前我国在水源地保护区生态补偿中主要的补偿形式，指的是将筹集起来的补偿资金定期转移给被补偿方；“造血型”补偿是指以项目支持的形式帮助水源地保护区当地政府和居民，建立替代产业或者发展生态经济产业，使保护区形成具有自我增长能力的发展机制。

本研究主要研究在水源地保护区生态补偿中政府利用各种补偿方式，对减少生态破坏者（水源地保护区内的土地利用者、企业以及居民）的补偿。通过分析，分别为这三种补偿客体选择合适的补偿方式，从而提高生态补偿的实施效果。

三、水源地保护区生态补偿的原则

水源地保护区生态补偿的原则贯穿于整个生态补偿制度，是生态补偿制度的灵魂。基于水源地保护区生态补偿的内涵及其特殊的生态地位，水源地保护区生态补偿制度的建立和完善，应遵循如下原则。

（一）公平正义原则

水源地保护区作为水源头，对于整个流域和水质水量来说，其位置和作用至关重要。作为生态环境保护的有效手段的生态补偿制度，应该坚持贯彻公平正义的原则。一方面，水资源是大自然赋予人类的共有财富，属于人类社会的公共物品，任何人利用水资源的权利都应是平等的，也就是说，一个人利用水资源时不能损害他人的权利和利益，否则，应给予权益受损者相应的补偿；另一方面，水源地保护区往往地处偏远，因受到地域、交通等因素的影响，大多数经济发展和居民收入水平不高，但是为了维护保护区水生态环境的平衡，保护区当地政府和居民不得不放弃可以选择的土地利用方式、产业结构和生活方式，而这些往往能够改善当地社会经济发展和居民生活的水平，然而，地处水源地保护区的土地利用者、企业和居民应该具有平等的发展权。他们的保护生态环境的行为，为中下游利用丰富优质的水资源提供了保障，也应对其贡献给予补偿。

水源地保护区生态补偿制度实施的目的是调整保护区与下游之间的利益分配的不平衡，因此在补偿主客体和补偿标准、补偿方式的确定等方面都应体现公平正义原则，同时要兼顾经济效益、生态效益和社会利益，从而实现生态补偿的代内公平、代际公平和自然公平，促进水源地保护区与中下游地域经济社会发展的均衡，这是可持续发展观的重要内容之一。

（二）权责对等原则

由于水源地保护区生态环境的外部性特征，其生态补偿涉及多个利益相关者，为了平衡他们的利益，其在生态补偿制度中就要遵守权责对等原则。

一方面“谁受益、谁补偿，谁破坏、谁赔偿”，在保护区水资源开发、利用过程中，谁从中得到了丰富优质的水资源，谁就是受益者，作为生态受益人，就应该为水源地生态环境的保护和改善支付一定的补偿费。同样的，生态环境破坏者理应为其破坏行为付出代价，从而将其行为所产生的负外部效应内部化；另一方面“谁保护、谁受偿，谁减少破坏、谁受益”，保护区的土地利用者、企业和居民不仅要保护生态环境，还要关停当地所有可能对水源地保护区造成污染的产业项目，土地利用者要按照要求以更加环保的方式耕作，居民要按照要求改变生活方式，由此他们增加了生产和生活成本，牺牲了发展机会，因此，他们有权为其保护行为而产生的正外部性生态服务效益索取合理的经济补偿、政策优惠或税收减免等，这也是所有权人实现其经济利益的方式。只有这样，才能将正的外部效应内部化，提高他们保护水源地生态环境的积极性，保障优质水资源的持续供给。

（三）灵活有效原则

虽然水源地保护区大多地处偏远，但其所处生态区域的特征不尽相同，同时其生态补偿过程中涉及多个利益相关主体，这就决定了生态补偿模式不存在普适性。因此，生态补偿政策在制定和实施方面不能采取“一刀切”，而应该结合保护区当地的经济发展状况，选择灵活的生态补偿标准和多样化的补偿方式，因地制宜地实施补偿。

同时，灵活性原则需要各利益方的广泛参与，因此提高其对保护区生态环境保护的认知水平和积极性，加强管理的民主化和透明化，从而提高生态补偿机制运行的效率。另外，生态补偿制度的规划也要立足长远，关注生态补偿政策实施的长期效应，并与短期效应结合起来，保证生态补偿政策实施的有效性。

（四）“专款专用、依法实施”原则

由于水源地保护区所处生态地域的特殊性，决定了其在国家水流域安全体系中的战略地位。因此在生态补偿中，政府作为补偿资金主要提供方，要在财政预算中专门划拨专项资金，专款专用，用于维护和建设水源保护区的生态环境，保障生态环境的可持续性。另一方面，建立和完善生态建设专项资金的使用制度，加强对专项资金的下发和使用的监督管理，切实将专款专用原则落到实处。

（五）政府补偿为主、市场补偿为辅原则

水源地保护区是水资源的源头，在保障水安全（包括水质安全和水量安全）方面具有非常重要的作用，其水生态环境属于公共物品，具有公益性质，同时由于保护区水生态环境的外部性，容易导致市场失灵，这就需要政府的干预。结合我国国情，政府应该在我国水源地保护区生态补偿政策的制定、补偿资金的保障和筹集以及监督管理等方面发挥主导作用。但是在生态补偿中，政府补偿的交易成本虽然低，但其制度运行的成本却较高，这就需要市场补偿来调和政府补偿的刚性。另一方面，市场补偿交易成本虽然高，但制度运行成本却较低。因此，在水源地保护区生态补偿中，要采取“政府补偿为主、市场补偿为辅”的原则，发挥各利益相关主体参与保护区生态环境保护的积极性和主动性，从而更加有效地实施生态补偿。

第三节 水源地保护区生态补偿相关理论

水源地保护区生态补偿制度的制定和完善，需要相关经济理论作为依据，因此明确对此研究具有重要支撑作用的经济理论非常关键，这是前提和基础，基于此本节给出相关经济理论。

一、外部性理论

20 世纪 70 年代以来，全球工业化和城市化给生态环境带来了严重影响，环境污染等使得社会问题不断加剧，外部性问题逐渐成为经济学社会各界的热门话题。

（一）外部性理论的基本内容

从古典经济学时期，学术界就已经开始了对外部性（externality）的探讨。1776 年英国经济学家亚当·斯密在《国富论》中提出了“看不见的手”的命题，意思是当个人在经济生活中追求自己的福利时，会受到一只“看不见的手”的驱使，即通过分工和市场的作用，会导致其他任何社会成员的福利增进，最终达到国家富裕的目的。但是现实中，“看不见的手”理论所依赖的假定往往不能成立，帕累托最优（Parrot Optimality）往往难以达到，剑桥学派的著名经济学家阿尔弗雷德·马歇尔（A. Marshall）发现了这一现象，在其1890年问世的巨著《经济学原理》中首次提出“外部经济”与“内部经济”这一对概念。他在《经济学原理》这本书中将外部经济（external economics）定义为：“某些类型的产业发展和扩张是由于外部经济降低了产业内的厂商的成本曲线。”“一个厂商的生产成本既取决于该工业的规模，也取决于各个厂商本身的规模。”这对于厂商而言是一种正外部性现象，由于这种外部性的存在导致资源配置不能达到最大效率，即不能达到帕累托最优。帕累托最优的一个必要条件就是任何一对物品的边际替代率同其对任何生产者的产品边际转换率相等。因此当生产者污染了环境并产生外部性时，生产者的私人边际成本已经不等于社会边际成本，而是社会边际成本超过了私人边际成本，同时外部性的存在还会导致生产要素的边际生产率在生产者之间存在差异，且不同要素间的边际替代率也不相同。同样的，生产者之间的边际转换率也不相同，这时生产者的边际转换率和消费者的边际替代率就发生了偏离，于是，帕累托最优就无法实现，导致资源配置的无效率。在分析这一问题时，马歇尔直接使用了外部经济的概念，这为正确分析外部性问题以及公共经济领域新的理论原理的发展奠定了基础。

最先系统地对外部性进行分析的，是马歇尔的学生英国经济学家庇古。庇古于20世纪20年代在其出版的《福利经济学》一书中对外部性做了更为深入的研究，提出和区分了“外部不经济”和“内部不经济”两个概念，他认为这个问题的本质就是，当一个人在对另一个人提供某项劳动并支付代价的过程中，附带地会对其他人提供了并非相同的劳务或者造成某种损害，但是这种劳务或损害不能从受益的一方得到支付，而且也不能对受害的一方给予补偿。庇古还应用现代经济学边际分析方法，从福利经济学的社会资源最优配置的角度出发，系统地论述了外部性理论，提出了边际社会净产值和边际私人净产值，最终形成了外部性理论，因此外部性理论甚至又被称为庇古理论。

从以上分析来看，外部性就是经济行为主体的个体经济行为的外在非市场性的有利或有害的影响，也就是一个经济主体的行为对另一个经济主体的行为所产生的外部影响，而这种影响的行为主体却没有为此付出代价或因此获得赔偿，如果这种外部影响是有利的，则称之为外部经济（或正外部性），如果这种外部影响是有害的，则称之为外部不经济（或负外部性）。其效用函数可表示为：

$$UR = UR(X_1,\ X_2,\ X_3,\ \cdots,\ Y)$$

其中，X_i（i=1，2，3，…，n）表示经济主体 R 的行为，Y 表示除 R 以外所有其他个体的行为。此效用函数的经济学含义可以表达为，一个经济主体在某项经济活动中所获得的效用除去自身决定之外，还要受到另一个经济主体的影响，而且这种影响无法通过其自身行为来加以控制。也就是说，一个经济主体所获得的福利不仅受到自身行为的影响，还受到其他经济主体行为的影响。

同时，庇古在论述外部性理论中还指出，在产品生产中，正外部性和负外部性的产品生产都会导致私人边际收益与社会边际收益不一致，二者的差额就是外部收益或外部成本。也就是说，正外部性的生产者的私人收益小于社会收益，而负外部性的生产者的私人边际成本小于社会边际成本，于是其私人边际收益大于社会边际收益。当私人边际成本与社会边际成本之间的差额是由于外部不经济效应的产品生产而导致的，则是外部成本；当私人边际成本与社会边际成本之间的差额是由于正外部性的产品生产而导致的，则是外部收益。不管是外部收益还是外部成本，由于它们的存在使得私人最优产出与社会最优产出出现不一致，资源配置就会出现扭曲。所以，一旦经济主体的经济活动产生外部经济，经济运行的结果就不可能满足社会最优的帕累托条件，于是就导致资源配置低效和市场失灵。

后来，奈特对庇古外部性成本的计算提出了异议，他在 1924 年发表的《社会成本解释中的一些谬误》一文中指出，庇古没有把土地的费用计算到平均成本中，只是计算了可变生产要素的成本，这种方法是错误的。奈特的理由是由于土地的私有化，在计算平均成本时，只有将地租计算在内才能得出最优的产量，他还认为“外部不经济”源于缺乏对稀缺资源的产权界定，可见奈特已经注意到了“外部不经济”产生的产权原因。1962 年米德（Meade）

在其发表的《竞争状态下的外部经济与不经济》一文中，将外部性定义为“它是一个（或一些）人在做出直接或间接地针对某件事的决策时，会使根本没有参与的人得到可觉察的利益或蒙受可感觉的损失”，并全面分析了在竞争条件下生产上的外部经济和外部不经济，他将外部经济产生的原因分为两种情况：一是无偿生产要素的作用，二是环境的影响。厉以宁等人认为，外部性是当一个人的经济行为对另一个经济人的福利产生了影响，就会将成本或效益加于他人之上，而此经济行为人却未为此付出代价或得到利益，并且该经济行为产生的效应并未从市场交易或货币中反映出来。

随着外部性问题在世界经济发展中逐渐凸显，尤其是环境外部性问题的日益严重，学者们从新的视角又对外部性理论进行了研究，并形成了对环境外部性理论的解释。第一，用不可分割性来解释环境外部性，奥尔森从“集体行动”问题入手，通过研究发现，任何个人都不可能排他性地消费公共产品，大部分环境资源都具有公共物品特性，在其使用过程中会产生“搭便车”的行为，从而使生产者的需求曲线无法确定，于是形成了外部性；第二，用非竞争性来解释环境外部性，认为非竞争性是公共物品的主要特征，这应该是环境资源污染和耗竭等问题形成的根源；第三，用时空转移来解释环境外部性，认为外部性可以在时间上转移到下一代，也可以在空间上转移到其他地点，从而形成了环境风险的代际转移和空间转移；第四，用市场失灵和政府失灵来解释外部性，认为外部性是由于市场失灵和政府失灵造成的。除此之外还有的经济学家从生产效率的不完整性、制度失灵、贫困等多种角度对外部性进行了解释，从而进一步发展和完善了外部性理论。

（二）解决外部性问题的政策主张

由于外部性不能通过市场价格表现出来，那么也就无法通过市场机制的自发作用得到纠正，即这种影响不能通过价格机制得到反映，于是就会产生不能全部反映到私人成本中的社会成本。外部性问题反映了人们决策的相互影响，同时也反映了经济行为当事人之间多元利益的交叉，具有普遍性和双向性。庇古手段和科斯手段作为市场机制下的环境经济手段，是解决外部性问题的两种主要方法，它们主要用于解决由于外部性引起的资源配置低效问题。①

1. 庇古手段

最先提出这一思想的人是英国经济学家庇古，他提出在边际私人成本（收益）与边际社会成本（收益）相背离的情况下，资源配置以及社会福利不可能依靠市场的自由竞争来实现最优效率和最大化，从而出现了“市场失灵”，在此情况下，就要通过政府干预这一“看得见的手”来解决，也就是通过政府的征税和津贴等干预来矫正外部性，从而使私人成本（收益）等于社会成本（收益），也被称为庇古税。

庇古手段的核心思想是通过政府干预给外部经济确定一个合理的价格，并由外部经济的提供者获得相应的补贴。其出发点其实就是为了解决生态环境的外部性问题，政府通过征税和补贴等干预，消除外部效应这一生态环境问题的重要经济根源，一方面要对那些产生负外部效应的单位进行收费或者征税，另一方面对那些产生正外部性的单位给以补贴。②

2. 科斯定理

1960 年，美国芝加哥大学教授罗纳德·哈里·科斯发表了《社会成本问题》一文，提出了“科斯定理”，其观点是外部性的产生是由于产权界定不够明确或界定不当引起的，并非市场运行的必然结果，有效产权制度的确立和实施才可以解决外部性问题，因此，政府不必一定要用干预的方法来试图消除私人收益（成本）与社会收益（成本）之间的差异，而只需界定并保护产权，之后所产生的市场交易就能够达到帕累托最优，因此科斯定理又被称为科斯手段，即依靠市场力量，通过明晰产权来解决外部性问题。很明显科斯所持的这一观点与庇古等人不同，科斯将外部性引入制度分析之中，使人们对外部性问题有了全新的认识和更深刻的理解，这对于确立产权以消除环境外部性的思想具有重要意义。

科斯定理认为，在对产权充分界定并加以实施和交易费用为零的条件下，如果在经济活动中私人之间所达成的自愿协议，可以使私人成本与社会成本相一致，那么就可以排除导致外部效应存在的根源。科斯手段包括自愿协商

---

① 王燕．水源地生态补偿理论与管理政策研究［D］．泰安：山东农业大学，2011.

② 校建民．密云集水区公益林补偿研究［D］．北京：北京林业大学，2004.

制度、排污权交易制度等。自愿协商制度离不开政府的许可，也就是在产权明确界定的情况下，自愿协商有可能实现资源配置的帕累托最优；排污权交易制度就是企业根据政府发放的可以在市场上买卖的排污许可证，向特定地点排放特定数量的污染物。

在外部性理论的发展进程中，马歇尔、庇古和科斯做出了重要贡献，其"外部经济"理论、"庇古税"理论和"科斯定理"分别代表了外部性理论发展的三块里程碑。庇古借用和引申了马歇尔提出的"外部经济"和"外部不经济"概念，将马歇尔的外部性理论向前推进了大大的一步；而科斯理论是对庇古理论的一种扬弃，并成功在环境保护领域的排污权交易制度上应用。① 虽然"庇古税"理论和"科斯定理"在环境保护领域得到了广泛的应用，但是需要注意的是，任何一种理论都不可能是完美无缺的，它们作为环境经济手段都有各自的优缺点，不过只要某种理论在使用后比使用前的境况改进了，就有其存在的意义，而我们要做到的是能够在不同的情况下，选择不同的环境经济手段。

（三）水源地保护区生态环境的外部性分析

外部性理论是环境经济学的基础和制定环境经济政策的理论支柱，并被广泛用来解释生态环境问题产生的缘由。根据环境经济外部性理论，水源地的生态服务功能具有明显的外部性，因此应该建立相应的补偿机制，对水源保护区内的生态破坏行为进行收费以提高其成本，并规定用水者要为水源地生态保护行为付费，从而激励水源地的生态保护行为，使水源保护区的正负外部性内部化。②

水源地保护区生态系统是流域生态系统的一部分，而水源地保护区作为保障企业和居民用水安全的重要水源头，其生态环境的维护和保持至关重要。水源地保护区所提供的生态服务属于特殊的公共产品，公共物品的非竞争性和排他性使水资源被过度开发利用，资源配置低效以及市场失灵，容易导致

① 沈满洪，何灵巧．外部性的分类及外部性理论的演化［J］．浙江大学学报（人文社会科学版），2002，32（1）：152-160.

② 曾宪磊．成都市徐堰河柏条河饮用水水源地生态补偿机制研究［D］．成都：西南交通大学，2014.

"公地悲剧"和"搭便车"现象。水源地保护区生态环境的外部性，其实就是一项生态经济行为产生的不利或有利影响，由此导致收益与成本的不对等。由前面对外部性的分析可知，正外部性就是指这种行为产生的有利影响，而负外部性则指的是不利的影响。一方面水源地保护区的生态环境提供者为保证清洁的水源可持续供给，对保护区实施了生态环境保护和建设，但是受益者却没有为生态环境保护和建设付费，这样就产生了正外部性，这种正外部性造成生态保护的投入以及生态效益或服务的供应量减少，从而导致社会福利的损失；另一方面，如果水源地保护区生态环境提供者以破坏生态的方式进行经济活动，如流域上游污水滥排、过度的森林砍伐、自然资源的不合理开发利用等，将会造成保护区水量的减少甚至水质的恶化，从而产生了负的外部性，这种由于破坏生态环境所产生的负外部性，导致边际社会成本远远大于边际私人成本，如果生态环境损害者的行为得不到有效的纠正，生态环境将会进一步恶化，同样会导致社会福利的损失。

为了保障中下游地区获得充足的水量和合格的水质，国家对水源地一级、二级和准保护区提出了各种限制要求，主要包括：①保护区范围内的土地利用者（包括从事种植农作物和经济作物的农民）在利用土地时，禁用或者不得滥用化肥农药；②保护区范围内的企业或养殖户要按照要求搬离或停产，或者被要求不得在规定区域内乱排有害生态环境的污染物；③保护区范围内的居民要按照要求采取绿色生活方式，不得乱扔垃圾等。为了保障中下游的水安全，水源地保护区在经济社会发展上做出了牺牲，这种行为具有正外部性。由此就产生了内外部的差异，如果水源地保护区的这种牺牲或损失得不到合理的补偿，其生态环境保护的积极性和主动性就会下降，保护区就会出现植被过度开发、涵养水源林的乱砍滥伐、工业农业生产的点源污染和面源污染等，由此造成的水安全的破坏对于中下游地区来说就是外部不经济（负外部性）。

生态保护所提供的生态效益或服务是一种无形的效用，如涵养水源、保持水土、美化景观等，生态保护者所带来的边际社会收益远远大于边际私人收益。① 水源地保护区生态环境功能的正外部性（外部经济性）主要是生态

① 俞海，任勇．生态补偿的理论基础：一个分析性框架［J］．城市环境与城市生态，2007，20（2）：28-31.

环境功能的外溢使其社会的收益大于保护区的收益，而且一般保护区范围之外的收益往往大于保护区自身收益。庇古在《福利经济学》一书中提出的惩罚性税收或鼓励性补贴（统称为庇古税），对于水源地保护区生态补偿来说，正是为了弥补水源地保护区生态环境保护成本与收益之间的差额。① 因此，水源地保护区生态补偿的目的就在于维护保护区的生态平衡，使资源和环境被适度持续地开发利用，并保障生态环境保护者的发展权益，让保护者或减少破坏者得到补偿，并让受益者或破坏者付出成本和代价，从制度层面和市场层面解决生态经济的外部性。水源地保护区正负外部性补偿如图 2.2。

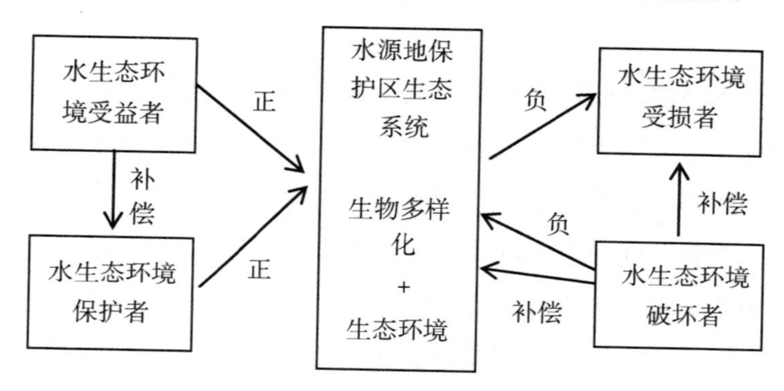

图 2.2　水源地保护区正负外部性补偿示意图

由图 2.2 可以看出，正外部性补偿强调的是维护保护区的生态环境平衡以及受益者付费；而负外部性补偿则强调对受损生态环境的修复以及水生态环境受损者补偿。由此看来，生态补偿对水源地保护区生态资源外部效应具有矫正的作用。一方面对具有正外部性的生态环境保护者或减少破坏者给予补偿，提高其收益和积极性；另一方面让具有负外部性的生态环境破坏者或受益者付出代价，通过生态补偿制度强制约束其负外部性行为。其中，水生态环境受损方指的是为了保护、维持、恢复和改善水源地保护区的水质水量，其发展权受限的一方；水生态环境受益方指的是享用额外增加的水源地保护区生态系统服务价值的一方。

由此，通过生态资源正外部性受益者对提供者的补偿，实现生态资源效

① 谢静怡，姚艺伟．丹江口库区水源地保护的生态补偿机制研究［J］．理论与实践，2009（9）：89-91.

应的收益与成本平衡，使水源地保护区生态保护的各种投入在价值上得到补偿，以及实物上得到替换，从而实现保护区生态环境系统的再生产和永续利用。因此，对从事具有正外部性的生态保护行为的人们进行激励，必须有补偿机制，而外部性的存在导致了水源地保护区生态保护难以达到帕累托最优，而且构建使外部性内部化的制度，其实就是制定生态补偿政策的核心目标。①

二、特别牺牲理论

特别牺牲理论是补偿的理论之一，该理论源于公共负担平等说，最早由19世纪末德国学者奥特·玛雅提出。奥特·玛雅认为特别牺牲的存在主要有两方面原因，一方面随着社会经济的发展，国家为了达到完全、秩序与福利等目的，时常发生国家利用公法行为损害公民权利的现象，由于国家的这种行为是基于社会整体利益而言的，所以他认为人民必须忍受各种可能的牺牲，然而从公平正义的角度来看，这种牺牲必须是公平的，如果出现了不公平现象，国家应该给予做出特别牺牲的权利人以补偿，而不能片面地由人民来承担；另一方面任何财产权的行使和内容都是相对的，都是要受到一定范围的限制，但是他认为这种限制不应该超出权利内在的限度，对于那些无义务的特定人，并且他们无应被课以负担的特殊事由，由此造成的财产或者人身损害，与国家课以人民一般的税负是不相同的，应视为其为国家或者公共利益蒙受了特别的牺牲，这种特别牺牲不应该由该特定人来负担，而必须由全体人民共同分担来给予该特定人以补偿，这样才能体现公平正义的精神。

特别牺牲理论认为，按照公平正义和保障权益不受侵犯的原则，对于那些为了社会公共利益而做出了特别牺牲的特定人，社会全体成员应该对该特定人所做出的这种特别的牺牲给予补偿。以国家土地征收为例，虽然国家有合法征地的权力，人民有服从征地命令的义务，但是征地与国家课以人民一般的赋税负担不同，具有特殊性。其特殊性主要表现在国家在合法征收土地时，不管是公益性征地还是非公益性征地，这种征地行为都是使无义务的特定人对国家做出了特别牺牲，这种特别牺牲具有个案性质。也就是说，国家

① 蔡为民，杨世媛，汪苏燕，等．湿地自然保护区的外部性及生态补偿问题研究——以七里海湿地为例［J］．重庆大学学报（社会科学版），2010，16（6）：10-15.

的合法征地行为是以被征地一方利益的损害来换取国家整体的利益，对被征地财产权利个体而言，就是一种特别牺牲，这种特别牺牲超出了被征地财产权利个体应担负的普通社会义务。因此在公共利益需要的情况下，因土地被征收而使被征收土地权利人遭受特别的牺牲时，基于公平正义的原则，应当由全体人民共同分担给被征收土地权利人以补偿，从而调节他们的损失，而国家作为公众利益的合法代表，理应承担补偿责任，以平衡二者间的利益，且成本应由全体人民共同分担，只有这样，才符合公平正义的精神。

根据特别牺牲理论，水源地保护区生态补偿客体需要符合三个要件：其一，承受对象为特定人或少数人；其二，因水源地保护区设立及其管制行为使其权利受损；其三，所受的管制负担超过其应承担的社会责任范围。按照这三个要件，本研究认为水源地保护区生态补偿客体应该主要包括水源地保护区的土地利用者、企业和居民。

在水源地保护区生态补偿中，保护区当地政府、土地利用者、企业和居民为了保护水源地生态环境，保障中下游及周边城市的用水安全，为他们提供足量优质的水资源，不得不牺牲自身的利益和发展权，如当地政府放弃有利于发展当地经济的产业导致财政收入减少，土地利用者被征用土地或只能发展生态农业而导致收益减少，当地居民不得不改变生活方式，企业被迫停产搬迁或增加污染处理成本等。他们保护水源地的行为，可以增加整个社会的公共利益，也就是说，生态环境保护行为的受益主体是周边及流域上下游的全体公民和企事业单位，从这一点来看，保护区当地政府、土地利用者、企业和居民属于利益遭受损失的少数人，基于公平正义观念，他们所遭受的利益损失超出了行使所有权的内在社会限制，属于一种特别牺牲，这种特别牺牲具有个案性质，因此政府和受益群体理应对他们进行相应的补偿，这样才符合公平正义的精神。

三、公共物品理论

早在 1739 年，哲学家休谟在《人性论》中就提出了“公共物品”概念，并对其下了一个直观的定义，将物品做了最初的分类。后来 Head 和 Shoup 利用相对成本标准对公共物品与私人物品进行了区分，他们认为无论服务以何种方式被提供，只要它是以更低的成本，并且在非排他的情形下，在特定的时间或地点被提供，它就是公共物品。Holtermann 指出物品属性是界定公共物品的标准，不同经济物品具有不同的公共性，那么就对应着不同的产权配置。Samuelson 最早对公共物品提出了比较精确的定义，他认为公共产品是指每个人消费某种产品而不会导致其他人对该产品消费的减少，① 这一定义奠定了公共物品理论的研究基础。后来随着公共物品理论的进一步研究和完善，Musgrave 提出公共物品具有消费的非竞争性（non-rivalrousness）和非排他性（non-exclusiveness）的两大本质特性。② 国内学者在臧旭恒和曲创的物品分类在"N 分法（N=2，3）"基础上进一步将 N 扩展到 4，他们认为狭义的公共物品是指纯公共物品，即同时具有非排他性和非竞争性的物品，而广义上的公共物品则是指那些具有非排他性或非竞争性的物品。③ 在微观经济学的研究中，按照社会产品在市场中的表现可将其分为公共物品和私人物品两大类。事实上公共物品是一种制度安排，而且存在着公有产权，因此其在交易过程中会受到交易成本的制约。④

在经济学家看来，诸如森林、湿地、流域等生态资源在很大程度上属于公共物品，而水源地保护区也符合公共物品的特性，在其消费中具有非竞争性和非排他性，非竞争性是指公共物品的一个使用者对其消费不会增加任何成本，也不会减少它对其他使用者的供应，也就是说公共物品的边际生产成本为零。因此，水源地保护区生态服务作为公共产品，任何人都可以随意消费，而且无须付费。非排他性是指由于在技术上难以做到排他或者排他的成本很高，在消费某公共产品时，无法将那部分不愿意为其消费行为付费的人排除在外。水源地保护区生态服务为周边及上下游用水企业、居民提供生产生活用水，任何人都不能将其垄断，视为私有财产。

公共物品在使用过程中，往往会由于这两大本质特性而容易产生两大问

---

① SAMUELSON P. The Pure Theory of Public Expenditures [J]. The Review of Economics and Statistics, 1954 (36): 387-389.

② MUSGRAVE R A. Theory of Public Finance [M]. New York: McGraw Hill, 1959.

③ 沈满洪，谢慧明. 公共物品问题及其解决思路——公共物品理论文献综述 [J]. 浙江大学学报（人文社会科学版），2009，39 (6): 133-143.

④ 张五常. 经济解释——张五常经济论文选 [M]. 易宪容，张卫东，译. 朱泱，校. 北京：商务印书馆，2001.

题，即“公地悲剧（tragedy of the commons）”和“搭便车（free rider）”。“公地悲剧”理论模型最早是在1968年由英国加勒特·哈丁教授（Garrett Hardin）在 *The tragedy of the commons* 一文中首先提出的，指的是每个牧羊者作为理性人，在公共草地上不顾草地的承受能力而增加羊群数量，造成牧场被过度使用，草地状况迅速恶化。“搭便车”理论首先由美国经济学家曼柯·奥尔逊于1965年发表的《集体行动的逻辑：公共物品和集团理论》（*The Logic of Collective Action Public Goods and the Theory of Groups*）一书中提出，其基本含义是不付成本而坐享他人之利。非竞争性导致所有人都可以无节制地争夺使用有限的生态环境，从而导致了“公地悲剧”现象不可避免地发生，而非排他性使得消费者可以随意享受生态环境，却不愿为此支付费用，而是等着他人去购买而自己顺便享用它所带来的利益，这就导致了“搭便车”心理。① 由于公共水资源的利用无法排他而且具有竞争性，使得人们会过量地使用水资源而不计社会成本，甚至还会污染水资源，造成饮水不安全。② 因此，生态资源的过度使用，最终会使全体成员的利益受损，谁也享受不到公共产品，从而造成供给不足。

如何解决生态环境产品这一公共物品特性带来的“公地悲剧”和“搭便车”问题，有效解决公共产品的机制之一是政府管制和政府买单，但这不是唯一的机制，因此要通过制度创新让受益者付费，从而使生态保护者能够像生产私人物品一样同样得到有效激励。③ 目前生态补偿作为一种有效的保护生态环境的制度安排，已经得到社会各界的认同。公共物品理论是生态补偿问题产生的根源，这是由于生态环境资源的公共物品属性，使得生态环境建设和保护中产生了外部性。④ 因此，公共物品理论也是选择生态补偿政策途径的基础。

---

① 柳文宗．生态补偿的三大经济学理论依据［J］．中国林业，2007（1）：10-11.

② 李伯华，刘传明，曾菊新．基于公共物品理论的农村饮水安全问题研究——以江汉平原为例［J］．农业经济问题，2007（4）：81-86.

③ 史玉成．生态补偿的理论蕴涵与制度安排［J］．法学家，2008（4）：94-100，139.

④ 姚红义．基于生态补偿理论的三江源生态补偿方式探索［J］．生产力研究，2011（8）：17-18，41.

四、生态资本理论

生态系统提供的生态服务功能是一种具有价值的重要资源，不管是从功效论还是从财富论来看，生态环境服务功能都是不可或缺的，而且也是我们创造财富的要素之一。随着社会经济的发展，人类对生态环境资源的索取和干扰日渐强劲，如果对其不加以有效经营和管理，必然会造成生态服务产品的稀缺和破坏，当生态服务或者价值被视为一种资源和基本的生产要素，成为可以带来价值的价值，这种生态服务或者说价值的载体便成为“生态资本”。生态资本又称为自然资本，包括自然资源总量、生态潜力、生态环境质量等方面，整个生态系统的价值就是通过各环境要素对人类社会生存与发展的效用总和来体现。

随着人类对生存环境质量的要求不断提高以及社会的进步，生态系统的整体性越来越重要，在经济社会发展中生态资本存量的增减所产生的作用和影响也日益显著。因此，随着生态环境产品稀缺性的凸显，由于生态环境产品的公共属性，生态投资者和保护者往往难以从生态资本增值中得到相应回报，就不能只是向生态环境索取，而应对生态环境进行投资。生态资本理论认为人类在进行与生态系统管理有关的决策时，要同时考虑人类福祉和生态系统的内在价值。通过制度创新来解决好生态资源保护者的合理回报，生态补偿制度就是生态资本化的路径依赖之一，也是保证生态资本不断增值的制度保障，能够有效地激励人们从事生态投资并使生态资本增值。① 因此，可以说生态补偿是促进生态环境保护的一种经济手段。②

五、可持续发展理论

在二战后，世界各国开始将工作重心转移到发展经济和科技进步上，当时人们认为世界经济将会持续甚至无限地增长下去，这种认识其实是源于他们认为自然资源不会稀缺，而且也不会为自己对资源环境的利用和破坏付出

① 何承耕．多时空尺度视野下的生态补偿理论与应用研究［D］．福州：福建师范大学，2007.

② 李群．东江流域水源保护区生态补偿机制的研究［D］．兰州：西北民族大学，2007.

任何代价。但是到了 20 世纪 60 年代，越来越多的环境问题开始显现出来，这些问题给人类社会的生存和发展造成了巨大影响和威胁。于是在 20 世纪 60 年代到 80 年代，人们开始反思人与自然之间的矛盾，逐渐开始去寻找可以与自然和谐相处的方式。1987 年，巴比耶（Barbier）发表了一系列文章，探讨怎样在可持续发展的前提下发展经济，这在国际社会引起了很大反响，同一年，布伦特兰（Brundtland）夫人在其《我们共同的未来》的报告中正式地提出了“可持续发展”这一概念，这篇报告标志着可持续发展理论产生并建立起来。之后联合国在 1992 年 6 月的“环境与发展大会”上起草了《里约环境与发展宣言》和《21 世纪议程》这两个具有纲领性意义的文件，标志着可持续发展第一次从理论变成实践。

可持续发展的内涵十分丰富，包括经济、社会和生态的可持续发展，其概念可以从生态、环保、社会等多个角度加以界定。① 国内外的经济学家从不同的角度出发概括出了 100 多种，其中最有代表性、影响较大的定义主要包含几方面：可持续发展的目标是发展，以保证人类生存；其本质是寻求经济与环境生态之间的动态平衡；其核心在于公平性，即维持几代人的经济福利。② 本研究采用布伦特兰夫人在其《我们共同的未来》的报告中对“可持续发展”的概念界定，即可持续发展指的是既能满足当代人的需求，同时又不对后代人满足其自身需求的能力构成危害的发展，这一定义包括了发展与可持续性这两个重要的内容，这也是目前国际上一致承认的定义。可以看到，可持续发展的内涵中包含了公平、持续和协调三方面的内容，也就是说可持续发展是经济、生态和社会三方面的可持续发展。事实上，经济发展是可持续发展的核心，而资源的持续利用是可持续发展的前提，这就要求人类在发展中不仅仅讲求经济效益，关键是要关注生态和谐与追求社会公平，最终达到自然-经济-社会复合系统的稳定、健康和持续发展。

可持续发展理论是人类经济社会发展的理性选择，这个理论的提出使我

---

① 郑纪芳．城市化进程中的耕地保护：相关主体行为分析［D］．泰安：山东农业大学，2009.

② 廖蔚．水库移民经济论［D］．成都：四川大学，2005.

们彻底改变了一味地追求经济单一增长的传统发展观念。① 它标志着人类发展观的一次新飞跃，而实施可持续发展战略，应该是经济社会发展的必然选择。②

可持续发展理论反映了经济和社会发展对水源地保护区建设和保护的新要求，并意味着保护和加强保护区生态环境系统的生产和更新能力，实现对自然资源的永续利用。水源地保护区生态环境资源作为一种稀缺资源，遭到人为的严重破坏或过度利用，保护区的生态平衡就会被打破，这必将导致保护区水资源的衰减甚至枯竭。因此，人类要合理利用水源地保护区生态环境功能，保持其本来的自净能力和再生能力，同时自然资源的可持续开发与利用是人与自然和谐相处的必要条件之一，在水源地保护区生态环境保护和建设中，有必要对生态维护者的生存、发展等基本权利提供可靠保障，这样才可保障社会经济的发展能持续进行下去。③ 因此可持续发展理论不仅为人类经济社会发展指明了方向，同时生态补偿作为一种经济激励制度，该理论也为人们进行的生态补偿描绘出了最终目标。④

本节主要对水源地保护区生态补偿中相关概念进行了界定，包括水源地保护区、土地利用者、企业经营者和保护区的居民。然后对水源地保护区生态补偿的内涵与外延进行了分析，基于外部性理论，本研究认为水源地保护区生态补偿应该是指以维护保护区生态系统服务功能、保护生态环境以及资源和经济的可持续发展而建立的，对破坏者给予惩罚，对受益者给予收费，同时对保护者和减少破坏者给予补偿，以使生态环境的外部效应内部化的一种制度安排。最后对水源地保护区生态补偿的原则进行了分析，包括公平正义原则、权责对等原则、灵活有效原则、“专款专用、依法实施”原则和“政府补偿为主、市场补偿为辅”原则。

---

① 张中于．专业捕捞渔民转产转业问题与对策研究——以东洞庭湖地区为例［D］．长沙：中南大学，2013.

② 柳文宗．生态补偿的三大经济学理论依据［J］．中国林业，2007（1）：10-11.

③ 张春玲．水资源恢复的补偿机制研究［D］．北京：中国水利水电科学研究院，2003.

④ 许芬，时保国．生态补偿——观点综述与理性选择［J］．开发研究，2010（5）：105-110.

第四节　水源地保护区的发展历程

一、水源地保护区设立的必要性

我国是一个干旱缺水严重的国家，人均水资源量只有2300立方米，是全球人均水资源最贫乏的国家之一。水资源是人类赖以生存发展的根基，水安全问题关系到农业、工业以及人民群众的身体健康，其价值越来越得到重视。改革开放以来，随着经济社会快速发展和城镇化建设进程不断加快，供水需求逐年增大，但是江河湖泊水质的污染越来越严重，水源地生态环境的破坏加剧。生态环境与我们的生产行为和生活方式息息相关，水源地生态环境恶化主要是所在区域的工农业生产和人类生活造成的。工业生产中对水源地生态环境造成的点源污染主要是废水废渣等排污和废弃物，农业生产中对水源地生态环境造成的面源污染主要是过量的化肥农药施用，而水源地周边人类生活中产生的垃圾对水源地生态环境恶化也造成了较大影响。为了解决水安全问题，防止水源枯竭和水体污染，保证人民群众的饮水安全，以及保护水源地的生物多样性，近几年全国各地根据《中华人民共和国水法》和《中华人民共和国水污染防治法》陆续对水源地划定了保护区。

（一）设立水源地保护区是人民群众最基本的民生需求

水是人类生存的基本需求。在媒体报道的民生工程中，“提升饮水安全保障”工程往往最受关注，这说明饮用水安全关系千家万户的民生需求，广大群众对饮用水水质期盼也越来越高，已从“有水喝向喝好水”转变，喝上更安全、洁净的水已成为群众的迫切愿景。但是随着我国经济社会快速发展，水资源生态环境破坏严重，饮用水安全形势仍十分严峻，不管是城市还是农村地区，饮用水水源污染加重。据《长江流域及西南诸河水资源公报》（2018）报告，在我国61个主要的湖泊中，仅有9．8%的湖泊水体能够达到Ⅰ～Ⅲ类水标准，而Ⅳ类水的占比达73．3%，有近87%的湖泊水体存在富营养化严重的情况，其中滇池、太湖、巢湖等国家重点治理的湖泊甚至长期处于富营养化的状态。对于饮用水，报告选取了 544 个饮用水水源地进行评价，其中 14.7%的水源地水质劣于Ⅲ类，主要超标指标是总磷、重金属。[①]近几年，由于城市水源或输水渠被污染，还曾多次出现水污染事件，例如，2007 年江苏的太湖爆发的严重蓝藻污染，2012 年广西龙江河的严重镉污染，2014 年甘肃兰州的自来水污染事件，2018 年东津河中溪月红段水污染事件。另外，不少地区还存在水源短缺问题，水源短缺和污染问题对人民群众身体健康构成了严重威胁。

一直以来，我国政府高度重视饮用水的安全保障工作，各级地方政府也在积极采取一系列工程和管理措施，加大了城乡饮用水安全保障工作的力度，解决饮水安全问题。源头保护是第一道防线，想要保障社会经济可持续发展，以及人民群众的身体健康，就必须保护好水源地，尤其是饮用水水源地。饮用水水源地保护区的设立，就是为人民健康把好“水关”，解决饮用水水源的安全问题，加强水源涵养和水质保护，构建从水源头到水龙头的安全保障体系。

（二）设立水源地保护区是社会经济可持续发展的重要保障

良好的生态环境是人类生存与健康的基础，也是水安全的基本保障。水是工农业生产的必备要素之一，是国民经济发展的重要保障。国家统计局发布的《中国统计年鉴 2018》显示，2016 年我国用水总量为 6040.2 亿立方米，2017 年我国用水总量达到 6043.4 亿立方米。从水利部发布的 2019 年度《中国水资源公报》中可以看到，2019 年全国用水总量 6021.2 亿立方米，较 2018 年增加 5.7 亿立方米。其中，生活用水 871.7 亿立方米，占用水总量的 14.5%；工业用水 1217.6 亿立方米，占用水总量的 20.2%；农业用水 3682.3 亿立方米，占用水总量的 61.2%；人工生态环境补水 249.6 亿立方米，占用水总量的 4.1%。社会经济的发展促使工农业生产用水不断增加，以及水生态环境恶化，导致水资源的供需矛盾严峻。水环境遭到破坏会严重影响和制约国家经济社会的可持续发展，因此对水源地设立保护区、保护水源地的水生态环境，能够保证水资源供给的质和量，从而保障社会经济持续协调发展。

---

① 长江水利委员会. 长江流域及西南诸河水资源公报（2018 年）[M]. 武汉：长江出版社，2019.

设立水源地保护区，加强水源地水生态环境保护，就是保护水源地生态环境最大可能免受工农业生产和人类活动的影响，保障水质安全。这不仅是我国生态文明建设的要求，也是推动社会经济朝向绿色发展的重要途径，对居民生活、社会经济的可持续发展具有重要意义。

二、水源地保护区在我国的发展

据有关统计，我国水资源时空分布不均，人均占有量只有世界平均水平的1/4，是世界上13个缺水国家之一。①② 2010年6月，生态环境部等五部委印发的《全国城市饮用水安全保障规划（2008—2020年）》中公布了我国水源地的基本情况。2007年，我国城市及县级政府所在镇共有集中式供水饮用水水源地4002个，供水服务人口4.91亿，占全国城镇人口的83%。南方地区以地表水水源地（含河流型与湖库型）为主，北方地区以地下水水源地为主。从取水量来看，湖库型水源地取水量最大，地下水型水源地取水量相对较小。目前城市的饮用水取水主要通过大江大河直接调水、大型水库供水和开采利用地下水三种途径。中国水科院水资源所提供的数据显示，全国城镇集中式饮用水水源地为4555个，其中河道型水源地2150个，占近50%；水库型水源地1072个和地下水水源地1073个，各约占24%；湖泊型水源地34个。

2018年3月和6月国务院相继批准印发《全国集中式饮用水水源地环境保护专项行动方案》和《关于全面加强生态环境保护坚决打好污染防治攻坚战的实施意见》，对饮用水水源地环境问题开展清理整治工作。通过摸底排查，全国大部分饮用水水源地均已依法完成保护区划定工作，但仍有109个饮用水水源地尚未完成保护区划定，尚未完成保护区划定的109个水源地中，云南省和西藏自治区各有16个，陕西省有14个，湖北省有13个，四川省有10个，占全国未划定保护区水源地总数的63%。

2020年1月，生态环境部在例行新闻发布会上发布了我国碧水保卫战进

① 高秀清．我国水资源现状及高效节水型农业发展对策［J］．南方农业，2016（2）：233-236.

② 刘玉明．我国水资源现状及高效节水型农业发展对策［J］．农业科技与信息，2020（16）：80-81，83.

展情况，指出目前水源地生态环境质量总体改善。截至 2019 年年底，三年多累计完成 2804 个水源地 10363 个问题整改，纠正了一些久拖而难以解决的问题，并有 7.7 亿居民的饮用水安全保障水平得到提升。另外，全国农村“千吨万人”规模以上的饮用水水源共有 10630 个，其中 68.5%完成了保护区划定。

三、水源地保护区保护政策

水源地作为人类赖以生存和国际经济发展的重要资源，必须通过法律的形式对其进行保护。我国政府早就着手探索和完善能够遏制环境破坏、规范着人们的生态行为的法律制度，随着环境问题不断复杂化，与环境相关的法律法规也不断增多。① 从国家法律体系来看，目前涉及水源地保护的法条主要有《环境保护法》《水法》《水污染防治法》和《水土保持法》，其中关于水源地保护的条款散见其中。②③ 在这些国家法律中，对水源地划定了保护区，并对保护区内污水排放口设置做出了规定。

饮用水安全关系到最广大人民群众的根本利益，是社会和谐和实现全面建设小康社会目标的重要内容，因此国家高度重视饮用水安全问题。早在 1989 年，国家环保总局、水利部、卫生部、建设部、地矿部联合共同出台了《饮用水水源保护区污染防治管理规定》，这是一部专门监管饮用水水源保护区的法规。该法规将饮用水水源保护区分成 2 类 3 等级，并根据不同等级要求规定了必须遵守的规则以及严禁开展的活动。2007 年 1 月，国家环境保护总局发布《饮用水水源保护区划分技术规范》，规定河流型饮用水水源地划分保护区。同年 10 月，国务院五部委局颁发《全国城市饮用水安全保障规划（2006—2020）》，提出至 2020 年，全面改善设市城市和县级城镇的饮用水安全状况，建立起比较完善的饮用水安全保障体系；在“十一五”期间，重点解决 205 个设市城市及 350 个问题突出的县级城镇饮用水安全问题。随后，2010 年 6 月，又发布了我国第一部饮用水水源地环境保护规划——《全国城

---

① 杨小云，谭国伟．改革开放以来中国生态文明的理论与实践［J］．湖南师范大学社会科学学报，2018（6）：23-29.

② 段晓娟．我国饮用水水源地保护制度完善探析［D］．昆明：昆明理工大学，2012.

③ 王少杰．饮用水水源地保护立法问题探讨［D］．烟台：烟台大学，2017.

市饮用水水源地环境保护规划（2008—2020 年）》，提出“饮用水源地监督管理和污染防治工作主要由当地人民政府负责”，以进一步提升水源地环境管理和水质安全保障水平。2015 年 4 月国务院印发了《水污染防治行动计划》（简称“水十条”），提出从全面控制污染物排放、推动经济结构转型升级、着力节约保护水资源等十方面开展水污染防治行动。这标志着我国水污染治理进入新阶段，使得水源地库区的生态环境保护变得更加重要。2016 年 12 月，水利部、住房城乡建设部、国家卫生计生委三部委颁布了《关于进一步加强饮用水水源保护和管理的意见》，提出要合理布局饮用水水源，人口在 20 万以上的城市，都应建有饮用水备用水源并保证可正常启用，并健全监测体系，严格饮用水水源水质监测。2018 年 3 月，国务院批准印发《全国集中式饮用水水源地环境保护专项行动方案》，对开展饮用水源地环境问题清理整治工作做出全面部署。2018 年 11 月，生态环境部、水利部印发《关于进一步开展饮用水水源地环境保护工作的通知》，在全国集中式饮用水水源地环境保护专项行动开展的基础上，组织各地进一步开展饮用水水源地环境保护工作。2018 年生态环境部新出台的《饮用水水源保护区划分技术规范》（HJ 338-2018），进一步对我国饮用水水源保护区划定进行了规范。

同时，各地方政府在国家相关法律法规指导下，结合当地具体情况，因地制宜，相继制定了饮用水水源地保护的地方立法，截至 2020 年 12 月，全国范围内共颁布了 105 部饮用水水源保护地方性法规规章和条例，① 如《四川省饮用水水源保护管理条例》《安徽省城镇生活饮用水水源环境保护条例》。这些地方立法为丰富和完善我国水源地保护的法律法规体系提供了补充。

为了调节水源地及流域的相关主体利益关系，协调区域或部门发展，近几年我国正在探索生态补偿机制来遏制生态环境不断恶化的趋势。2016 年 3 月，习近平主持召开中央全面深化改革委员会会议，审议通过了《关于健全生态保护补偿机制的意见》，提出健全生态保护补偿机制。在十八届三中全会上，提出了用制度保护生态环境，实行资源有偿使用制度和生态补偿制度，

① 焦琰．我国饮用水水源保护地方立法的目标优化、模式创新与制度完善［J］．环境保护，2021（9）：48-51.

在生态文明建设的理论与实践研究领域，我国都走在世界前列。①

我国自 1999 年实施退耕还林工程以来，生态补偿已经开展了 20 多年，在协调区域间、流域间、产业间的发展上已初见成效，生态补偿机制已成为保护生态环境、协调相关方利益关系的重要制度保障。但是目前我国还未建立起一套完备的生态补偿机制和生态补偿政策体系，这说明我国生态补偿机制的建立与实践，尚处于初级阶段。

当前我国面临水资源短缺、水生态环境恶化、水污染严重等问题，已成为影响民生的重要问题，以及制约经济社会可持续发展的主要瓶颈。一直以来，党和国家都非常重视这些日益突出的水资源问题，相继颁布有关水源地保护的法律法规，这些法律法规为我国保护水源地提供了良好的法律基础，其中对于生态补偿机制和法律的探索和完善，在水污染防治、水环境改善以及饮用水安全保障等方面发挥了积极作用。

---

① 张智光. 新时代发展观：中国及人类进程视域下的生态文明观 [J]. 中国人口·资源与环境，2019，29（2）：7-15.

第三章　水源地保护区生态补偿调查分析

水是人类生存与发展不可缺少的资源。水源地作为水的源头，对水资源的开发和利用有着深远的影响。长期以来由于受到人类社会经济活动的影响，水源地面临严重的生态问题，如生产、生活污水和面源污染等带来的水体污染，以及水资源短缺问题，其正常的生态服务功能降低甚至逐渐丧失。为了防治水源地污染，保证用水安全，国家制定了《饮用水水源保护区划分技术规范》，对水源地划分了各级保护区，并对各级保护区提出了不同的管理措施，以使保护区内的水质符合规定用途的水质标准。水源地保护区设立之后，保障了水源地的生态环境，却在一定程度上制约了水源地保护区的经济发展和人民生活水平的提高，二者矛盾日益突出。因此加快建立和完善水源地保护区生态补偿机制，实现各利益主体义务与权益的平衡，从而促进水源地水资源的合理开发利用和经济社会可持续发展，已成为社会各界的共识。

第一节　调查的组织形式

设立水源地保护区，必然会对当地居民的生产、生活及社会经济发展带来一定影响。为了更好地解决“谁补偿谁、补偿多少、如何补偿”的问题，了解水源地居民对水源地保护区的设立及生态补偿的认知，以及对现有生态补偿的满意度显得尤为重要。

一、条件价值评估方法

条件价值评估法（contingent valuation method，CVM）是一种典型的陈述偏好评估法，它是在假想市场的情况下，通过直接调查或询问的方式，测度人们对某一环境效益改善或资源保护措施的支付意愿（willingness to pay，WTP）或者对环境或资源质量损失的接受赔偿意愿（willingness to accept compensation，WTA），并以人们的 WTP 或 WTA 来估计环境效益改善或环境质量损失的经济价值，据此来揭示人们对于环境改善措施的最大补偿意愿，或者对环境质量损失的接受赔偿意愿。条件价值评估法基本原理是，在市场经济中，一件产品对于某个人的价值等于这个人愿意并且能够为之支付的代价或者为其意愿而付出的一般购买力，也就是说这件产品的价值就是其为得到它而愿意支付的费用，因此这一产品价值的基本含义与支付意愿是紧密相连的。

条件价值评估法是非市场评估法的一种，属于陈述偏好方法，是非市场价值评估技术中最为重要、应用最为广泛的一种方法，可以用来评估环境物品的使用和非使用价值，主要用于非使用价值评估。条件价值评估法理论起源于美国 Ciriacy-Wantrup① 在计量防治土壤侵蚀的正外部效应时，提出 CVM 的概念，但这一概念未得到具体实施。由于绝大多数生态系统服务和环境物品的公共物品特性，学者认为其经济价值的评估需要运用非市场的价值评估技术。因此，自从 20 世纪 80 年代被引入我国以来，越来越多的学者将其运用于“公共物品”的价值评估，这对生态补偿研究也有很大的启迪作用。②目前我国对生态系统服务价值的实证研究主要是应用条件价值评估法（CVM）作为基础性的研究工具，从而测算补偿标准。③④ 比如，一些学者运用 CVM 对辽河流域居民的支付意愿（WTP）和补偿意愿（WTA）进行测算分析，并

① S. V. Capital Returns from Soil-Connservation Practices [J]. Journal of Farm Economics, 1947, 29 (4): 1181-1196.

② 施翠仙，郭先华，祖艳群，等. 基于 CVM 意愿调查的洱海流域上游农业生态补偿研究 [J]. 农业环境科学学报，2014，33 (4)：730-736.

③ 徐大伟，常亮，侯铁珊，等. 基于 WTP 和 WTA 的流域生态补偿标准测算——以辽河为例 [J]. 资源科学，2012，34 (7)：1354-1361.

④ 彭晓春，刘强，周丽旋，等. 基于利益相关方意愿调查的东江流域生态补偿机制探讨 [J]. 生态环境学报，2010，19 (7)：1605-1610.

进行平均值处理，可以较为真实地反映受访者的实际支付意愿，从而在一定程度上解决单独测量受访者支付意愿（WTP）以作为生态补偿标准制定依据所带来的补偿金偏高问题。①

二、调查问卷的设计

如何协调水源地保护区的生态环境和经济发展的关系，生态补偿是非常有效的解决生态问题的政策工具。② 生态补偿的主要目标是矫正外部性，使外部成本内部化，其机理在于将生态环境视为一种公共物品，并采用经济激励手段来促进生态环境公共物品的有效供给。③ 水源地生态补偿机制是一种调动水源地生态保护的经济手段。④ 通过辨识服务的提供者和受益者及其所对应的价值系统，可以帮助制定生态服务补偿策略。有的学者指出农户作为生态补偿项目的实施主体，其参与意愿直接影响生态补偿项目的可操作性和实施效果。⑤⑥ 因此，水源地保护区生态补偿政策的制定和实施，首先需要了解当地居民对保护区设立及生态补偿的认知、满意度和家庭生计状况，基于此，本章通过设计调查问卷对水源地保护区进行实地调查，利用收集的有效问卷调查数据资料，分析相关问题，希望对制定生态补偿政策以及保障政策有效实施提供参考，以保障社会经济可持续发展。

为了了解水源地保护区居民对保护区设立的认知以及对现有生态补偿的满意度，课题组运用条件价值评估法设计调查问卷，选取水源地保护区的居民作为调查对象，通过实地入户访谈方式，收集相关数据。调查问卷包括两

---

① 徐大伟，常亮，侯铁珊，等．基于 WTP 和 WTA 的流域生态补偿标准测算——以辽河为例［J］．资源科学，2012，34（7）：1354-1361.

② 赵雪雁，董霞，范君君，等．甘南黄河水源补给区生态补偿方式的选择［J］．冰川冻土，2010，32（1）：204-210.

③ 黎洁，李树茁．基于态度和认知的西部水源地农村居民类型与生态补偿接受意愿——以西安市周至县为例［J］．资源科学，2010，32（8）：1505-1512.

④ 孟浩，白杨，黄宇驰，等．水源地生态补偿机制研究进展［J］．中国人口·资源与环境，2012，22（10）：86-93.

⑤ 郑海霞，张陆彪，张耀军．金华江流域生态服务补偿的利益相关者分析［J］．安徽农业科学，2009，37（25）：12111-12115.

⑥ 赵雪雁，董霞，范君君，等．甘南黄河水源补给区生态补偿方式的选择［J］．冰川冻土，2010，32（1）：204-210.

部分，共由19个问题组成。第一部分是有关被调查者个体信息的调查，包括被调查者所在保护区类型、年龄、职业、受教育程度、家庭人口数、性别、家庭年收入及主要收入来源等信息。第二部分是有关水源地保护区认知的调查，包括设立保护区的必要性、生态环境的重要性、保护区的生态环境功能，这些问题都采用封闭式问题，被调查者可以从所列出的选项中选择答案。第三部分是对保护区当地居民受偿意愿的调查，包括补偿必要性、补偿方式、补偿标准、家庭收入变化、生态环境的满意度等。问卷采用两项选择法：如果认为有必要补偿，则继续回答补偿方式等问题；如果认为没必要补偿，则跳至下一题。

水源地保护区居民生态补偿调查问卷

尊敬的先生（女士）：

您好！

本调查问卷旨在通过了解大家对水源地保护区生态补偿的受偿意愿，为政府制定生态补偿政策提供参考依据。本问卷是国家社会科学基金项目“水源地保护区生态补偿制度建设与配套政策研究”的组成部分，填写本表是不记名的，调查结果仅用于学术研究，希望您在填表时不要有任何顾虑，怎么想的，就怎么填。多谢您的合作！

填写方法：（1）开放性题目答案填写在横线上方；（2）单选题用“○”圈出答案的序号。

一、个人基本信息

1. 您隶属于____________省（自治区）________市________县（区）。

2. 年龄：______岁。

3. 性别：①男 ②女

4. 家中人口数：______人。

5. 最近一年您的家庭年收入是：______元。

6. 受教育情况：

①没受过学校教育 ②小学 ③初中 ④高中（中专） ⑤大学专科 ⑥大学本科 ⑦研究生

7. 您的职业：

①国家公务人员　②事业单位职工　③企业单位职工

④农民　⑤学生　⑥其他

8. 家庭主要收入来源是：

①种植业　②养殖业　③工资

④经商　⑤转移支付　⑥其他

二、水源地保护区认知及生态补偿意愿

9. 您认为设立水源地保护区是否有必要？

①非常必要　②有必要　③一般

④不太必要　⑤不必要

10. 作为水源地保护区的居民，您认为水源地保护区的生态环境是否重要？

①非常重要　②比较重要　③一般

④不太重要　⑤不重要

11. 已有研究表明，水源地保护区具有以下生态环境功能，您认为以下哪项最重要？

①防治水土流失、保育土壤资源　②涵养水源、废物净化

③保证饮水安全　④提供娱乐、休闲旅游的空间

⑤提供野生动物生存的场所，维护生物多样性

12. 设立水源地保护区，会对保护区内的土地所有者、企业以及居民带来一定影响，您认为是否有必要对其进行补偿？

①是　②不是（请跳至第 14 题）

13. 如果您认为有必要补偿，应该以何种形式进行补偿最好？

①现金补偿　②实物补偿（如粮食、油料等）

③政策补偿（如税收优惠等）　④智力补偿（如就业培训等）

⑤土地置换　⑥其他________。

14. 您家所在的水源地保护区是以下哪种？

①一级保护区　②二级保护区

③准保护区　④不在保护区（选此项问卷结束）

15. 列为水源地保护区之后，您家是否得到政府的补偿？

①是 ②不是

16. 如果已经得到了政府的补偿，政府的补偿标准是多少？

①土地______元/亩/年 ②企业占产值百分数______%

③居民人均______元/年 ④其他补偿______

17. 对现有补偿是否满意？请选择：

①是 ②不是

如果不满意，在哪些方面？

____

18. 列为水源地保护区之后，您的家庭收入：

①增加 ②减少 ③不变

19. 您对实施相关水源地保护区政策后的生态状况：

①非常满意 ②比较满意 ③满意

④不太满意 ⑤不满意

再次感谢您的帮助！

第二节 实地调查情况

本研究所用数据是在2014年8月至2015年2月，由课题组通过到各个水源地保护区进行实地调查所得。本次调查地点调查范围涉及山东等省的12个地市。

为了确保调查结果的准确性，首先在实施调查之前，事先对参与调查的人员进行了培训，让调查者充分理解问卷中所涉及的有关水源地保护区生态补偿的原理以及必要性，从而确保调查的质量；其次合理选择调查地点，并对调查过程进行了合理设计，以保证有效性；最后回收调查问卷，并及时整理问卷。本次调查共发放800份问卷，包括水源地一级保护区、二级保护区、准保护区以及不在保护区的居民，实际回收问卷759份，通过整理审核，最后得到有效问卷731份，在有效问卷中，处于保护区的问卷有645份，不在保护区的问卷有86份。

根据研究需要，本研究利用其中处于保护区的645份问卷进行数据分析，其中，一级、二级、准保护区分别有466份、86份、93份，分别占处于保护区的总样本数72.3%、13.3%和14.4%。本研究将根据所收集的调查问卷数据，分析水源地保护区生态补偿现状、当地居民对设立保护区及生态补偿的认知、对现有生态补偿标准的满意程度等问题，从而为解决水源地保护区生态补偿中“谁补偿谁、补偿多少、如何补偿”三个关键问题提供参考。

从样本的基本情况来看，调查对象年龄最小的为18岁，最大的为88岁，平均年龄为48岁；受教育程度多为高中以下学历，其中，比例最大的是没受过学校教育者，占25.3%，其次是初中学历者，占25.2%，研究生学历者最少，仅占0.3%；家庭年总收入10001~50000元以上者最多，居于50001~100000元一档的人数次之，100001元以上的人数最少；家中人口数占比最多的是1~3人，占59.5%，次之是4~6人，占36.9%，3.6%的被调查者家中人口数在7人以上；在被调查者的职业中，比例最大的是农民，企业单位职工和其他职业次之，最少的是国家公务人员；家庭主要收入来源主要是工资收入，次之是种植业收入，最少的是其他收入；在被调查者中，男性占47.5%，女性占52.5%（见表3.1）。

表3.1 调查对象的基本特征

特征	选项	样本量（个）	百分比（%）	特征	选项	样本量（个）	百分比（%）
年龄	25岁以下	76	10.4	受教育程度	没受过学校教育	185	25.3
	25~34岁	90	12.3		小学	163	22.3
	35~44岁	148	20.2		初中	184	25.2
	45~54岁	182	24.9		高中（中专）	107	14.6
	55岁及以上	235	32.1		大学专科	34	4.7
性别	男	347	47.5		大学本科	56	7.7
	女	384	52.5		研究生	2	0.3

续表

特征	选项	样本量（个）	百分比（%）	特征	选项	样本量（个）	百分比（%）
家庭人口数	1~3 人	435	59.5	职业	国家公务人员	5	0.7
	4~6 人	270	36.9		事业单位职工	21	2.9
	7 人以上	26	3.6		企业单位职工	65	8.9
所在保护区	一级保护区	466	63.7		农民	531	72.6
	二级保护区	86	11.8		学生	46	6.3
	准保护区	93	12.7		其他	63	8.6
	不在保护区	86	11.8	家庭主要收入来源	种植业收入	184	25.2
家庭年收入	5000 元及以下	62	8.5		养殖业收入	25	3.4
	5000~10000 元	88	12.0		工资收入	400	54.7
	10001~50000 元	420	57.5		经商收入	74	10.1
	50001~100000 元	139	19.0		转移支付	28	3.9
	100001 元及以上	22	3.0		其他	20	2.7

第三节 居民对水源地保护区的认知分析

由于近年来不断爆出的缺水和水质污染恶化问题，使得人们对水源地保护区的设立以及生态补偿问题有了一定的认识。在 731 份有效调查问卷中（其中包括 86 份不在保护区范围的回答问卷），26.9%的被调查者认为非常有必要设立水源地保护区，67.3%的被调查者认为有必要设立水源地保护区，只有 0.3%的被调查者认为不必要（见表 3.2）。这说明大多数被调查者认为设立水源地保护区是保障居民饮水安全和企事业单位用水安全的必要措施。

针对水源地保护区的生态环境是否重要这一问题，32%的被调查者认为非常重要，63.7%的被调查者认为比较重要，认为不重要的仅占 0.1%。由此可见，绝大多数被调查者认为水源地保护区的生态环境是比较重要的。

表 3.2 水源地保护区的认知

认知项目	选项	样本数（个）	比重（%）
设立水源地保护区的必要性	非常必要	197	26.9
	有必要	492	67.3
	一般	37	5.1
	不太必要	3	0.4
	不必要	2	0.3
水源地保护区的生态环境的重要性	非常重要	234	32.0
	比较重要	466	63.7
	一般	28	3.8
	不太重要	2	0.3
	不重要	1	0.1
水源地保护区的生态环境功能哪项最重要	防治水土流失、保育土壤资源	95	13.0
	涵养水源、废物净化	51	7.0
	保证饮水安全	510	69.8
	提供娱乐、休闲旅游的空间	71	9.7
	提供野生动物生存的场所，维护生物多样性	4	0.5

在水源地保护区具有的生态环境功能重要性选择这一问题的调查中，69.8%的被调查者认为是保证饮水安全；其次是防治水土流失、保育土壤资源，占13%；少数被调查者认为是提供野生动物生存场所，维护生物多样性，仅占0.5%，这说明大多数人还是很重视饮水安全问题，并把保护水源地水质直接与其生态环境功能联系起来。

从以上数据分析可以看出，由于近年来水源地生态环境不断恶化，对人们的饮水安全造成了极大威胁，同时，政府、环保组织以及媒体对生态环境的关注，大多数居民对于水源地保护区设立的必要性和生态环境保护的重要性已经有了较好的认知，这对于水源地保护区生态环境的保护打下了一定的认知基础，同时也为保护区生态补偿机制建立提供了保障。

第四节　水源地保护区生态补偿受偿意愿分析

生态补偿受偿意愿反映了水源地保护区居民为生态环境的改善需要得到的补偿以及方式，它与当地居民的收入、对水源地保护区的认知、所处保护区类型等密切相关。目前，学者们对水源地保护区的生态补偿理论论证、生态补偿方式、标准以及公共财政手段的研究较多，但对于生态补偿对象的受偿意愿的深入研究和论证较少。水源地保护区生态补偿政策的制定和实施，需要充分考虑当地居民的受偿意愿和家庭生计，以保障社会经济可持续发展。农户作为生态补偿项目的实施主体，其参与意愿直接影响生态补偿项目的实施绩效和可持续性。①

利用课题组调查所得 731 份有效问卷调查数据资料（其中包括 86 份不在保护区范围的回答问卷），对水源地保护区居民对保护区的认知程度及生态补偿受偿意愿进行研究，分析影响居民生态补偿受偿意愿的因素，以期对水源地保护区生态补偿政策的制定与实施提供参考。

一、生态补偿受偿意愿的描述性统计分析

水源地保护区往往处于偏远地区，经济不发达，当地居民的生活水平不高，而设立水源地保护区之后，对当地经济发展和居民生产生活又提出了各种限制性要求，这势必对水源地保护区的居民生活水平的提高和企业的发展带来阻碍。设立保护区后，当地居民如何看待生态保护带来的各种生产生活的限制，对于生态补偿又有何诉求？

通过问卷调查统计数据来看（见表 3.3），对于设立水源地保护区给居民生产生活带来的影响，97.1%的被调查者认为有必要进行补偿，仅有 2.9%的被调查者认为没必要补偿，这说明大多数被调查者具有强烈的受偿意愿。在对以何种形式进行补偿这一问题上，72.4%的被调查者选择现金补偿，智力

① 赵雪雁，董霞，范君君，等．甘南黄河水源补给区生态补偿方式的选择［J］．冰川冻土，2010，32（1）：204-210.

补偿次之，占 12.3%，另外，4.8%的被调查者选择土地置换方式，4.0%的被调查者选择实物补偿，3.1%的被调查者选择政策补偿，选择其他补偿方式的仅占 0.5%。

表 3.3 水源地保护区受偿意愿情况

意愿项目	选项	样本数（个）	比重（%）
是否有必要补偿	是	710	97.1
	不是	21	2.9
何种补偿形式最好	现金补偿	529	72.4
	实物补偿	29	4.0
	政策补偿	23	3.1
	智力补偿	90	12.3
	土地置换	35	4.8
	其他	4	0.5

通过实地与被调查者交流发现，在 710 位认为有必要补偿的被调查者中，一部分被调查者最初的补偿方式偏好不是现金补偿，但是最终还是选择现金补偿方式。做出这一选择的原因是，现有可利用土地的有限性导致土地置换方式不现实；而智力补偿方式虽然很好，但是目前就业竞争大、工作机会少以及家庭条件限制等原因，使得这一补偿方式很难有效实施，他们普遍担心经过某项培训后没有工作机会，或者很快面临失业的压力；对于政策补偿这一方式，最初选择此项的被调查者较少，主要是由于他们对政策稳定性预期不足以及信息不对称。这说明目前大多数被调查者还是依赖于现金补偿方式，他们认为现金补偿最实惠，可以用来购买所需要的生活和生产等用品，使用性最广泛。

（一）年龄、性别、受教育程度对受偿意愿的影响

1. 年龄对水源地保护区居民生态补偿受偿意愿的影响

从问卷调查结果的交叉列联表统计分析（见表 3.4）可以看出，各年龄组的受偿意愿占各自年龄组的比重差距不大，45~54 岁之间的被调查者受偿意愿占该年龄组的比重最高，占到 98.9%，他们都认为水源地保护区居民为生态环境保护付出了代价，理应受到补偿。这部分被调查者之所以具有强烈

的生态受偿意愿，通过调查座谈得知主要有两方面原因，一是近几年来国家对生态环境保护越来越重视，并意识到一味地行政强制干预，生态环境保护的效果较低，因此应该对为水源地生态环境做出贡献的当地政府和居民给予补偿，提高他们的自觉性和积极性。而这个年龄范围的被调查者大多有外出打工的经历，他们对生态补偿的认知使其对经济利益的诉求越来越理性，维护自身利益的意识也在提高。二是大多数处于此年龄阶段的被调查者都是家庭中的主要支柱，担负着上有老下有小的重负，家庭经济的压力、所处水源地保护区带来的各种限制，使得他们更加渴望生活质量得到提高，因此受偿意愿非常强烈。55 岁以上被调查者受偿意愿占该年龄组的比重次之，占 97.9%。通过在问卷调查过程中与被调查者的座谈得知，这部分被调查者见证和经历过水源地（大多是水库）的扩容、移民，这种生态变迁使他们失去了赖以生存的土地，对于土地的传统感情以及对未来收入预期下降等原因使他们的受偿意愿很强烈。其中极少数认为不需要补偿，这部分被调查者大多年龄比较大，基本在 77 岁以上。

表 3.4 被调查者的年龄、性别、受教育程度对受偿意愿的影响

被调查者特征	选项	变量赋值	认为有必要补偿人数（个）	占相应选项被调查人数比重（%）
性别	男	0	340	98.0
	女	1	370	96.4
年龄	25 岁以下	1	74	97.4
	25~34 岁	2	87	96.7
	35~44 岁	3	139	93.9
	45~54 岁	4	180	98.9
	55 岁及以上	5	230	97.9
受教育程度	没受过学校教育	–	180	97.3
	小学	–	161	98.8
	初中	–	178	96.7
	高中（中专）	–	103	96.3
	专科	–	34	100.0
	本科及以上	–	54	94.6

2. 性别对水源地保护区居民生态补偿受偿意愿的影响

从调查问卷的统计结果来看，男性被调查者的生态受偿意愿较女性略强。347 位男性被调查者中，有 340 位认为有必要补偿，占 98%；而在 384 位女性被调查者中，认为有必要补偿的占 96.4%。

3. 受教育程度对水源地保护区居民生态补偿受偿意愿的影响

从问卷数据统计结果来看，受教育程度越低，受偿意愿越高。在 731 位被调查者中，居住在水源地的居民受教育程度基本在高中（中专）以下，这部分人群受偿意愿最强烈，占 97.1%。而大学专科以上学历者，大多居住在水源地保护区之外，其中大多数被调查者认为有必要对水源地保护区居民给予补偿，占 96.6%，略低于高中（中专）以下被调查者。

（二）家庭人口数、职业和所处保护区对受偿意愿影响

1. 家庭人口数对水源地保护区居民生态补偿受偿意愿的影响

从问卷数据统计结果（见表 3.5）来看，家中人口数越少，受偿意愿占该组的比重越高；家中人口数越多，受偿意愿越低。家中人口数在 1~3 人的被调查者受偿意愿为 98.0%，4~6 人的次之，7 人以上受偿意愿最低，占 96.2%。这说明家庭人口数越多，家庭收入就越高，受偿意愿就小；而家庭人口数越少，家庭收入就越低，生活压力大，受偿意愿就更加强烈。

表 3.5　家中人口数、职业、所处保护区对受偿意愿的影响统计结果

被调查者特征	选项	变量赋值	认为有必要补偿人数（个）	占相应选项被调查人数比重（%）
家中人口数	1~3 人	1	240	98.0
	4~6 人	2	445	96.7
	7 人以上	3	25	96.2
职业	国家公务人员	–	5	100
	事业单位职工	–	18	98.7
	企业单位职工	–	64	98.5
	农民	–	522	98.3
	学生	–	45	97.8
	其他	–	56	88.9

续表

被调查者特征	选项	变量赋值	认为有必要补偿人数（个）	占相应选项被调查人数比重（%）
所处保护区	一级保护区	1	461	98.9
	二级保护区	2	80	93.0
	准保护区	3	92	91.4
	不在保护区	4	77	89.5

2. 职业对水源地保护区居民生态补偿受偿意愿的影响

从表3.5的统计数据可以看到，所有的国家公务人员被调查者都认为有必要对水源地保护区居民进行补偿；事业单位职工次之，占98.7%；再次为企业单位职工和农民，分别为98.5%和98.3%。

3. 所在保护区对水源地保护区居民生态补偿受偿意愿的影响

从问卷数据统计结果表3.5来看，一级保护区的被调查者受偿意愿最高，为98.9%；二级保护区次之，占93%；准保护区的占91.4%；不在保护区的被调查者受偿意愿最低，占89.5%。这说明，保护区级别越高，受偿意愿越高，这是由于级别越高的保护区对当地居民的生产生活提出的限制要求就越多，由此带来的影响也就越大，当地居民的受偿意愿就越高。

（三）家庭年收入和主要收入来源对生态补偿受偿意愿的影响

1. 家庭年收入对水源地保护区居民生态补偿受偿意愿的影响

从调查问卷的统计结果来看，家庭年收入越低，受偿意愿越强烈，反之，家庭年收入越高，受偿意愿越低。在62位家庭年收入在5000元及以下被调查者中，他们受偿意愿最强烈，所有人都希望得到补偿；家庭年收入在5001~10000元之间的被调查者受偿意愿次之；100001元及以上的补偿意愿最低，占到90.9%。

2. 家庭主要收入来源对水源地保护区居民生态补偿受偿意愿的影响

从表3.6的问卷数据中可以看出，家庭主要收入来源是养殖业和转移支付的被调查者受偿意愿最强烈，达到100%，主要是因为，水源地保护区设立之后，对处于保护区内从事养殖业的居民有了严格要求，这在一定程度上影响了他们的收入，因此其受偿意愿强烈；而家庭主要收入来源是转移支付的这部分被调查者，大多不具备劳动能力或者无生活来源，生活比较贫困，因此他们也更加渴望得到补偿。而经商收入是家庭主要收入来源的被调查者，他们的生活水平相对要高，因此受偿意愿最低，占93.2%。

表3.6 家庭年收入和主要收入来源对受偿意愿的影响统计结果

被调查者特征	选项	变量赋值	认为有必要补偿人数（个）	占相应选项被调查人数比重（%）
家庭年收入	5000元及以下	1	62	100.0
	5001～10000元	2	87	98.9
	10001～50000	3	409	97.4
	50001～100000元	4	132	95.0
	100001元及以上	5	20	90.9
家庭主要收入来源	种植业收入	–	179	97.3
	养殖业收入	–	25	100.0
	工资收入	–	390	97.5
	经商收入	–	69	93.2
	转移支付	–	28	100.0
	其他	–	19	95.0

二、水源地保护区生态补偿受偿意愿的影响因素分析

（一）理论模型与参数估计

为了更深入地了解水源地保护区居民生态补偿受偿意愿的影响因素，本研究进一步将被调查者受偿意愿与其个人特征因素（包括被调查者年龄、性别、家中人口数、家庭年收入、受教育情况、职业、家庭主要收入来源、所在保护区）进行回归分析。以被解释变量y表示居民受偿意愿，将“不愿意”赋值为0，将“愿意”赋值为1。

由于生态补偿受偿意愿y是一个二元取值变量，本研究选择建立Probit回归模型来分析它与影响因素间的关系。回归模型的具体形式如下：

令$P_i=p(y_i=1|x_i)$，表示x_i一定的条件下，$y_i=1$的概率。$1-P_i$表示x_i一定的条件下，$y_i=0$的概率。令Y^*是一个由$Y^*=\alpha_0+\alpha X+e$，$e\sim N(0,1)$

决定的不可观测的潜变量，且 $Y^*>0$ 时，$Y=1$，被调查者认为有必要补偿；当 $Y^*\leqslant 0$ 时，$Y=0$，被调查者认为没有必要补偿，e 为独立于 X 且服从标准正态分布。水源地保护区生态补偿受偿意愿的二元离散选择模型可以表示为：

$$
\begin{aligned}
&P(Y=1 \mid X=\chi) = P(Y^*>0 \mid \chi) \\
&= P\{[e>-(\alpha_0+\alpha\chi) \mid \chi]\} \\
&= 1-\phi[-(\alpha_0+\alpha\chi)] \\
&= \phi(\alpha_0+\alpha\chi) \\
&= \frac{1}{\sqrt{2\pi}}\int_{-\infty}^{\alpha_0+\alpha\chi} e^{-\frac{t^2}{2}}dt = p_i
\end{aligned}
$$

其中，P 表示概率，Y^* 是一个连续的被解释变量，Y 是实际观测到的因变量，表示被调查者认为对于水源地保护区设立带来的影响是否有必要补偿，0 为“不愿意”，1 为“愿意”；Φ 为标准正态累积分布函数，α 是待估参数，x 是解释变量。

由此建立 Probit 回归方程为：

$$\phi=\alpha_0+\alpha_1\chi_1+\alpha_2\chi_2+\alpha_3\chi_3+\alpha_4\chi_4+\alpha_5\chi_5+\alpha_6\chi_6+\alpha_7\chi_7+\mu \quad (1)$$

其中，α_0为常数项，α_i为所求 Probit 方程的回归系数，x_1为被调查者年龄，x_2为被调查者的性别（取值见表 3.4），x_3为被调查者家中人口数（取值按分组），x_4为被调查者最近一年的家庭总收入（取值按分组），x_5为被调查者受教育程度（取值为受教育层次），x_6为被调查者的职业，x_7为被调查者所处的保护区类型，μ 为随机误差项。

以调查问卷数据作为样本，利用 Eviews 软件对模型（1）进行参数估计，估计结果如表 3.7 所示。在模型（1）中，反映模型整体拟合程度指标 LR statistic 检验值为 25.21，其对应 P 值（概率值）为 0.000696，表明模型整体高度显著。可以看出，被调查者所处的保护区类型对其生态补偿受偿意愿的影响高度显著，最近一年的家庭总收入因素和职业因素对生态补偿受偿意愿的影响显著，年龄因素、性别因素、受教育程度因素以及家中人口数对生态补偿支付意愿的影响不显著。

（二）结果分析

1. 所处的保护区类型与生态补偿受偿意愿

从模型（1）的估计结果可以看出，被调查者所处的居民保护区类型对其生态补偿受偿意愿有极为重要的影响，通过了1%水平的显著性检验。其系数为负，说明被调查者所处保护区类型越高，其生态补偿受偿意愿越强，这与描述性统计分析结果一致。

表 3.7 Probit 模型回归结果

变量	系数	标准差	Z-统计量	P 值
C	5. 408998	1. 138211	4. 752191	0. 0000
X_1	−0. 155721	0. 121296	−1. 283810	0. 1992
X_2	−0. 309552	0. 223338	−1. 386022	0. 1657
X_3	−0. 089283	0. 212093	−0. 420961	0. 6738
X_4	−0. 293430	0. 149406	−1. 963974	0. 0495
X_5	−0. 022916	0. 105007	−0. 218235	0. 8272
X_6	−0. 218074	0. 108368	−2. 012348	0. 0442
X_7	−0. 331395	0. 099379	−3. 334677	0. 0009

2. 家庭年收入与生态补偿受偿意愿

从模型（1）的估计结果可以看出，被调查者最近一年的家庭总收入与其生态补偿受偿意愿有较为显著的负相关性，通过了5%水平的显著性检验。说明在其他条件不变的前提下，家庭年收入水平越高，其生态补偿受偿意愿就越不强烈，这与描述性统计分析结果一致。

3. 职业与生态补偿受偿意愿

从表 3. 7 的估计结果可以看出，被调查者的职业与其生态补偿受偿意愿有较为显著的负相关性，通过了5%水平的显著性检验。说明水源地保护区居民的工作越稳定，其生态补偿受偿意愿就越强烈，这与描述性统计分析结果一致。

4. 年龄与生态补偿受偿意愿

从表 3. 7 可以看出，年龄变量的回归系数为负，这说明被调查者的年龄越大，生态补偿受偿意愿越弱，这与描述性统计分析结果基本一致。但需要说明的是，年龄因素对生态补偿受偿意愿的影响未通过显著性检验。

5. 性别与生态补偿受偿意愿

从模型（1）的估计结果可以看出，性别变量的回归系数为负，这说明男性的受偿意愿要比女性强烈，这与描述性统计分析结果一致。性别因素对生态补偿受偿意愿的影响未通过显著性检验。

6. 家中人口数与生态补偿受偿意愿

从模型（1）的估计结果可以看出，家中人口数分组变量的回归系数为负，这说明被调查者家中人口数越少，其生态补偿受偿意愿越强烈，这与描述性统计分析结果一致。家中人口数对生态补偿受偿意愿的影响未通过显著性检验。

7. 受教育程度与生态补偿受偿意愿

表3.7的估计结果显示，受教育程度变量的回归系数为负，这说明被调查者的受教育程度越低，其生态补偿受偿意愿越强烈，这与描述性统计分析结果基本一致。受教育程度因素对生态补偿受偿意愿的影响也未通过显著性检验。

（三）政策启示

通过调查水源地保护区居民对保护区设立的认知程度，及其生态补偿受偿意愿的分析表明，他们对保护区的设立已经有了较高的认知，具备了一定的生态环境保护意识，而且，对于保护区设立带来的影响，他们大多数也认为有必要给予补偿。水源地保护区居民的生态补偿受偿意愿主要受到所处保护区类型、家庭年总收入和职业因素的影响。其中被调查者所处保护区类型越高，其生态补偿受偿意愿越强烈；家庭年收入水平越低，其生态补偿受偿意愿就越强烈；工作越稳定，其生态补偿受偿意愿就越强烈。

基于上述研究结论，对水源地保护区生态补偿政策的制定与实施有如下启示：

1. 加强水源地保护区生态环境功能的宣传教育

从调查问卷结果分析来看，69.8%的居民认为水源地保护区的生态环境功能是保证饮水安全，这是由于近年来水资源污染和水资源短缺日益加剧，很大程度上影响了人们的饮水供给和身体健康，水资源首先要保证人们的饮水安全，因此，在大多数人心目中，保证饮水安全作为水源地保护区最重要的生态环境功能成为普遍共识。但是，水源地保护区的设立，并非仅仅是为了保证饮水安全，还有诸如保育土壤资源、涵养水源、废物净化、提供娱乐休闲旅游空间、维护生物多样性等，但是在调查中，选择涵养水源功能的仅占7.0%，选择提供野生动物生存的场所、维护生物多样性仅占0.5%，这说明居民对于水源地保护区生态环境功能的认知局限性较强，这会限制对水源地保护区环境保护意识的提高，因此亟须加强对此方面的宣传教育。

2. 水源地保护区生态补偿的实施要因地制宜、循序渐进

研究结果显示，不同保护区范围的居民，其生态补偿受偿意愿强烈程度不同。2008年国家修正的《水污染防治法》中对水源地各级保护区内的行为规范做了详细规范，这些行为规范对各级保护区的居民生产生活带来的影响不同，影响最大的是一级保护区，而且由于水源地保护区大多处于偏远地区，经济本来就不发达，各级保护区设立后又分别对其提出了各种限制要求，这在一定程度上影响了各级保护区当地的社会经济发展，级别越高的保护区，由此带来的影响就越大。因此，需要针对不同的保护区类型，根据影响大小和当地居民受偿意愿，制定公平合理的生态补偿标准。

3. 建立和完善生态补偿方式的配套措施

通过问卷调查发现，在生态补偿方式选择方面，大多数人选择现金补偿方式，原因主要有两方面，一方面是当前生态补偿主要以现金补偿方式为主，这也是较实惠的补偿方式，早已为大多数人所接受；另一方面是其他补偿方式还处于创新和尝试阶段，比如，免费就业培训等智力补偿方式，目前已在多个水源地保护区开始试点，通过实地调查走访发现，由于分配的就业培训名额有限以及当地居民对就业前景的疑虑和观望态度，效果欠佳。因此，要想加大除现金补偿之外的生态补偿方式推行力度，减轻国家财政负担，就要建立和完善相应的配套措施，比如，成立专门的水源地保护区居民就业安置部门，不仅免费提供各项培训服务，而且要定期关注他们的就业情况，建立培训安置人员档案，不断拓宽就业机会，从而打消他们的顾虑，减小对现金补偿方式的依赖。

第五节　水源地保护区居民对生态补偿的满意度分析

目前，水源地保护区的生态补偿实践已经在全国各地陆续展开，这对于促进水资源保护和供给具有积极作用。然而水源地保护区现行的生态补偿制度，是按照土地原有用途进行补偿，并未涉及被淹耕地用于水库扩容、水源涵养等生态功能所带来的增值收益，而且现行生态补偿制度中对水源地保护区当地居民的生态补偿安置原则、补偿的标准都是由政府规定，这种制度安排难以让水源地保护区居民充分分享土地用途变更中产生的这部分增值收益，从而导致实际生态补偿标准偏低、当地居民的满意度也普遍偏低的状况。其实，在现实中制度安排与制度实施是两个层面的问题，农户是否接受并按照法律、法规等正式制度的规定行事，有待进一步的测量和分析。①

由于水源地保护区当地居民作为补偿安置的对象，其对补偿的满意程度，影响生态补偿各项政策制定实施的效果。② 当前的制度安排在以非公益性用途为目的的土地征收中尤为容易引起农民的不满。因此，了解在现行生态补偿制度下，水源地保护区居民的满意程度及其影响因素，对于完善水源地保护区生态补偿制度，显得尤为重要。本研究以课题组成员实地调研获取的645份调查问卷数据（从731份有效问卷中剔除86份不在保护区的问卷）为基础，运用统计分析和计量分析方法，研究水源地保护区居民对现行生态补偿的满意程度，并进一步分析影响其满意度的因素，以为制定和完善水源地保护区生态补偿制度提供理论借鉴和现实参考。

一、处于水源地保护区的调查样本情况

通过对样本数据进行整理可知（见表3.8），被调查者的平均年龄为50岁；受教育程度多为高中以下学历，其中，比例最大的是没受过学校教育者，

---

① 李尚蒲，罗必良，钟文晶．产权强度、资源禀赋与征地满意度——基于全国273个被征地农户的抽样问卷调查［J］．华中农业大学学报（社会科学版），2013（5）：7-15.

② 刘祥琪，陈钊，赵阳．程序公正先于货币补偿：农民征地满意度的决定［J］．管理世界，2012（2）：44-51.

占28.5%，其次是初中学历者，占26.2%，研究生学历者最少，仅占0.1%；家庭年总收入10001~50000元以上者最多，占57.8%，居于50001~100000元一档的人数次之，占17.2%，100001元以上的人数最少，仅占2.6%；家中人口数最多的是4~6人，占62.5%，次之是1~3人，占33.8%，3.7%的被调查者家中人口数在7人以上；在被调查者的职业中，79.4%是农民，占比最大，企业单位职工和其他职业次之，最少的是国家公务人员；55.8%的被调查者的家庭主要收入来源是工资收入，种植业收入和经商收入次之，养殖业收入和其他收入最少；在被调查者中，男性占47.4%，女性占52.6%。

表3.8　调查对象的基本特征（个，%）

特征	选项	样本	百分比	特征	选项	样本量	百分比
年龄	25岁以下	36	5.6	受教育程度	没受过学校教育	184	28.5
	25~34岁	75	11.6		小学	158	24.5
	35~44岁	131	20.3		初中	169	26.2
	45~54岁	171	26.5		高中（中专）	81	12.6
	55岁及以上	232	36.0		大学专科	25	3.9
性别	男	306	47.4		大学本科	27	4.2
	女	339	52.6		研究生	1	0.1
家庭人口数	1~3人	218	33.8	职业	国家公务人员	4	0.6
	4~6人	403	62.5		事业单位职工	16	2.5
	7人以上	24	3.7		企业单位职工	47	7.3
所在保护区	一级保护区	466	72.3		农民	512	79.4
	二级保护区	86	13.3		学生	19	2.9
	准保护区	93	14.4		其他	47	7.3
				家庭主要收入来源	种植业收入	165	25.6
家庭年收入	5000元及以下	62	9.6		养殖业收入	18	2.8
	5001~10000元	82	12.7		工资收入	360	55.8
	10001~50000	373	57.8		经商收入	62	9.6
	50001~100000元	111	17.2		转移支付	28	4.3
	100001元及以上	17	2.6		其他	12	1.9

注：数据来源于课题组问卷调查，由作者自行整理。

二、水源地保护区的生态补偿现状分析

随着社会各界对生态环境保护意识的提高，水源地的生态保护成为人们关注的焦点之一，水源地划定保护区之后，生态环境得到了保护，水质水量得到了提高，但保护区当地居民的生活却因此受到了限制和损害，基于公平合理原则，各地纷纷出台生态补偿政策，并取得了一定的效果。水源地保护区生态补偿制度是从“人”的因素出发，缓解保护区生态保护者与用水单位的矛盾，以促进经济社会的可持续发展。本节基于水源地保护区实地调研，通过数据分析了解现有生态补偿状况以及当地居民对现行生态补偿的满意程度，以便于为制定和完善水源地保护区生态补偿制度提供借鉴。

（一）水源地保护区居民对保护区设立及生态补偿的认知

设立水源地保护区对于保护水源地生态环境、保障用水安全极其重要，而保护水源地生态环境主要还是要靠当地土地利用者、企业和居民，他们参与保护行为的积极性直接关系到生态环境保护的效果。课题组在实地调研中发现，由于水源地保护区大多地处偏远，地域的因素使得当地经济发展滞后，居民的生活水平普遍较低。而设立水源地保护区之后，对不同级别的保护区范围提出了不同的要求，保护区范围内不允许建设对水源有危害的厂矿企业以及养殖企业等，对当地居民的生产生活也提出了一系列限制性要求，比如，不允许滥用化肥农药以及乱扔垃圾等，这些限制性要求对当地经济发展有一定的阻碍，导致农业减产、企业效益降低以及给当地居民的生活造成不便，这势必使得本就不发达的当地经济雪上加霜。基于此，了解处于水源地保护区居民对于设立水源地保护区的认知和态度，对于制定和完善相关生态补偿政策有着积极的作用。

1. 水源地保护区居民对生态补偿的认知分析

为充分了解水源地保护区居民对生态补偿的认知，课题组在进行问卷设计上做了充分的考虑，通过对调查问卷数据的整理，利用软件 SPSS 17. 0 对相关数据进行统计分析后得到如表 3. 9 所示结果。统计数据显示，在对设立水源地保护区的必要性这个问题上，71. 6%的被调查者认为有必要，22. 6%的被调查者认为非常有必要，仅有 0. 4%的被调查者认为不太必要或不必要。

69.3%的居民认为水源地保护区的生态环境比较重要，仅有0.4%的居民认为不太重要或者不重要。而对于水源地保护区生态环境功能方面，74.1%的被调查者认为是保护饮水安全。这说明水源地保护区当地居民对保护生态环境已经具备了良好的认知。

表3.9 被调查者对水源地保护区的认知（个，%）

认知项目	选项	样本数	比重
设立水源地保护区的必要性	非常必要	146	22.6
	有必要	462	71.6
	一般	35	5.4
	不太必要	1	0.2
	不必要	1	0.2
水源地保护区的生态环境的重要性	非常重要	170	26.3
	比较重要	447	69.3
	一般	26	4.0
	不太重要	1	0.2
	不重要	1	0.2
水源地保护区的生态环境功能哪项最重要	防治水土流失、保育土壤资源	66	10.2
	涵养水源、废物净化	31	4.8
	保证饮水安全	478	74.1
	提供娱乐、休闲旅游的空间	69	10.7
	提供野生动物生存的场所	1	0.2
是否有必要补偿	是	633	98.1
	不是	12	1.9
最好的补偿方式	现金补偿	479	75.7
	实物补偿	27	4.3
	政策补偿	11	1.7
	智力补偿	85	13.4
	土地置换	28	4.4
	其他	3	0.5

注：数据来源于课题组问卷调查，由作者自行整理。

2. 水源地保护区居民对现有生态补偿的满意度分析

水环境保护事关人民群众切身利益，事关全面建成小康社会。当前，我国一些地区水环境质量差、水生态受损严重、环境隐患多等问题十分突出，导致水资源严重污染和短缺，不仅影响和损害了群众健康，更不利于经济社会持续发展。截至2015年3月底①，山东省已有157条河道断流，274座水库干涸，农作物受旱面积达254.447万亩，山东省昌乐县马宋水库、安丘市牟山水库、河北省岗南水库、广东省芙蓉嶂水库已"水尽库干"。旱情已对局地城市供水、农业生产和生态造成影响。

为切实加大水污染防治力度，保障国家水安全，国务院印发了《水污染防治行动计划》，计划指出，到2020年全国水环境质量得到阶段性改善；到2030年，力争全国水环境质量总体改善，水生态系统功能初步恢复；到21世纪中叶，生态环境质量全面改善，生态系统实现良性循环。为了实现此目标，保障生产和生活的用水安全，国家在2007年制定了《饮用水水源保护区划分技术规范》，将水源地划分为一级、二级和准保护区，为了保护水源地保护区的生态环境，当地居民的耕地因建水库或水库扩容而被淹没，土地经营者因使用化肥农药受限而使得经济作物减产，甚至搬离保护区，居民的生活也受到了限制。水源地保护区政府和居民为保护水源而放弃了许多发展机会的行为，应该得到补偿，这是构建和谐社会和经济可持续发展的基本要求。

从表3.9可知水源地保护区居民已经具备了良好的生态环境保护认知，在此基础上，面对由于保护生态环境带来的各种生产生活的限制，居民的受偿意愿是否强烈。对于设立水源地保护区带来的影响，98.1%的被调查者认为有必要进行补偿，仅有1.9%的被调查者认为没必要补偿，这说明被调查者具有强烈的受偿意愿。对于生态补偿政策的实施情况这一问题，从表3.10的统计结果可知，目前水源地保护区已经得到了补偿的被调查者占68.7%，没有得到补偿的被调查者占31.3%。根据实地调查发现，实施生态补偿政策的地区大多处于一级保护区，二级和准保护区大多还没有实施相关生态补偿政策。在得到政府补偿的被调查者中，所得补偿额主要集中在300元和600元，分别占到34.7%和54.9%，目前来看，生态补偿方式以现金补偿为主，其他

---

① 数据来源于山东省防汛抗旱总指挥部。

补偿方式比较少。

在对最好的补偿方式选择这一问题上（见表 3.9），75.7%的被调查者选择现金补偿，选择智力补偿方式的次之，但仅占 13.4%，选择土地置换方式和实物补偿方式的分别占到 4.4%和 4.3%，另外，1.7%的被调查者认为政策补偿最好，0.5%选择其他补偿方式，这说明由于现金的通用性，以及人们的落袋为安心理，使得现金补偿方式为大多被调查者所青睐，他们普遍认为其他补偿方式的可行性不高，只有现金补偿最可靠。

另外，设立水源地保护区之后（见表 3.10），有超过一半的被调查者（58.3%）家庭收入减少，34.7%的被调查者家庭收入不变，仅有 7.0%的被调查者家庭收入增加。通过数据统计分析可以看出，水源地保护区的设立对当地居民家庭收入影响较大。不过另一方面，虽然水源地保护区的设立给当地居民生产生活带来了一定的影响，但是 49.8%的被调查者对目前的生态环境表示满意，仅有 8.7%的被调查者表示不满意或不太满意。这说明，尽管水源地保护区的设立限制了当地经济的发展，并降低了当地居民的生活水平，但是对于改善水源地生态环境已有成效，在这方面对大多数被调查者来说还是认可和接受的。

表 3.10　水源地保护区居民对现有生态补偿的满意情况（个，%）

满意度选项	选项	样本数	比重
是否已得到政府补偿	是	443	68.7
	不是	202	31.3
补偿标准	300 元	224	34.7
	600 元	354	54.9
	601 元及以上	67	10.4
对现有补偿是否满意	满意	164	25.4
	不满意	481	74.6
列为保护区后家庭收入状况	增加	45	7.0
	减少	376	58.3
	不变	224	34.7

续表

满意度选项	选项	样本数	比重
实施相关保护政策后的生态状况	非常满意	85	13.2
	比较满意	183	28.4
	一般满意	321	49.8
	不太满意	42	6.5
	不满意	14	2.2

注：数据来源于课题组问卷调查，由作者自行整理。

通过数据分析可知（见表3.10），对于现有补偿，大多数被调查者不满意，占到74.6%，仅有25.4%的被调查者对现有补偿满意，不满意的主要原因是被调查者认为现有补偿标准太低，不足以弥补他们为保护水源地生态环境所做出的贡献。因此了解水源地保护区减少生态破坏者对当前实施的生态补偿政策是否满意，以及影响其满意度的因素，可以为制定水源地保护区生态补偿制度提供重要的参考和依据。

三、水源地保护区居民生态补偿满意度的影响因素分析

（一）理论模型

水源地保护区居民对现有补偿的满意度影响因素对于制定有效的生态补偿政策至关重要，本研究通过回归分析，找出当地居民对现有生态补偿的满意度与其个人特征因素之间的关系。在问卷设计中，将水源地保护区居民对现行生态补偿的满意度 y 分为“是”和“否”两种情况（问卷中对应的问题是“对现有补偿是否满意?”），很明显满意度 y 是一个二元取值变量，赋值为0表示“否”，赋值为1表示“是”。对于此类问题的分析常常采用二元 Logit 离散选择模型，是适用于因变量为非连续变量的一种回归分析方法，本研究选择建立 Binary Logistic 回归模型来分析被调查者对现行生态补偿的满意度与影响因素间的关系。用 p 表示被调查者对现行生态补偿满意的概率，则：

$$p = \frac{e^{f(x)}}{1 + e^{f(x)}} \tag{2}$$

$$1 - p = \frac{1}{1 + e^{f(x)}}$$

由此可以得到被调查者对现行生态补偿满意的机会比率为：

$$\frac{p}{1-p}=\frac{1+e^{f(x)}}{1+e^{-f(x)}}=e^{f(x)} \tag{3}$$

将上式转化为线性方程式，就可以得到其 Logistic 函数形式如下：

$$y=\ln\left(\frac{p}{1-p}\right)=\beta_0+\beta_1x_1+\beta_2x_2+\cdots+\beta_ix_i+\mu \tag{4}$$

其中，β_0为回归截距，x_1，x_2，…，x_i是实际观测到的被调查者的个人和家庭特征、对水源地保护区认知及生态补偿意愿等自变量；β_1，β_2，…，β_i为相应自变量的回归系数；μ 为随机干扰项。

（二）变量说明与回归模型构建

如表 3.11 所示，用因变量 Y 表示水源地保护区居民对现行生态补偿制度的满意程度；用 X_i表示自变量，表示影响居民满意程度的因素，主要包括 12 个因素，分别是：X_1表示被调查者的年龄，X_2表示被调查者的性别（本研究赋值男=0；女=1），X_3表示被调查者的家中人口数，X_4表示最近一年的家庭年收入，X_5表示被调查者的受教育情况，X_6表示被调查者的职业，X_7表示设立水源地保护区的必要性认知，X_8表示水源地保护区生态环境的重要性认知，X_9表示被调查者所处的水源地保护区类型，X_{10}表示被调查者是否得到了政府的补偿，X_{11}表示补偿的标准，X_{12}表示被调查者的家庭收入变化。

表 3.11　变量的赋值和含义说明

变量	变量含义	变量赋值和含义说明
Y	对生态补偿的满意度	满意=1；不满意=0
X_1	被调查者的年龄	取实际值
X_2	被调查者的性别	男性=0；女性=1
X_3	被调查者家中人口数	1~3 人=1；4~6 人=2；7 人以上=3
X_4	最近一年的家庭年收入	5000 元及以下=1；5001~10000 元=2；10001~50000 元=3；50001~100000 元=4；100001 元及以上=5
X_5	被调查者的受教育情况	未受过学校教育=1；小学=2；初中=3；高中（中专）=4；大学专科=5；大学本科=6；研究生=7

续表

变量	变量含义	变量赋值和含义说明
X_6	被调查者的职业	国家公务员=1；事业单位职工=2；企业单位职工=3；农民=4；学生=5；其他=6
X_7	设立水源地保护区的必要性认知	非常必要=1；有必要=2；一般=3；不太必要=4；不必要=5
X_8	水源地保护区生态环境的重要性认知	非常重要=1；比较重要=2；一般=3；不太重要=4；不重要=5
X_9	所处水源地保护区类型	一级保护区=1；二级保护区=2；准保护区=3
X_{10}	是否得到了政府的补偿	是=1；不是=2
X_{11}	补偿的标准	取实际值
X_{12}	被调查者家庭收入变化	增加=1；减少=2；不变=3

对自变量 X 做相关性分析，得到如图 3.1 的矩阵，说明自变量之间不存在相关性，即解释变量与解释变量之间不存在相关性。

$$\begin{bmatrix}
1.00 & -0.06 & -0.07 & -0.29 & -0.67 & 0.02 & 0.28 & 0.25 & -0.15 & 0.01 & -0.02 & 0.01 \\
-0.06 & 1.00 & 0.03 & 0.00 & -0.15 & 0.02 & 0.04 & 0.10 & 0.01 & 0.04 & -0.03 & -0.02 \\
-0.07 & 0.03 & 1.00 & 0.32 & 0.01 & -0.00 & -0.00 & -0.04 & -0.01 & -0.04 & -0.02 & -0.05 \\
-0.29 & 0.00 & 0.32 & 1.00 & 0.36 & -0.04 & -0.16 & -0.17 & 0.28 & -0.06 & 0.12 & 0.18 \\
-0.67 & -0.15 & 0.01 & 0.36 & 1.00 & -0.11 & -0.38 & -0.32 & 0.16 & -0.04 & 0.06 & 0.02 \\
0.02 & 0.02 & -0.00 & -0.04 & -0.11 & 1.00 & 0.09 & 0.04 & -0.08 & -0.03 & -0.02 & -0.03 \\
0.28 & 0.04 & -0.00 & -0.16 & -0.38 & 0.09 & 1.00 & 0.69 & -0.17 & -0.11 & 0.06 & -0.08 \\
0.25 & 0.10 & -0.04 & -0.17 & -0.32 & 0.04 & 0.69 & 1.00 & -0.13 & -0.06 & 0.04 & 0.01 \\
-0.15 & 0.01 & -0.01 & 0.28 & 0.16 & -0.08 & -0.17 & -0.13 & 1.00 & 0.08 & 0.29 & 0.45 \\
0.01 & 0.04 & -0.04 & -0.06 & -0.04 & -0.03 & -0.11 & -0.06 & 0.08 & 1.00 & -0.81 & 0.17 \\
-0.02 & -0.03 & -0.02 & 0.12 & 0.06 & -0.02 & 0.06 & 0.04 & 0.29 & -0.81 & 1.00 & 0.05 \\
0.01 & -0.02 & -0.05 & 0.18 & 0.02 & -0.03 & -0.08 & 0.01 & 0.45 & 0.17 & 0.05 & 1.00
\end{bmatrix}$$

图 3.1　相关性分析结果图

由于因变量发生概率的模型服从于 Logit 模型，可以构建 Logit 回归估计模型如下：

$$Y_1 = \beta_0 + \beta_1 X_1 + \beta_2 X_2 + \beta_3 X_3 + \beta_4 X_4 + \beta_5 X_5 + \beta_6 X_6 + \beta_7 X_7 + \beta_8 X_8 + \beta_9 X_9 + \beta_{10} X_{10} + \beta_{11} X_{11} + \beta_{12} X_{12} \quad (5)$$

其中，β_0为常数项，β_i为所求 Logit 方程的回归系数。

对模型（5）进行参数估计，得到如表 3.12 所示的估计结果。从估计结果来看，模型的 LR 检验值为 238.19，其对应 P 值为 0，这表明模型整体高度显著。由此可得估计方程为：

$$Y = -6.68 - 0.27X_1 + 0.74X_4 - 0.20X_5 + 0.55X_9 + 2.40X_{11}$$

由表 3.12 可以看出，解释变量 X_1、X_4、X_5、X_9和 X_{11}与因变量 Y 存在显著相关性，这说明这 5 个变量对水源地保护区居民对现有生态补偿的满意程度影响显著，而职业、对生态环境保护的认知、水源地保护区生态环境功能以及是否已经得到补偿和家庭收入变化等因素对满意度的影响不显著。为了进一步验证解释变量 X_1、X_4、X_5、X_9和 X_{11}与因变量 Y 的相关性，再次构建 Logit 回归估计模型如下：

$$Y_2 = \lambda_0 + \lambda_1 X_1 + \lambda_2 X_4 + \lambda_3 X_5 + \lambda_4 X_9 + \lambda_5 X_{11} \quad (6)$$

其中，λ_0为常数项，λ_i为所求 Logit 方程的回归系数。

表 3.12　Logit 模型回归结果

Variable	Coefficient	Std. Error	z-Statistic	Prob.
C	-6.88	2.06	-3.33	0.00
X_1	-0.27	0.12	-2.13	0.03
X_2	0.26	0.245	1.11	0.26
X_3	-0.28	0.23	-1.22	0.22
X_4	0.74	0.16	4.52	0.00
X_5	-0.20	0.12	-1.65	0.09
X_6	-0.14	0.13	-1.02	0.30
X_7	0.12	0.29	0.40	0.68
X_8	-0.39	0.30	-1.29	0.19
X_9	0.55	0.22	2.51	0.01
X_{10}	0.725	0.70	1.02	0.30
X_{11}	2.40	0.53	4.49	0.00
X_{12}	0.12	0.20	0.60	0.54

再一次利用 Eviews（计量经济学软件包）软件对模型（6）进行参数估计，得到如表 3.13 所示的估计结果。由此可得估计方程为：

$$Y = -6.62 - 0.25X_1 + 0.71X_4 + 0.78X_9 + 1.90X_{11}$$

表 3.13 Logit 模型回归结果

Variable	Coefficient	Std. Error	z-Statistic	Prob.
C	-6.62	0.88	-7.48	0.00
X_1	-0.25	0.12	-2.09	0.03
X_4	0.71	0.15	4.59	0.00
X_9	0.78	0.16	4.78	0.00
X_{11}	1.90	0.23	8.17	0.00
McFadden R-squared	0.31			
LR statistic	231.18			

由表 3.13 估计结果来看，模型（6）中的 LR statistic 检验值为 231.18，反映了模型整体拟合程度，且其对应 P 值（概率值）为 0，这表明模型整体高度显著。其中，被调查者的年龄、家庭年收入、所处保护区类型以及补偿标准对其生态补偿满意度的影响高度显著。

（三）结果分析

1. 被调查者的年龄与生态补偿满意度的关系

被调查者的年龄对其生态补偿满意程度存在明显的负相关性，通过了 5%水平的显著性检验。这说明年龄越大，其对生态补偿满意程度越低。通过实地访谈了解到，被调查者年龄越大，他们所经历的生态变迁越多，对土地的依赖情结就越强，因此，在经历多次水库扩容后面对土地被淹等生活条件的改变，年龄越大的被调查者，对现有补偿的满意程度越低。

2. 被调查者最近一年的家庭年收入与生态补偿满意度的关系

被调查者最近一年的家庭年收入对其生态补偿满意度有着极其重要的影响，通过了 1%的显著性检验。这说明，家庭年收入越高的被调查者，他们对现有生态补偿的满意程度越高。根据边际效应的递减理论，家庭收入越高的被调查者，多数依赖工资收入，对生态补偿数额的敏感性越低，因此对生态补偿的满意度越高。相反的，家庭收入越低的被调查者，多为土地依赖型家庭，设立水源地保护区后对其收入影响较大，其生态补偿满意度就越低，这是由于家庭收入越高，对于土地减少、收入减少等生计资本的下降敏感度越低，因此对现有生态补偿额并不是非常关注；而家庭收入越低，现有生态补偿额以及土地收入在整个家庭年收入中占的比例就越高，其生态补偿满意度就越低。

3. 一级保护区居民生态补偿的满意度低于二级及准保护区居民

由于一级保护区对土地占用、企业搬迁要求较高，相关主体的损失大，在当前生态补偿标准普遍较低的情况下，其满意度相对较低。相对而言，水源地保护政策对二级和准保护区的经济社会活动限制和要求较低，对实际生产、生活影响较小，对其收入的影响也不大，因此这些区域的居民对生态补偿满意度相对较高。

4. 补偿标准与满意度之间呈正相关关系

不同水源地保护区分属不同区域，各地按照自己的经济发展水平制定生态补偿标准，因此，不同水源地执行的补偿标准各不相同。从分析结果来看，补偿标准越高，居民的满意度越高。

第六节　本章小结

生态补偿作为一种保护水源地生态环境的财政激励制度已得到社会各界的认同。本章基于条件价值评估方法，设计了调查问卷，并对水源地保护区进行实地调查而获得第一手资料，将相关数据进行整理之后，利用统计分析方法对水源地保护区居民对生态环境保护的认知进行了分析，通过分析发现，当地居民已经具备了良好的生态环境保护认知，面对由于保护生态环境带来的各种生产生活的限制，大多数居民认为应该给予他们补偿。

另外，根据实地访谈了解到目前得到政府补偿的居民大多处于一级保护区，且多数对现有生态补偿标准不满意。在此数据分析基础上，又进一步通过建立 Logit 二元选择模型，探索性地分析了水源地保护区居民对现有生态补偿标准的满意程度及其影响因素，研究表明：水源地保护区居民的年龄越大，对土地的依赖性越强，对现有补偿标准的满意越低；居民家庭户的年收入水平越高，对现有补偿标准越不敏感，生计依赖程度越低，满意度越高；而所处水源地保护区级别越高，居民的满意度也越低；现有补偿标准越高，当地居民的满意度越高，反之越低。

第四章 水源地保护区生态补偿利益相关者及其行为分析

如何协调水源地保护区的生态环境和经济发展的关系，生态补偿被认为是非常有效的解决生态问题的政策工具。生态补偿是具有激励作用的经济手段，它把生态环境看作一种公共物品，并使其外部效应内部化，从而促进其有效供给，[①] 因此水源地生态补偿机制是一种调动水源地生态保护的经济手段。[②] 水源地保护区生态补偿涉及多个利益主体，各利益相关者的利益诉求及其行为选择差异，导致其行为选择的不同，从而影响生态补偿制度的落实。因此，在生态补偿制度制定和实施过程中，需要充分考虑各相关主体的利益，要分析各利益相关者的行为，并对其行为同时进行规范，解决好利益相关者及利益联盟间的利益再分配问题。建立水源地生态补偿机制是保护水源地生态环境的有效工具，而辨明利益相关者的行为偏好，对于水源地生态补偿项目的顺利实施并取得预期效果至关重要。本章首先利用利益相关者理论和特别牺牲理论，识别水源地保护区生态补偿中的利益相关者，分析其利益诉求，然后运用博弈论进行行为选择和途径优化，最后在此基础上，对生态补偿范围进行界定。

---

① 黎洁，李树茁．基于态度和认知的西部水源地农村居民类型与生态补偿接受意愿——以西安市周至县为例［J］．资源科学，2010，32（8）：1505-1512．

② 孟浩，白杨，黄宇驰，等．水源地生态补偿机制研究进展［J］．中国人口·资源与环境，2012，22（10）：86-93．

第一节 水源地保护区生态补偿利益相关者分析

水源地保护区生态补偿主客体的界定需要相关理论作为支撑，在生态补偿实施过程中，不同利益相关者的利益诉求也不同，利益相关者理论可以帮助识别生态补偿中的相关利益群体及其诉求，而特别牺牲理论可以帮助界定为水源地生态环境保护做出贡献的利益受损群体的补偿范围。

一、利益相关者理论

“利益相关者”又被称为利益主体理论，这一理论的提出可以追溯到1984年，弗里曼出版了《战略管理——利益相关者方法》一书，明确提出了利益相关者管理理论，并受到经济学界和管理学界的重视。利益相关者管理理论是指企业的经营管理者为综合平衡各个利益相关者的利益诉求而进行的管理活动，与传统的股东至上主义相比较，该理论认为任何一个企业的发展都离不开各利益相关者的投入或参与，企业追求的是利益相关者的整体利益，而不仅仅是某些主体的利益。因此利益相关者理论又被认为是理解和管理现代企业的工具。从利益相关者理论的演进来看，该理论是组织的一种制度安排过程和管理实践过程，其核心在于合理协调和管理涉及（或影响）多个利益主体的利益分配来实现组织目标。①

水源地保护区生态环境具有外部性特征和公共服务管理功能，在其保护和生态补偿过程中，涉及多个利益相关者，其中政府起到核心主导作用，并推动生态环境保护的有效实施。生态补偿是使生态环境外部性内部化并实现经济社会发展可持续发展与生态环境保护相协调的有效途径。因此，利益相关者理论运用于水源地保护区生态补偿中具有理论上的适用性和现实的有效性。

---

① 彭晓春，刘强，周丽旋，等．基于利益相关方意愿调查的东江流域生态补偿机制探讨[J]．生态环境学报，2010，19（7）：1605-1610.

二、水源地保护区生态补偿利益相关者分析

生态补偿是激励和协调各利益相关者的特定生态效益，①② 它是调节各相关主体的利益，以实现生态环境保护和恢复的一种制度安排。③ 由此看来，对利益相关者进行科学的识别和利益分析是生态补偿机制设计和实施的基础，影响生态补偿制度的制定和完善，对于生态补偿方案的顺利实施并取得预期效果至关重要。利益相关者分析是一个系统地收集和分析相关个人和群体信息的过程，目的是决定谁的利益在制定政策时应该予以考虑。④

弗里曼认为："利益相关者是能够影响一个组织目标的实现，或者受到一个组织实现其目标过程影响的所有个体和群体"。弗里曼不仅将影响企业目标达成的个体和群体视为利益相关者，同时也将受企业目标达成过程中所采取的行动影响的个体和群体看作利益相关者。目前，生态补偿利益相关者及其利益诉求、行为选择等方面的研究已受到社会各界的广泛关注。有的学者将利益相关者理论和生态补偿理论相融合，对生态补偿的利益相关者进行了识别，并剖析了各利益相关主体的利益诉求。⑤ 有的学者依据利益相关者理论分析了地方政府付费型生态补偿利益相关者属性、类型及其行为响应差异，认为上海、苏州和湖州三地生态补偿利益相关者包括各级政府、村委会、农户、企业、媒体、环保非政府组织（NGO）、科研机构和社会公众等不同部门、社会群体与个人。⑥ 还有的学者认为在耕地补偿中的利益相关者包括中央政府、地方政府、供给者（农民）和享用者（市民），并分别对中央政府和地方政

---

① PAGIOLA S, ARCENASS A, PLATAIS G. Can payments for environmental services help reduce poverty? An exploration of the issues and the evidence to date from Latin America [J]. World development, 2005, 33 (2): 237-253.

② WUNDER S. Payments for Environmental Services: Some Nuts and Bolts [M]. Jakarta: Center for International Forestry Research, 2005: 11-14.

③ 李文华，李芬，李世东，等．森林生态效益补偿的研究现状与展望 [J]. 自然资源学报，2006，21（5）：677-688.

④ 郑海霞，张陆彪，张耀军．金华江流域生态服务补偿的利益相关者分析 [J]. 安徽农业科学，2009，37（25）：12111-12115.

⑤ 马国勇，陈红．基于利益相关者理论的生态补偿机制研究 [J]. 生态经济，2014，30（4）：33-36，49.

⑥ 龙开胜，王雨蓉，赵亚莉，等．长三角地区生态补偿利益相关者及其行为响应 [J]. 中国人口·资源与环境，2015，25（8）：43-49.

府、地方政府之间、农民和市民进行了博弈分析。①

水源地保护区生态补偿的过程所涉及的利益相关者（如图 4.1），包括水源地保护区自然生态环境的破坏者和受益者以及保护者和减少生态破坏者。由于他们在生态补偿中各自的经济利益性存在差异，因而可以按照在生态补偿中的利益关系的不同将其分为三种类型：核心利益相关者、次要利益相关者和边缘利益相关者。

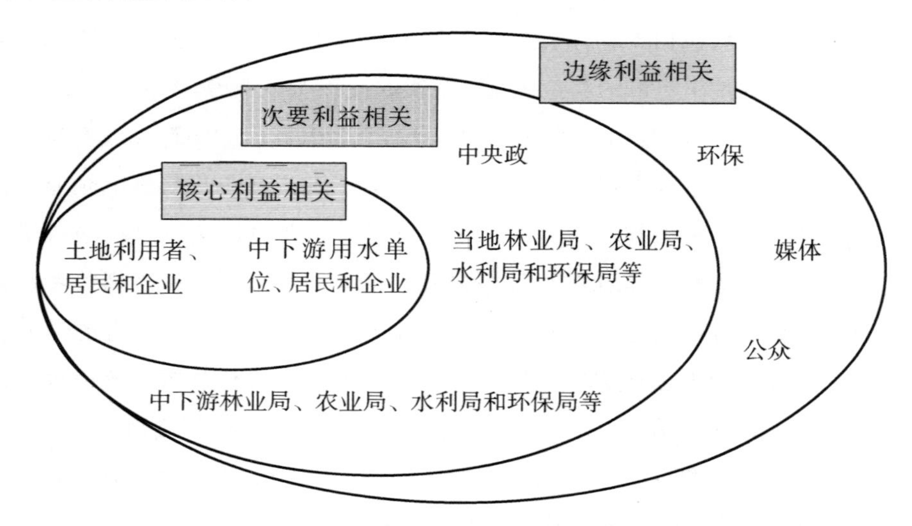

图 4.1　水源地保护区生态补偿利益相关者

（一）核心利益相关者

水源地保护区生态补偿的核心利益相关者指的是那些由于保护水源地生态环境，其生计和发展权直接受到生态补偿政策影响的个人、单位和集体。根据水源地保护区生态补偿的原则，生态补偿的核心利益相关者主要包括：保护区范围内的土地利用者、居民、企业；水源地保护区中下游的用水单位、居民和企业（见图 4.1）。

1. 保护区范围内的土地利用者、企业、居民

水源地保护区范围内的土地利用者主要是指退耕还林还草的农民和从事农作物或经济作物耕种的农民及承包户。根据不同级别保护区对生态环境保

① 马爱慧，蔡银莺，张安录．耕地生态补偿相关利益群体博弈分析与解决路径［J］．中国人口·资源与环境，2012，22（7）：114-119.

护的要求，退耕还林还草的农民被迫变成了失地农民，失去了祖祖辈辈延续下来的最基本生计来源；从事农作物或经济作物耕种的农民及承包户不得滥用化肥农药，要按照要求采取环境友好型耕种模式；保护区范围内的企业包括按照不同级别保护区保护水源地生态环境的要求而被迫停产搬迁的污染型工业企业、按要求需加大环保设施的投入的限制型生产经营企业以及被迫转产企业；同时保护区范围内的居民也要按照环境保护要求来改变以往的生活习惯，采取有利于生态环境的生活方式。

这一核心利益群体受到的生态补偿政策的影响最直接，其中大多因水源地保护区生态环境保护而承担过多责任，从而导致其经济利益受损甚至贫困，他们既是生态补偿中的利益受损者，同时又是生态补偿政策实施的主要参与者，他们参与生态环境保护的积极性直接决定了生态补偿政策实施的效果和程度。事实上，目前水源地保护区生态补偿标准普遍较低，这在一定程度上降低了他们保护生态环境的动力和积极性，反过来造成了水源地保护区生态环境效果欠佳以及生态补偿政策执行难等问题。由于水源地保护区大多地处偏远，经济发展较其他地区落后，另外这部分核心利益相关主体在生态补偿中承担了保护水源地生态环境的任务，丧失了发展权，同时在生态补偿利益分配中往往是最为弱势的一方，属于弱势群体，在政府主导的补偿安置方案实施中处于经济和社会利益突出却几乎无任何决策权的境地。如果在生态补偿政策的制定中不能充分考虑他们的经济利益，或者在政策实施过程中出现不公平现象导致他们应得的补偿不能落实到位，那么他们参与保护生态环境的积极性就会大大降低，甚至会采取损害生态环境的行为以保障自身经济利益。

2. 水源地保护区中下游的用水单位、居民、企业

这部分利益相关者处于保护区范围之外的水资源输入地区，是水源地生态环境保护的受益者。水源地保护区中下游的用水单位包括中下游的行政事业单位、自来水公司和用水企业，他们从水源地保护区输入足量所需水资源，对于自来水公司来说，还会因水源地保护区生态环境的保护使得控制污染的成本降低，从而收益便会提高。对于保护区中下游用水企业来说，生态环境的改善，不仅为他们提供了安全的水资源，还会为他们带来环境外部成本的降低。水源地保护区中下游的居民从水源地保护区得到了优质安全的饮用水，

同时还提高了生活环境质量。

（二）次要利益相关者

水源地保护区生态补偿的次要利益相关者主要是水源保护区和受水区的地方政府职能部门，生态补偿没有对他们的生计造成直接影响，但与生态补偿政策的制定和完善密切相关，主要包括中央政府以及水源保护区和受水区的林业局、农业局、水利局和环保局等政府职能部门。中央政府和各级政府职能部门是生态补偿政策的决策参与者和管理者，主要负责水源地保护区生态环境保护、恢复和治理的规划与制度安排等。虽然生态补偿政策实施并没有对他们生计问题造成直接影响，但是他们具有绝对的管理权和决策权，能够决定水源地保护区生态补偿的模式、对象、标准和方式。尤其是水源保护区和受水区的政府职能部门，他们通过行使行政管理权，负责水源保护区生态环境的恢复、治理和保护，同时还拥有水源保护区经营管理的收益权。

（三）边缘利益相关者

水源地保护区生态补偿的边缘利益相关者主要是指在水源地保护区生态补偿过程中没有直接的利益关系，但可以通过宣传、倡议等方式影响和推动生态补偿政策的制定和实施，包括公众、媒体、环保 NGO 等非政府组织，这部分利益相关者在水源地生态补偿中没有直接的利益关系，但是他们可以通过舆论和环保等公益性的活动对生态补偿政策的制定和实施起到宏观调控和宣传的作用，这在一定程度上影响和推动着保护区的生态补偿。边缘利益相关者包括除涉水外的各级政府部门和非政府环保组织，还包括水源地保护区以外的其他受益部门和个人，不过这部分“搭便车”者从保护区生态环境中受益的成分相对并不是太多，因此在生态补偿实际操作过程中将其纳入补偿者的难度较大。

第二节　水源地保护区生态补偿各主体利益诉求分析

基于利益相关者理论和特别牺牲理论对水源地保护区生态补偿中的利益相关者进行了分析可以发现，诸多生态环境问题的出现，实际上在某种程度上与利益相关主体间利益分配不合理有很大关系，这就需要在水源地保护区生态补偿制度制定和实施过程中，在识别生态补偿主体和补偿客体的同时，还要充分考虑他们的利益，只有这样，生态补偿制度才能起到激励流域生态服务供给、提高流域生态质量的作用。①

一、水源地保护区生态补偿主体的界定及其利益诉求分析

在水源地保护区生态补偿中，补偿主体是指对保护区生态系统服务的利用而受益或对保护区生态环境造成破坏的个人或组织。根据利益相关者理论，水源地保护区生态补偿主体应该包括中央政府和中下游的政府、用水单位、居民以及企业。

（一）中央政府和地方政府

作为最高行政机构的中央政府，代表着国家全局和全体公民的利益，要维护国家的生态安全，因此目前中央政府是水源地保护区生态补偿主体的主要力量。为了国家的可持续发展，在水资源短缺和污染严重的当下，中央政府不但要考虑保证当代人的水资源安全，追求当代全民利益最大化的同时，还要考虑到子孙后代的福祉，使后代人能与当代人在利用水生态服务产品方面享有代际平等的权利。为了保障代际之间的用水安全，水资源的保护和可持续利用非常重要，中央政府陆续颁布了各种水资源生态环境保护的政策与制度，并通过依靠地方政府自上而下实施这些水资源保护政策和制度来达到保护水生态环境的目的，从而实现每一项环境保护目标。

为了保证水源地保护区的生态环境保护效率，保障用水安全，中央政府在水源地保护区生态补偿中起到主导作用，从而确保生态补偿在生态环境保护中有效地实施。一方面，为了维护国家整体利益和国家稳定，在水源地保护区生态补偿中，中央政府的利益诉求就是在充分考虑到水源地保护区当地政府、土地利用者、居民和企业各自利益诉求的基础上，制定公平合理、可行有效的生态补偿制度，用制度来维护他们的切身利益，以调动他们保护生态环境的积极性。另一方面，由于目前生态补偿资金大部分还是来自中央政

① 马莹．基于利益相关者视角的政府主导型流域生态补偿制度研究［J］．经济体制改革，2010（5）：52-56.

府和地方政府的财政预算，所投入的生态补偿资金有限，在此约束下，政府部门就希望利用有限的资金投入或者不断拓展筹资渠道，从而有效地修复和改善水源地保护区的生态环境，保障合格水质和水量，确保用水安全，维护社会稳定。同时还希望能够保持国家和地方的社会经济发展水平，以实现经济社会发展与水源地保护区生态环境保护和谐共存的可持续发展目标。从这方面来看，中央政府和地方政府在对水源地保护区实施生态补偿时，其利益诉求就是要协调各利益相关者的利益，从而实现全社会福利的提高。

（二）保护区中下游政府、用水单位和居民

水源地生态环境资源对中下游地区具有外部效益，随着水源地污染日益严重以及水资源的短缺，水资源输入地的中下游地方政府、用水单位、居民和企业受到上游水源地外部性的影响。随着国家对水源地划定保护区给予保护，这时水源地保护区生态环境资源对中下游地区产生正外部效应，同时由于生态环境资源具有准公共物品属性，使得水资源输入地的中下游地方政府、用水单位、居民和企业成为免费公共消费“搭便车”者，他们可以无偿地享受到上游水源地保护区生态环境保护带来的福利，从而成为上游生态环境保护的受益者。随着以“谁受益，谁付费”为原则的生态补偿机制的建立，作为受益者的水资源输入地中下游地方政府、用水单位、居民，理应在生态环境补偿建设中承担相应的责任。在水源地保护区生态补偿中，他们的利益诉求体现在上游水源地保护区要严格执行生态环境保护相关政策，增加正外部效应，为中下游地区输送足量优质的水资源。

二、水源地保护区补偿客体的界定及其利益诉求分析

在水源地保护区生态补偿中，补偿客体是指因维护和改善水源地保护区生态环境而利益受损的个人或者组织。水源地保护区生态补偿客体应该包括当地政府、土地利用者、居民和企业。

（一）水源地保护区当地政府

地方政府是中央政府所制定的具体生态补偿制度的执行机构，不单是生态补偿政策的实施者和管理者，作为政府机构理应承担一定的生态补偿责任，虽然水源地当地政府在生态环境保护中有财政收入的减少和发展权损失，但

是当地政府作为国家行政职能组织，有义务执行实施中央政府的政策，从某种意义上来说，生态环境保护的政策实施效果还是其政绩评价指标之一，生态环境保护得好，其政绩考核也会好。同时水源地地方政府还是保护区生态环境建设中的受益者，比如可以获得足量优质的水源，地方生态环境的改善还可以发展旅游业、特色生态农业等，这方面的收入是由于生态环境的维护而获得的，由此分析来看地方政府应该属于生态补偿主体。

另一方面，根据《饮用水水源保护区污染防治管理规定》，一级、二级保护区范围内禁止新建、扩建向水体排放污染物的建设项目，为了保障中下游地区获得充足的径流量和良好的水质，水源地政府就不得不采取措施保护各级保护区的森林植被、湿地等涵养水源的重要生态系统，同时还要对保护区的产业结构和布局进行合理规划。地方政府作为独立的经济主体，既要保护水源地保护区的生态环境，又要寻求可以增进财政收入以及发展地方经济的途径，于是地方政府在代替中央政府执行具体的生态保护政策的同时，不得不放弃可以发展地区经济的产业结构，不得引入重污染的产业并转而采取对保护区生态环境没有威胁的产业结构，这样就失去了发展地方经济的机会，财政收入必定受到很大的影响，针对当地政府为保护水源地生态环境所做出的经济牺牲，作为利益受损者，地方政府应该是生态补偿的补偿客体。这样看来，地方政府具有水源地生态环境的保护者和受益者的双重身份，既是生态补偿的补偿主体，又是生态补偿的补偿客体，其利益诉求就是在贯彻落实中央政府的生态环境保护相关政策，控制农业等面源和非点源污染，同时又要想方设法增加生态效益、降低植树造林等生态保护设施的投入成本，寻求发展地方经济的机会。

（二）水源地保护区的土地利用者

水源地保护区的土地利用者包括利用土地进行农业耕种的农民，还包括除农民之外的，通过承包土地进行经济作物种植等土地利用的个人和群体。土地与土地利用者息息相关，它是最重要、最基本的生产资料和社会保障，尤其是对于耕种土地的农民来说，土地是大多数农民维持基本生存的主要手段，生态补偿政策对他们的影响最直接。主要表现在三个方面，一是生计方面的影响。退耕还林、还草、还湿之后他们失去了那部分原有土地生产的收入，虽然生态补偿金可以增加一部分收入，但是现有补偿标准过低，对大多数水源地保护区来说，不足以抵消他们的损失；二是对生产方式的影响。《饮用水水源保护区污染防治管理规定》明确一级保护区禁止从事种植、放养禽畜，严格控制网箱养殖活动，禁止使用剧毒和高残留农药，不得滥用化肥。因此，保护区的土地利用者不仅要执行退耕还林还草还湿、封山育林等保护生态环境的政策措施，还要减少或禁用农业生产过程中对生态环境造成污染的农药化肥；三是对就业的影响。退耕还林还草之后一部分从事土地利用的劳动力将会空闲下来，产生了劳动力利用的浪费。这样分析看来，水源地保护区的土地利用者的利益诉求就是提高生态补偿标准，加快产业结构调整和农业生产技术创新，并增加就业机会，从而拓宽他们的生计来源，摆脱因保护水源区生态环境而致贫的境况。

（三）水源地保护区的企业

水源地保护区的企业包括建立保护区之后被迫关停并转和生产受限的企业。为了保护水源地生态环境，《饮用水水源保护区污染防治管理规定》规定，一级保护区已设置的排污口必须拆除，二级保护区的改建项目必须削减污染物排放量；原有排污口必须削减污水排放量，保证保护区内水质满足规定的水质标准，且禁止向水域倾倒工业废渣等污染水源行为。根据管理规定的要求，企业在生态补偿中的直接经济损失较大。一些企业停产搬离保护区后重建厂房和购置生产设备，增加了投入成本，留在保护区内的企业也要加大污水处理的成本，甚至限制其生产或转产。因此这些企业在生态补偿中的利益诉求主要体现在对这些投入成本或产出损失等方面的补偿。

（四）水源地保护区的居民

水源地保护区的居民包括居住在一级、二级和准保护区区域范围内的自然人，他们的居住地划定为水源地保护区之后，相关生态环境保护政策要求所在保护区社区居民维护水源地的生态环境安全，不得乱扔垃圾，禁止向水域倾倒生活垃圾、粪便及其他废弃物，禁止一切破坏水源地生态平衡的活动以及破坏水源林、护岸林、与水源保护相关植被等活动，不得使用炸药、毒品捕杀鱼类等。生态补偿政策实施给他们的生活和行为带来了不便，他们的利益诉求是作为水源地生态环境的保护者和减少破坏者，也应对其行为进行补偿，但是目前来说，尚没有对这部分利益相关主体进行生态补偿，还未将其界定为生态补偿客体。

从以上分析来看，生态补偿主客体的各个利益相关者的利益诉求是不同的，在水源地保护区生态补偿过程中，要落实生态环境保护目标，就要协调好各利益群体的关系。各级政府和水源地保护区居民、企业间存在着个人成本和社会成本的不对称，虽然各级政府通过生态补偿方式，让水源地保护区内的村民搬离库区、退出耕地以及对其生活和耕作提出有利于生态环境保护的要求，让企业搬离水源地保护区并禁止排放污染物，但是由于存在生态补偿标准过低、补偿方式单一等问题，保护区内的村民和企业保护生态环境的积极性不是很高，水源地保护区内的村民随意排放生活垃圾、滥用化肥农药，企业偷排污水污物，尤其是在周围还保有一些从事养殖业的个人和集体，这些行为对水源地保护区生态环境保护带来了很大影响。

从以上分析来看，在生态补偿过程中，补偿主体与补偿客体的各个利益相关者的利益诉求是不同的，因此，对水源地保护区生态补偿主体与补偿客体的利益诉求分析，可以帮助政策制定者、实施者和管理者了解各利益相关主体的利益所在，从而唤醒与提高各利益相关者参与保护水源地保护区生态环境的能动性、积极性和热情。因此，明晰水源地保护区生态补偿的补偿主体与补偿客体，分析各利益相关者的利益诉求和行为偏好，研究补偿标准、惩罚标准以及政策导向对生态补偿的补偿主体与补偿客体行为演变的影响，对于制定和完善公平合理的生态补偿制度尤为重要。

第三节　水源地保护区补偿主体与补偿客体的行为选择机理分析

为了保护水源地保护区的生态环境，政府要对保护区内的企业和居民的生产、生活进行监管，对他们的环境行为进行规范。相应的，水源地企业和居民也要对自己经济活动的收益与制度约定的生态补偿进行比较，按照个人利益最大化选择自己的行为，从而形成补偿主体、补偿客体以及政府三方博弈。有的学者应用进化博弈的双种群博弈理论，研究流域上下游地方政府合作的演化方向，发现其演化路径主要受到水源地不保护及下游不补偿受到的惩罚、下游对水源地的补偿额度等八个因素的影响；① 有的学者通过对黄河水源地牧民、政府、企业及流域上下游生态补偿各方的利益博弈分析，提出了生态补偿机制实现的相关措施；② 也有学者将利益相关者理论和生态补偿理论相融合，并以湿地生态补偿为研究案例，构建了基于利益相关者理论的湿地生态补偿机制的框架；③ 还有的学者运用利益相关者分析方法界定出核心利益相关者、次核心利益相关者和边缘利益相关者，选取鄱阳湖区其中 3 个县作为典型区域，调查农户对土地利用变化后经济损失的受偿意愿，算出生态补偿分担率。④

一、水源地保护区生态补偿利益相关者的行为选择

通过上述分析可知，要保证水源地保护区的生态环境保护效率，保障用水安全，政府就应该在水源地保护区生态补偿中起到主导作用，从而确保生态补偿在生态环境保护中有效地实施。首先，对于各级政府部门来说，由于目前生态补偿资金大部分还是来自中央政府和地方政府的财政预算，所投入的生态补偿资金有限，在此约束下，政府部门就希望能够修复和改善水源地保护区的生态环境，保障合格水质和水量，同时还希望能够保持国家和地方的社会经济发展水平，并实现经济社会发展与水源地保护区生态环境保护和谐共存的可持续发展目标。从这方面来看，各级政府部门在对水源地保护区实施生态补偿时，其利益诉求就是要协调各利益相关者的利益，从而实现全社会福利的提高。其次，水源地保护区内的居民和企业以及用水户，他们作为理性人，在生态补偿中的利益诉求主要在个人或企业的经济利益最大化上，

① 接玉梅，葛颜祥，徐光丽．基于进化博弈视角的水源地与下游生态补偿合作演进分析［J］．运筹与管理，2012，21（3）：137-143.

② 戈银庆．黄河水源地生态补偿博弈分析——以甘南玛曲为例［J］．兰州大学学报（社会科学版），2009，37（5）：106-111.

③ 马国勇，陈红．基于利益相关者理论的生态补偿机制研究［J］．生态经济，2014，30（4）：33-36，49.

④ 李芬，甄霖，黄河清，等．土地利用功能变化与利益相关者受偿意愿及经济补偿研究——以鄱阳湖生态脆弱区为例［J］．资源科学，2009，31（4）：580-589.

而将全社会的福祉作为实现其自身经济利益的伴生物，而媒体、社区等不光是关注自身的经济利益实现，同时还十分关注全社会经济利益的实现。

从信息经济学的角度看，政府部门（本研究将其作为生态补偿的补偿主体）与水源地保护区生态环境保护者（本研究主要是指上述分析的生态补偿的补偿客体）之间不仅存在补偿关系，还存在监管与被监管的关系，这些不同角色相互交织在一起，促成了一种相互影响、相互竞合的行为决策过程。本节利用博弈论方法，探讨水源地保护区生态补偿的补偿主体与补偿客体的行为选择机理及其优化途径，以促进水源地保护区生态补偿的顺利实施。在水源地保护区生态补偿中，补偿主体是倡导、实施生态补偿活动并提供财政支持的一方，起到监督监管的作用。目前来说，政府是补偿款的主要提供者，承担了补偿者角色，同时又要对生态保护行为进行监督监管；而补偿客体是在此过程中得到补偿的一方，需要根据相关生态补偿规定和要求来具体实施水源地保护区的生态环境保护行为。

水源地生态补偿的过程，就是一个补偿客体与补偿主体之间利益调整的过程。由于补偿客体与补偿主体之间的利益诉求是不一致的，补偿客体既希望拿到令其满意的生态补偿款，又希望自己的生活和生产方式不受太大影响，而且尽可能少地付出治污成本。而当地政府则希望控制排污和治理污染，希望保护好水源地保护区的水资源，以给下游及周边用水户提供合格水源，即“少补偿，多收益”。总之，补偿主体不管是基于保护水源地保护区水资源的责任，还是出于自身利益的考虑，它都会积极通过政策或者其他措施监管生态补偿客体，由此，矛盾双方实际上就形成了一种博弈行为。

（一）基本假定

（1）假定水源地保护区的补偿客体的行为选择是一个有限次重复动态博弈问题，重复博弈次数为 N。

（2）假定补偿主体严格监管，不存在不作为现象，且水源地保护区生态补偿中利益分配公平合理；只要补偿主体监管，补偿客体的排污、滥用化肥农药等行为就会被发现；补偿客体的污染行为（排污、滥用化肥农药等）被发现后，会有经济惩罚，又有信用损失。

（3）理性的补偿客体会根据所能获得的总收益来决定自己在第 T 期是否

实施排污、滥用化肥农药等不保护行为。为简化模型并不失一般性，假定补偿客体只在第 T 期决定是否排污、滥用化肥农药等；补偿主体只在第 T 期决定是否监管，并假定潜在损失和信用损失具有延续效应。

（二）构建支付矩阵

假设生态补偿中的补偿客体生态保护成本为 C_1，正常收益为 I，补偿主体正常收益为 R，生态补偿主体的监管费用为 C_2；补偿客体不保护行为（本研究设定补偿客体排污、滥用化肥农药等行为是不保护行为，反之是保护）超长收益为 K，给补偿主体带来的损失为 W；补偿客体排污被发现后惩罚为 F，并由此导致的信用机会损失为 L，得到如表 4.1 所示的支付矩阵。显然，补偿主体与补偿客体行为选择的博弈中不存在纯战略纳什均衡。

假设补偿主体和补偿客体每期的正常收益分别为 R 和 I；补偿客体生态保护成本为 C_1，补偿主体的监管费用为 C_2；补偿客体的污染行为（在此设定补偿客体排污、滥用化肥农药等行为是不保护生态环境的行为，反之是保护）超长收益为 K，给补偿主体带来的潜在损失为 W（包括水环境治理费用、补偿下游及周边供水城市的费用和下游及周边供水城市给付的潜在补偿费用）；补偿客体排污被发现后惩罚为 F，并由此导致的信用机会损失为 L（设定政府财政拨款会根据保护信用来决定是否补偿及补偿额度）。得到如表 4.1 所示的支付矩阵。显然，补偿主体与补偿客体行为选择的博弈中不存在纯战略纳什均衡。

表 4.1　补偿主体与补偿客体行为选择的博弈支付矩阵

补偿主体	补偿客体	
	保护	不保护
监管	$R-C_2$，$I-C_1$	$R-C_2-W+F$，$I+K-F-L$
不监管	R，$I-C_1$	R−W，I+K

（三）博弈均衡点的确定

在水源地保护区生态补偿中，若补偿客体在第 T 期的不保护概率为 β，补偿主体的风险偏好为 λ_p，假设补偿主体仅仅在第 T 期选择监督或者不监督，则在第 N 次重复博弈过程中，补偿主体第 T 期监管和不监管时的期望收益现值分别为：

$$E_p(1,\ \beta)=\sum_{t=1}^{T-1}\delta^{t-1}R+\beta\left[(R+F-W-\lambda_p C_2)\delta^{T-1}+\sum_{t=T+1}^{N}\delta^{t-1}R\right]$$
$$+(1-\beta)\left[(R-\lambda_p C_2)\delta^{T-1}+\sum_{t=T+1}^{N}\delta^{t-1}R\right]$$

$$E_p(0,\ \beta)=\sum_{t=1}^{T-1}\delta^{t-1}R+\beta\sum_{t=T}^{N}\delta^{t-1}(R-W)+(1-\beta)\sum_{t=T}^{N}\delta^{t-1}R$$

式中，$\delta=\dfrac{1}{1-r}$ 为贴现率；r 为市场利率。

由 $E_p(1,\ \beta)=E_p(0,\ \beta)$ 得补偿客体采取不保护生态环境的均衡点：

$$\beta^*=\frac{\lambda_p C_2\delta^{T-1}}{(F-W)\delta^{T-1}+W\sum_{t=T}^{N}\delta^{t-1}}=\frac{\lambda_p C_2(1-\delta)}{(F-W)(1-\delta)+W(1-\delta^{N-T+1})}\quad(1)$$

若政府在第 T 期的监管概率为 α，补偿客体的风险偏好为 λ_α，保留效用为 I_0，且 $I_0<I$，则在 N 次重复博弈过程中，补偿客体第 T 期不保护和保护时的期望收益现值分别为：

$$E_\alpha(\alpha,\ 1)=\sum_{t=1}^{T-1}\delta^{t-1}I+(1-\alpha)\left[(I+\lambda_\alpha K)\delta^{T-1}+\sum_{t=T+1}^{N}\delta^{t-1}I\right]$$
$$+\alpha\left[(I_0+\lambda_\alpha K-F-L)\delta^{T-1}+\sum\delta^{t-1}(I_0-L)\right]$$

$$E_\alpha(\alpha,\ 0)=\sum_{t=1}^{N}\delta^{t-1}(I-C_1)$$

由 $E_\alpha(\alpha,\ 1)=E_\alpha(\alpha,\ 0)$ 得到补偿主体的监管均衡点：

$$\alpha^*=\frac{\lambda_\alpha K\delta^{T-1}+\sum\delta^{t-1}C_1}{\delta^{T-1}(F+L+I-I_0)+(I-I_0+L)\sum_{t=T}^{N}\delta^{t-1}}$$
$$=\frac{\lambda_\alpha K(1-\delta)+(\delta^{1-T}-\delta^{N-T+1})C_1}{(1-\delta)(F+L+I-I_0)+(I-I_0+L)(1-\delta^{N-T+1})}\quad(2)$$

（α^*，β^*）是补偿主体和补偿客体行为选择博弈的混合战略纳什均衡点，对应着双方的最佳行为选择。在这一点上仅靠单方改变策略不会增加自身的收益，即在一方行动不变的情况下，理性的另一方没有积极性打破这种均衡。

二、补偿主体和补偿客体的行为优化

通过建立生态补偿中补偿主体和补偿客体的支付矩阵，分别得出监管和不保护行为选择均衡点，然后通过求偏导数，分析其行为选择的影响因素，从而找出优化路径。

（一）补偿主体的监督空间及其影响因素

在水源地保护区生态补偿过程中，当补偿客体的实际不保护概率小于 β^* 时，补偿主体的最佳选择是不监管；当补偿客体的实际不保护概率大于 β^* 时，补偿主体的最佳选择是监管。因此，补偿主体的监管空间为 $V_p = \{\beta \mid \beta \in (\beta^*, 1)\}$。通过对式（1）求偏导数，得出补偿主体监管空间与主要影响因素间的关系，见表 4.2。

表 4.2　生态补偿中补偿主体监管空间与主要影响因素间的关系

因素	影响程度	影响关系	解释说明
$\frac{\partial \beta^*}{\partial \lambda_p}$	$\frac{C_2\mu}{(F-W)\mu+W\eta}>0$	$\lambda_p\uparrow$，$\beta^*\uparrow$，$V_p\downarrow$	越不作为的补偿主体，越有选择不监管而放任补偿客体排污、滥用化肥农药等行为的倾向
$\frac{\partial \beta^*}{\partial C}$	$\frac{\lambda_2\mu}{(F-W)\mu+W\eta}>0$	C↑，β∗↑，Vp↓	监管成本越高，补偿主体监管的可能性就越小，补偿客体排污、滥用化肥农药等行为越不易被发现
$\frac{\partial \beta^*}{\partial F}$	$-\frac{\lambda_2 C_2\mu^2}{[(F-W)\mu+W\eta]^2}<0$	F↑，β∗↓，Vp↑	不保护生态环境行为惩罚越大，补偿主体的收益越大，监管的可能性就大；补偿客体排污、滥用化肥农药等行为损失越大，自律状况就越好
$\frac{\partial \beta^*}{\partial W}$	$-\frac{\lambda_2 C_2\mu(\eta-\mu)}{[(F-W)\mu+W\eta]^2}<0$	W↑，$\beta^*\downarrow$，Vp↑	排污、滥用化肥农药等行为给补偿主体造成的潜在损失越大，其监管的主动性越大，补偿客体排污、滥用化肥农药等行为更易被发现

续表

因素	影响程度	影响关系	解释说明
$\frac{\partial \beta^*}{\partial N}$	$\frac{\lambda_2 C_2 W\delta^{N-T+1}\ln\delta}{[(F-W)\mu+W\eta]^2}<0$	N↑，β^*↓，Vp↑	双方监督监管期限越长（双方这种关系可以视为合作关系），合作频率和确定性越高，补偿客体的个性理性和机会主义行为越不明显

注：$\mu=1-\delta$；$\eta=1-\delta^{N-T+1}$

在水源地保护区的生态补偿中，如果补偿主体和补偿客体积极保护水环境，下游及周边用水城市需要补偿水源地保护区，否则，补偿主体要向及周边用水城市做出补偿。因此，在实际操作中，为使实际收益大于均衡期望收益值，补偿主体会根据补偿客体的排污、滥用化肥农药等状况选择相应的监管行动。

（二）补偿客体的不保护空间及其影响因素

补偿客体也会最大化自己的收益，将根据补偿主体的监管概率选择自己的行动。作为监管的临界点，当补偿主体的监管概率大于 α^* 时，补偿客体的最佳选择是不排污、不滥用化肥农药等，即保护生态环境；当补偿主体的监管概率小于 α^* 时，补偿客体的最佳选择是排污和滥用化肥农药等，即不保护生态环境，因此，补偿客体的不保护空间为 $V_\alpha=\{\alpha \mid \alpha\in(0,\alpha^*)\}$。通过对式（2）求偏导数，得出补偿客体不保护空间与主要影响因素间的关系，见表4.3。

（三）优化补偿主体和补偿客体行为的途径

从博弈的角度看，在多次博弈之后，补偿主体为提高向下游及周边用水城市提供水资源的质量，增加生态补偿收益，补偿主体必然会采取措施扩大监管空间（减小 β^*）。补偿主体与补偿客体之间合作程度的提高意味着补偿客体履约状况的改善，从而减小生态补偿主体的监督均衡点 α^*，即补偿客体违规排污、滥用化肥农药等行为空间缩小，进而改善水源地保护区的水资源质量，提高生态补偿收益。可见，补偿客体会扩大监管空间 V_p、缩小排污空间 V_α，优化补偿客体的行为。

根据表4.2和表4.3中监管空间和不保护生态环境空间与主要影响因素的关系，得出优化补偿客体行为的主要途径：①降低监管成本C和违规排污、滥用化肥农药等行为的超常收益K；②降低补偿主体的风险偏好λ_p、补偿客体的风险偏好λ_α；③增加违规排污、滥用化肥农药等行为的惩罚F、不保护生态环境的潜在损失W、不保护生态环境的信用损失L；④增加水源地保护区生态环境保护内外收益差△I（即$I-I_0$）以及补偿主体和补偿客体的合作期限N。

表4.3 生态补偿中补偿客体不保护空间与主要影响因素间的关系

因素	影响程度	影响关系	解释说明
$\frac{\partial \alpha^*}{\partial \lambda_\alpha}$	$\frac{K\mu}{\theta}>0$	$\lambda_\alpha\uparrow$，$\alpha^*\uparrow$，$V_\alpha\uparrow$	补偿客体个性冒险程度越强，越有选择排污、滥用化肥农药等行为倾向，补偿主体的监管动机越强烈
$\frac{\partial \alpha^*}{\partial K}$	$\frac{\lambda_\alpha\mu}{\theta}>0$	$K\uparrow$，$\alpha^*\uparrow$，$V_\alpha\uparrow$	不保护生态环境超常收益越大，补偿客体违规可能性越大，水源地保护区的水资源质量越差，补偿主体潜在损失越大，监管动机越明显
$\frac{\partial \alpha^*}{\partial I_0}$	$-\frac{(\lambda_\alpha K\mu+AC_1)(\mu+\eta)}{\theta}>0$	$I_0\uparrow$，$\alpha^*\uparrow$，$V_\alpha\uparrow$	不保护生态环境收益越大，补偿客体越不在乎补偿主体的监管，排污、滥用化肥农药等行为的可能性越大，补偿主体的监管动机越强烈
$\frac{\partial \alpha^*}{\partial F}$	$-\frac{(\lambda_\alpha K\mu+AC_1)\mu}{\theta^2}<0$	$F\uparrow$，$\alpha^*\downarrow$，$V_\alpha\downarrow$	增大排污惩罚会迫使排污者遵守法规，排污可能性变小，政府监管动机不明显
$\frac{\partial \alpha^*}{\partial I}$	$-\frac{(\lambda_\alpha K\mu+AC_1)(\mu+\eta)}{\theta^2}<0$	$I\uparrow$，$\alpha^*\downarrow$，$V_\alpha\downarrow$	合作配合水源地保护区生态环境保护的收益增大，个体理性约束和激励相容约束的满足程度变高，补偿客体不保护行为可能性变小

续表

因素	影响程度	影响关系	解释说明
$\frac{\partial\ \alpha^*}{\partial\ L}$	$-\frac{(\lambda_\alpha K\mu + AC_1)(\mu + \eta)}{\theta^2} < 0$	L↑，α^*↓，V_α↓	维护信用是补偿客体的一种自我约束力，信用损失越大这种约束力越强
$\frac{\partial\ \alpha^*}{\partial\ N}$	$-\frac{C_1\theta\delta^{N-T+1}\ln\delta}{\theta^2} + \frac{Y\delta^{N-T+1}\ln\delta(\lambda_\alpha K\mu + AC_1)}{\theta^2} < 0$	N↑，α^*↓，V_α↓	增加补偿主体和补偿客体合作期限可降低补偿客体的排污概率，补偿主体的监管概率就小

注：μ、η 同表 4.2，$X=F+L+I-I_0$；$Y=I+L-I_0$；$\theta=(F+L+I-I_0)(1-\delta)+(I+L-I_0)(1-\delta^{N-T+1})$；$A=\delta^{1-T}-\delta^{N-T+1}$

三、优化补偿主体和补偿客体行为的策略

（一）健全监管体系，强化风险意识

风险偏好指的是行为主体在对待风险时所表现出来的态度，不同的行为者对风险的态度是存在差异的。在水源地保护区生态环境保护中，补偿主体的风险偏好体现在企图通过花费监督成本，来监督补偿客体履约状况。而补偿客体的风险偏好则表现为通过偷排污、滥用化肥农药等不保护行为，企图获取超常收益。因此，补偿主体就必须要强化风险意识，可以通过定期或者不定期实地调研来积累监督管理经验，并聘请相关决策专家给予咨询指导，健全监管体系，从而降低风险偏好；同时，加强对补偿客体信用状况的调查，随时掌握补偿客体保护环境的行为，提高监督力度，以降低补偿客体的风险偏好。

（二）健全诚信制度，完善生态补偿方式

诚信是个体的一种自我约束力，只有信用制度健全，才能提高生态补偿的效率和综合效益。为此，水源地保护区各级政府、监管部门、环保机构和媒体等应该联合起来，树立“守信光荣、失信可耻”的理念，建立生态补偿信用制度，并设立专门的信用评估机构，加强对补偿客体的信用评估，从而强制性地增加不保护信用损失。

在生态补偿的过程中，不同的补偿方式会影响补偿客体的行为选择，因此，可以采取多元化的补偿方式，不能仅依靠实物补偿和财政转移支付方式，还要采用项目补偿、产业补偿以及技术和智力补偿等方式，增加补偿客体采取保护行为所获得的正常收益。

第四节 本章小结

水源地保护区生态补偿涉及多个利益相关者，各个利益主体的利益诉求及其行为选择不同，影响生态补偿方案的制定和实施。本章首先论述了水源地保护区生态补偿的相关经济理论，然后利用利益相关者理论和特别牺牲理论，对水源地保护区生态补偿中的利益相关者进行了识别，并对其利益诉求进行了分析，最后将水源地保护区生态补偿过程中涉及的利益相关者界定为补偿主体和补偿客体，并运用博弈理论和方法分析其行为选择和优化途径。

对于土地利用情况，按照现行的水源地保护区的划分，可以分为禁止土地（包括地上物）利用、限制土地利用和改变土地利用的行为，水源地保护区基于增加公共利益而设定，对土地采取利用管制，若造成区内的土地所有权人需承受超出一般的社会责任而形成的损害，则需补偿，反之则不需补偿；按照水源地保护区的要求，保护区内的企业需要进行搬迁（或关闭）、生产限制或转产，在一级保护区的企业以及在二级保护区排污企业，需要进行搬迁（或关闭），二级保护区内的企业需要进行转产或者生产限制，这些对于企业的限制行为，造成企业效益下降，需要进行补偿；按照水源地保护区管理办法，对于保护区的居民分为生态移民和生活限制两类，按照居民生活所受限制的类型，确定其需要完全补偿还是适当补偿。

第五章　水源地保护区土地利用生态补偿

水源地保护区的土地利用者、企业经营者和居民为生态环境的修复和保护做出了特别牺牲，在确定了这三种利益主体的生态补偿范围之后，还必须根据公平合理、科学客观的原则，分别对其补偿标准进行测算，以维护他们的合法权益。对保护区土地利用者、企业经营者和居民的补偿标准进行测算，是水源地保护区生态补偿政策制定、完善和实施的重要组成部分。本书第五章、第六章、第七章将对水源地保护区的土地利用者、企业经营者和居民的补偿标准测算方法进行研究。

第一节　土地利用管制补偿的理论分析与补偿原则

一、土地利用管制补偿的理论分析

基于土地利用管制情况下的水源地保护区生态补偿标准属于征地补偿范畴，在核算土地利用管制情况下的补偿标准之前，有必要对相关征地补偿理论做一分析。征地补偿理论主要有既得权说、恩惠说、公用征收说、社会职务说、公平负担平等说、特别牺牲说等，① 不同的社会经济发展阶段具有不同的土地征收补偿理论。

---

① 陈江龙，曲福田．土地征用的理论分析及我国征地制度改革［J］. 江苏社会科学，2002（2）：55-59.

既得权说认为人们合法取得的既得权，不管是否由公共利益的需要而遭受了经济上的特别损失，基于公平的原则其都应当得到权益的绝对保障和相应的补偿，这种学说是以自然法思想为基础的，偏向于将财产权绝对化。恩惠说主张国家权利的绝对性，认为国家因侵害个人权利而给予的补偿是出于国家的恩惠，这种学说强调的是国家的统治权，以及法律万能和公益至上，具有浓厚的国家专制色彩，因此这种学说都已不符合当前的社会背景，与现代土地征用补偿制度也不相符合。公用征收说认为虽然国家法律授予了可以征收私人财产的权利，国家对于因公共利益的需要而作的合法征用可以不承担法律责任，但国家法律同时还保障了个人的财产权利，因此，在此情况下，国家仍应给予个人相当的补偿，以求公平合理。社会职务说认为国家首先应承认个人的权利，其所有权具有自由和义务双重性，要使个人尽其社会一分子的责任以及使其继续履行社会职务，在其财产被征用后，国家就应该酌量给予补偿，由此看这种学说从单方面强调政府的社会职责，摒弃了权利天赋的观念。公共负担说认为政府的活动是为了公共利益而实施的，其成本应由社会全体成员平均分担。

随着经济的发展、个人财产权意识的增强以及私人产权由绝对性向社会性转化，人们对财产权利意识的不断提高，土地征用补偿理论逐步从既得权说、恩惠说等过渡到现代的特别牺牲说。“特别牺牲”说源于公共负担平等说，主张将政府的管制行为对特定人所造成的损失，应平均分配到国家全体社会成员之中，通过补偿来填补其损失以恢复公平与正义。这一理论既体现了公平和正义，又体现了政府的权力和责任，因而此学说日渐被广泛接纳，本研究认为特别牺牲说应该作为在研究水源地保护区土地利用管制补偿方面的理论基础。

根据以上土地征用补偿理论的分析，为了维护水源地保护区的生态环境，禁止土地利用这一管制形式是国家出于公共利益权衡下的社会职务履行。公共利益指的是全体社会成员的整体利益，其概念实质是一种价值评判标准，诸如处在变迁中的社会的政治、经济、文化和社会事实等都是评估该价值内容的因素。虽然这种土地利用管制方式是基于公共利益且属于合法管制，但是由于土地利用管制给土地利用权利人造成了特别损失，并因此承担了额外的负担，作为公权主体的国家，应该根据公平合理原则，给予为公共利益做出特殊牺牲的这部分土地利用者相当的补偿，补偿的范围、标准和方式，应该以被管制的土地利用权力人所受到的损失为准。因此，基于保护水源地生态环境的土地征用补偿应该指的是为了社会公共利益，国家或政府对土地行使征用权，同时对于在土地征用过程中的特定土地利用者在经济上产生的特别损失，而由国家或政府对其负有金钱给付的义务。

土地利用管制具有主体专属性、目的明确性、强制性、权属转移的单向性、有偿性等特点，其核心和关键是有偿性，即整个土地利用管制过程的关键就是土地利用管制下补偿标准的确定，这种补偿目的在于弥补土地利用者由于土地被管制而对其造成财产等方面的损失。土地征收补偿的范围和标准，不仅是对被征收人所受损失的定量和定性标准与计价依据，而且也是土地征收制度存在的必要条件。① 因此，合理的土地利用管制补偿不但可以帮助土地利用者的土地权利得以实现，而且还可以促使水源地保护区的土地征收和生态补偿工作顺利进行。

二、土地利用管制情况下的征地补偿原则

根据征地补偿理论确定的土地利用管制情况下的补偿原则主要有完全补偿原则（complete compensation）、适当补偿原则（appropriate compensation）和公正补偿原则（just compensation）。由于这三个征地补偿原则各不相同，其补偿的内容也存在一定的差别。

（一）完全补偿原则

完全补偿原则从“公正保障平等权”“基本人权”“生存权”等观念出发，主张“所有权神圣不可侵犯”和“法律面前人人平等”，国家应对因为社会公共利益而使财产权利受害人受到的特别损失给予完全的补偿，以使当事人的合法权益恢复到受损前的状态。该原则把侧重点放在试图通过补偿，最大限度地使土地被征用人的生活状态（包括土地财产利益及有关经营利益）能够完全恢复到被征用之前的水平，以此来弥补由于失去土地所有权所造成

① 刘静. 集体土地征收补偿与价格评估研究［D］. 北京：中国地质大学，2012.

的财产状况变动而使土地被征用人的损失，从而维护土地被征用人的生产和生活的安定。

完全补偿原则的理由是：第一，从平等角度出发，土地征收是一种由于土地征收行为而使全体人民受益，同时被征收人做出了特别牺牲，因此受益人应该担负给予被征收人完全补偿以弥补其损失的责任，只有这样才是公平的；第二，从保护财产权角度出发，土地被征收人的财产权损失是由于公益征收，而宪法保护公民的财产权的核心是补偿损失，因此为了遵循宪法保障财产权不受侵害的宗旨，就应该对土地被征收人给予完全补偿，从而使他们得到与被征收标的同等价值的财物补偿，并能够恢复到之前的财产状况；第三，从生存权保障的角度出发，一旦土地利用者赖以生存的土地被征收，他们的生存权就受到了侵害，生产生活就会受到威胁，只有对其进行完全的补偿，他们的生存权才能得到有效地保障。因此这种补偿应包括一切附带损失，也就是说补偿不仅包括由于土地被征收造成的直接损失和间接损失，还应包括非经济上的损失，即补偿不仅限于征用的客体，而且还包括与该客体有直接或间接关联以及因此延伸的一切经济上和非经济上的利益。目前发达国家的征用补偿以完全补偿居多。

（二）适当补偿原则

适当补偿原则遵循“所有权的社会义务性”的理念，主张基于公共利益的需要而依法行使的土地权利限制，是财产权负有的社会义务性，尽管土地征收行为剥夺了土地利用者财产权，使他们遭受了特别的牺牲，但是基于公共利益的需要，个人应该受到社会的制约，他们有义务忍受相当的牺牲，可以依法剥夺其土地权利，并且应该给予土地被征收权利人以合理的补偿。

因此出于公共利益考虑的土地征收补偿范围，一般仅限于被征用的土地的价值，包括具有客观价值而又可以举证的具体损失，诸如土地利用者财产上的损失、营业损失、迁移损失以及其他的必要损失等，以此给予适当的补偿，这些都是可以量化的那一部分损失。而对于那些与被征收土地不存在直接关系的非经济损失却没有加以考虑，诸如精神上的损失、土地利用者生存权的损失等个人主观价值的权利损失，这部分难以被量化的经济损失被视为个人有忍受义务的社会制约所造成的一般牺牲，不应给予补偿。

（三）公正补偿原则

公正补偿原则认为“特别牺牲”的标准不是绝对的、静止的，而是相对的、灵活的，采取的原则不同，其补偿的内容自然也有所区别，所以对于土地征收补偿应该针对具体情况而采用完全补偿原则或不完全补偿原则。该原则主张补偿应以能弥补实际损失为原则，在大多数情况下，本着宪法对财产权和平等原则的保障，对被征收的特别财产的权利人，应给予完全补偿，即财产征收补偿不仅包括有直接关联的经济损失，还可以适当增加有间接关系的非经济损失。但是在特殊情况下，也可以准许给予不完全补偿。

（四）补偿原则的比较与选择

从以上分析来看，三种征地补偿原则中，完全补偿原则主张补偿的标准至少不得低于被征用财产的价值，此原则对赔偿数量要求较高，可以看作是补偿的最高标准。公正补偿原则属于中等补偿标准，该原则要求补偿价值与被征用财产价值大体相当。适当补偿原则主张“适当、合理”，其显著特点是土地征收补偿只考虑了土地的直接经济价值，却没有考虑其他的间接经济价值，如土地的区位、人均耕地面积、区域经济发展水平等其他经济因素。由于这种补偿标准不等于土地的市场价格，没有从可持续发展的角度去充分地保障失地土地利用者的权益，导致土地征收补偿标准偏低，是这三种征地补偿中最低的补偿标准。

实际上，土地征收补偿原则随着经济的发展水平、社会意识的发展和国家的财政实力而发生改变，当然补偿的内容也会随之发生变化。例如二战后的德国在国家重建时期，由于国力衰弱，采取了适当补偿原则，经济复兴后，改为采取完全补偿的原则。土地征收补偿的理论与原则的选择受到国情国力及人们对土地利用管制补偿的认知等多种因素的制约。我国《土地管理法》也明确指出征地补偿标准也是可以改变的，根据社会经济发展水平，可以提高征地补偿的费用标准。就世界各国的发展趋势来看，基于公共利益的土地征收补偿的范围与标准均呈现日渐放宽的趋势，对被征收土地权利人所遭受的损失的补偿更加完全和充分。目前发达国家或地区的土地征用补偿一般以市场价格为计价标准，采用完全补偿原则，补偿范围通常都比较宽，而发展中国家或地区往往采取适当补偿原则。

本研究所指土地利用者主要是利用土地进行耕种的个人和群体，对于他们来说，土地不仅仅是生产资料，而且由于土地耕种的收入相对稳定，土地还具有社会保障功能。水源地被划定为保护区后，对于禁止土地利用的这部分个人和群体来说，失去土地就意味着失去了生活保障，他们将面临以后的生活、就业等许多问题。而目前我国的土地管制征收补偿一直采用“适当补偿”原则，我国《宪法》第二十条、《物权法》第四十二条以及《土地管理法》第二条都明确规定：出于公共利益的需要，国家可以依法征收土地，并且给予补偿。现行水源地保护区土地利用管制下的补偿标准，仅仅包括土地的直接经济损失，导致征地补偿标准偏低、生态环境保护效果不佳等问题。

根据课题组的实地问卷调查数据分析（见第三章表 3. 10），被调查者中有 68. 7%已经得到了补偿，但是仅仅有 25. 4%的被调查者表示对现有的生态补偿标准满意，补偿标准是 300 元/人/年和 600 元/人/年的分别占到 34. 7%、54. 9%，补偿标准在 600 元/人/年以上的仅占 10. 4%。通过访谈获知造成他们对现行补偿标准不满意的原因大多是认为补偿标准太低，并且现行生态补偿覆盖范围大多处于一级保护区，极少处于二级保护区，准保护区范围尚未进行任何补偿，由此来看现行的生态补偿范围过小。事实上，我国选择适当补偿这一补偿原则与生态补偿政策制定时的国力有关，因此现有补偿标准大多是考虑满足失地土地利用者的基本生活需要，却没有从可持续发展和公平合理的角度，把这部分失去土地的个人和群体纳入城镇居民的社会保障中去。随着我国国力的增强，对土地利用管制下的生态补偿必将逐步放宽，并给予相关土地利用权力人以更加公平更加合理的补偿，以保障土地利用者的生存和发展权益。随着国力增强和对公有制的多种实现形式的认可，采用完全补偿的条件已经日臻成熟。①

① 于慕尧．基于可持续生计的失地农民征地补偿模式研究［D］．大连：大连理工大学，2008.

第二节 水源地保护区土地利用生态补偿范围

生态补偿作为一种政府干预的经济激励手段，是在一定经济社会发展水平下，人们对生态环境保护意识的提高，并且意识水平达到一定高度之下产生的，它能有效矫正水源地保护区生态环境利益与经济利益的扭曲，从而使生态环境的外部性内部化，协调水资源生态环境保护和经济社会发展的矛盾冲突。水源地采取了保护区政策之后，对不符合保护要求的土地利用进行了限制，将部分生态用地、基本农田等划入保护区范围。由于这种土地利用管制性的保护措施，土地利用者将会承受各种经济损失和非经济损失，从生态环境保护的外部性和公平合理的原则来看，应对此进行相应的补偿。

水源地保护区是基于增加公共利益而设立的，为了保护生态环境，要求对保护区范围内的土地采取利用管制。水源地保护区的土地利用管制，主要是指对保护区范围内的土地利用活动进行限制的规范，包括保护区内禁止的、受限制的、允许的土地用途和利用方式的规定，以及违反土地利用管制规定的处理办法。由于土地用途管制，水源地保护区土地利用方式会发生改变，主要体现在地貌、水文、气候和植被等所有自然因素会发生变化，以及人类在保护区范围内的土地利用活动也会发生变化。

土地利用管制政策以强化限制为主，因此准确核算这三种土地利用管制情况下的生态补偿标准，通过政府转移支付等财政手段的调控和干预，可以维持土地利用管制的可持续性和可行性，并为制定科学合理的水源地保护区生态补偿政策提供参考。

一、水源地保护区土地利用类型

土地对于土地利用者来说，有着一种特殊的、天然的依存关系，尤其是对于从事农业生产的土地利用者来说尤为重要。土地的重要性不仅表现在土地具有一定的生产效用，它还具有一定的承载效用，诸如生活保障效用、就业效用以及养老保障效用等土地的保障与其他附加效用。① 我国虽然幅员辽阔，但是却存在人多地少的矛盾，对于我国9亿多土地利用者来说，稀缺的土地资源承担着多重功能，其福利效用要远远超过土地的生产效用，同时由于土地具有较强的吸附力，还可以帮助解决农村大量剩余劳动力的就业问题，而且土地所有者还可以利用土地的“转租”功能来获取农产品或者“租金”，以为其提供生活保障。因此，土地还具有保值与增值的效用，就如同一个“储蓄银行”。

为了保护水源地的生态环境，一级、二级和准保护区范围内的土地利用者就面临失去土地或限制、改变土地利用方式的管制。我国的土地利用管制制度是在1998年重新修订的《土地管理法》中正式提出并实行的，后来在我国“十一五”规划中又提出了主体功能分区概念，根据资源环境承载能力、发展潜力等因素来划分，可以将整个国土空间划分为重点开发、优化开发、禁止开发和限制开发四类，实质上这是对之前的土地利用管制制度的延伸和拓展。目前我国的土地利用管制主要有三种类型，第一种类型是最常见的城市规划中的分区管制；第二种类型是对土地从农用地转非农用地的用途管制；第三种类型是为保护生态将某一范围内的土地统统划入保护区限制开发。水源地保护区范围内的土地利用方式的管制就属于第三种类型。

根据第二章中对土地利用者的界定，水源地保护区的土地利用者应该包括耕种土地的农民和通过从他人那里转包土地用于经济用途并拥有土地使用权的法人或自然人。水源地保护区范围内的土地利用者利用土地主要从事的就是农业生产，一般情况下，往往把用作农业生产的土地统称为农用地。农用地在土地利用分类中属于一级分类，由于农业生产的意义和范围不同，农用地有广义和狭义之分。广义的农用地包括耕地、园地、林地、牧草地和其他农用地；狭义的农用地专指耕地。由于在水源地保护区生态环境保护中所涉及的土地利用类型的范围比较广，因此本研究的农用地是指其广义内涵，包括用于农业生产的耕地、园地、林地、牧草地等。

---

① 罗文春．基于农民意愿的土地征收补偿研究［D］．杨凌：西北农林科技大学，2011.

二、水源地保护区土地利用生态补偿范围

为了保护水源地保护区的生态环境，按照相关政策要求，对处于水源地保护区的土地利用方式加以管制，这种土地利用的管制方式大致包括禁止土地（包括地上物，下同）利用、限制土地利用和改变土地利用三种情况。对受到土地利用管制的土地利用者，其生态补偿的范围可以根据特别牺牲理论来确定，若造成区内的土地所有权人需承受超出一般的社会责任而形成的损害，则需补偿，反之则不需补偿。生态补偿是调节补偿方与被补偿方利益关系的主要经济手段，补偿额度的高低直接影响双方的切身利益和生态环境保护的实施效果，因此，科学合理地确定土地利用管制下的补偿范围应成为水源地保护区生态补偿制度的重要组成部分。

（一）禁止土地利用管制下的补偿范围

禁止土地利用是为了保护水源地生态环境而实施的管制土地征收行为，其实际上是政府基于公共利益的需要，对土地所有权的自然状态进行了约束，对土地所有权的行使做出的一定限制，这种情况下原土地所有者的所有权完全被剥夺了。土地征用中的公共利益可分为两个层次，一个是相对公共利益，另一个是绝对公共利益，而以保护水源地生态环境为目的的禁止土地利用行为，属于绝对公共利益，这种形式的土地征用是独立于国家和社会现行的政策之外的社会价值，并为社会所广泛承认。这种情况下，如果政府要对保护区范围的土地实行管制征收活动，就一定要与土地所有者就产权进行补偿。

禁止土地利用情况下的补偿范围应该包括保护区范围受到禁止土地利用管制征收的土地利用者，根据特别牺牲理论，这部分土地利用者为了水源地的生态环境，被迫放弃其赖以生存的土地资源，作为土地所有权人，他们为生态环境保护做出的牺牲已经超出了一般的社会责任，应对他们予以补偿。因此，改变土地利用管制下的补偿范围包括，为了保护水源地保护区生态环境被迫放弃土地所有权，由此丧失了这部分土地生产带来的生计资本的土地利用者。

（二）限制土地利用管制下的补偿范围

水源地保护区生态环境保护的主要污染威胁之一来自土地利用的面源污

染，由于保护区周围农用地在农业生产过程中农药、化肥的过度施放，土地利用环境受到了一定程度的污染，由此造成的面源污染对其涵养水源、保育土壤、维护生物多样性的功能造成了破坏。因此，为了保护水源地各级保护区的生态环境，就需要对保护区范围的土地利用方式加以限制，严格控制土地利用者在农业生产中对化肥农药的施放，禁用违禁的农药，从而从源头控制面源污染的危害程度。

由于化肥农药在农业生产过程施放中的限制，农业产品产出减少，土地利用者从事种植的收入也相应下降，给他们的经济收入带来了损失。根据特别牺牲理论，这部分土地利用者为了水源地保护区的生态环境平衡，不得不按照环境保护要求施放化肥农药，对他们自身的利益造成了损害，对他们的生计资本带来了影响，作为社会平等的权利主体，他们为保护区生态环境保护做出的牺牲已经超出了一般的社会责任，应对他们予以补偿。通过生态补偿的方式来引导保护区的土地利用者少施化肥农药从而减少氮、磷等有害物质流入水体，这是一条防治土地面源污染的行之有效的途径。因此，限制土地利用管制下的补偿范围，包括为了保护水源地保护区生态环境不得不减少或禁用原本在农业生产过程中施放的化肥、农药，由此导致经济收入下降的土地利用者。

（三）改变土地利用管制下的补偿范围

水资源的生态保护离不开水源涵养植被、水土保持土壤的保育和生物多样化，为了保护水源地各级保护区的生态环境，就需要对保护区范围的土地利用方式加以改变，通过退耕还林、退耕还草、退耕还湿等方式来维护水源地保护区范围内的生态平衡。

在改变土地利用情况下，土地利用者不得不改变原有的土地利用方式，改为有利于保护区生态环境的利用方式，由此导致其经济收入下降，他们为保护区生态环境保护做出的牺牲已经超出了一般的社会责任，应对他们予以补偿。因此，改变土地利用管制下的补偿范围包括，为了保护水源地保护区生态环境不得不采取有利于保护区生态环境的土地利用方式，这种土地利用方式的改变导致经济收入下降的土地利用者。

第三节 水源地保护区土地利用生态补偿标准

土地利用管制政策以强化限制为主，因此准确核算这三种土地利用管制情况下的生态补偿标准，通过政府转移支付等财政手段的调控和干预，可以维持土地利用管制的可持续性和可行性，并为制定科学合理的水源地保护区生态补偿政策提供参考。

一、征地补偿标准测算方法及比较

征地补偿标准的测算是生态补偿政策制定的重点和难点，不同的测算方法其结果不同，将我国现行土地征收补偿标准的测算方法，以及当前学术界的相关研究和实践进行分析，有助于找出公平、合理、可行的测算水源地保护区生态补偿标准的方法。

（一）我国现行征地补偿标准测算方法

我国的征地补偿工作经历了三个阶段：第一阶段是在1953—1982年之间，这期间的土地征用补偿标准比较有弹性，征地补偿数额可以协商，主要是以土地征用最近几年的年产量的总值为标准；第二阶段是在1982—1986年之间，这期间的土地征用补偿标准包括土地被征用前三年的平均年产量的倍数，以及不超过其年产值的十倍的安置补偿费；第三阶段是1986年至今，这期间的土地征用补偿标准的计算方法在原有平均年产量基础上提高了补偿倍数，2004年国家又对《土地管理法》做出修改，提出土地征收补偿的统一年产值标准或区片综合地价，后来不断调整和完善，到2010年全面实行。

我国目前的征地补偿标准或土地价格测算评估的方法有征地统一年产值倍数法和征地区片综合地价法两种方法。根据《国务院关于深化改革严格土地管理的决定》规定，征地统一年产值标准是在综合考虑了被征收耕地的类型、质量及农用地等级等因素之后，依据前三年主要农产品价格、平均产量及相关附加收益测算被征收耕地的综合收益值，在统一年产值标准的基础上，根据土地区位、当地农民现有生活水平和原征地补偿标准等因素，来计算相应的土地补偿费、安置补助费以及地上附着物和青苗补偿费倍数。其中的土地补偿费是指政府对土地利用者因土地被征收而造成的在土地投入和收益方面损失的补偿；安置补助费是指在征收土地时，政府为了安置土地利用者的生活所给予的补助费用；地上附着物补偿费是指原土地利用者投入劳动和资金所建的依附在地上的诸如水井、房屋等工程物体的补偿费；青苗补偿费是指政府对土地利用者被征土地当年或当季农作物的补偿。这种方法主要适用于集体农用地征收补偿测算。征地区片综合地价是根据征地发生地的区域条件，在核算征地补偿标准时，综合考虑被征地的土地区物质条件、供求关系以及经济发展水平，确定该区域的征地平均地价。

对于现行的征地补偿标准测算方法，学者们表示了肯定。有的学者认为采用新的统一年产值标准测算方法解决了以前征地补偿过程中存在的随意性较大和同地不同价问题，充分考虑了老有所养和长远发展有保障的问题，在一定程度上保证了失地农民的生活水平不因征地而降低，大大提高了农民征地补偿所得。① 也有的学者认为区片综合地价统筹考虑了土地质量、供求关系、经济发展水平等因素，提升了补偿标准的可能空间。② 还有的学者认为这两种方法在一定程度上体现了市场经济条件下“按价补偿”的要求，③ 而且这两种方法对克服土地征收补偿标准偏低、补偿行为随意性过大等现象，实现被征地农民生活水平不降低、长远生计有保障的目标具有重要意义。④

目前更多的学者通过研究指出了现行征地补偿标准测算方法的弊端。根据我国现行的土地管理法律和法规，在征地补偿额的核算中，实际上严格限定在土地补偿费、安置补助费以及地上附着物和青苗补偿费三个方面，对于那些与被征收土地有间接联系损失的补偿，比如经营损失补偿、租金补偿、

---

① 王世忠，刘卫东，韦优．基于统一年产值标准的征地补偿测算方法研究——以广西壮族自治区都安县为例［J］．中国土地科学，2006，20（5）：13-19.

② 董为红，胡碧霞．我国征地补偿水平分析及补偿价格形成机制研究［J］．国土资源情报，2014（12）：32-36.

③ 陈春节，佟仁城．征地补偿价格量化研究——以北京市为例［J］．中国土地科学，2013，27（1）：41-47.

④ 程文仕，曹春，杜自强，等．基于市场决定理念下的征地补偿标准确定方法研究——以甘肃省张掖市城市规划区为例［J］．中国土地科学，2009，23（9）：41-46.

机会损失等均未包含于补偿核算内容之中。① 现行征地补偿标准未能准确反映基于私人物品基础之上的耕地价值，没有考虑耕地用途的多宜性，也没有修正工农业产品价格剪刀差对耕地价值的影响，且对耕地的公共物品属性认识不足。② 而且这两种方法在实践操作中，其标准的确定与市场原则相违背，而且二者之间的衔接和平衡不够导致相邻地区土地征收补偿水平悬殊，没有区别考虑征地后土地用途，也没有从根本上改善土地补偿标准过低的现状。

统一年产值法从形式上看是收益还原法，但其本质上是对农地转用成本的测算，测算出来的征地补偿价格偏低。③ 征地区片综合地价的测算方法仍然沿用产生于计划经济时代的“产值倍数法”，没有脱离单方定价的模式，确实不符合我国经济发展的要求。④ 另一方面，农地产值或收益受外部影响较大，会因土地的利用方式不同而差距甚大，且以耕种为主的土地具有用途的多样性，也就是说土地可以用作旱地、水田、菜地、鱼塘、果园等，简单地说就是同样的土地既可以种植小麦、玉米、大豆、高粱等粮食作物，也可以种植果木、蔬菜等经济作物，那么同样的土地种植农作物种类的不同，其产量必定各不相同，不同作物间的价格水平也会存在较大差异，由此收益差别巨大。在以耕地产值作为基础核算征地补偿标准时，不能仅以个别农作物产值作为补偿的测算依据，而忽略耕地用途多样性这一特性，否则必定难以准确反映出耕地真正的价格水平。因此，从某种意义上讲，征地区片综合地价测算方法的思路至多只能是对现行征地补偿标准制定方式的一个修正，要真正解决征地过程中各种矛盾和纠纷，根本的出路在于按照市场价征地，而且无论公益项目还是经营性项目，都应该按照市场接受的价格水平获得土地使用权。⑤

总之，大多数学者认为现行的土地征收补偿标准偏低，由于这两种征地补偿测算方法是由被征收土地前三年平均的亩产值为基准的，既不能反映土

① 刘静．集体土地征收补偿与价格评估研究［D］．北京：中国地质大学，2012.

② 王瑞雪，颜廷武．现行征地补偿标准不合理性分析——基于资源环境经济学视角［J］．中国土地科学，2007，21（6）：47-51，63.

③ 刘新华．对征地补偿标准本质的探讨——兼论市场化征地补偿价格的测算方法［J］．生产力研究，2014（9）：103-106.

④ 张会，吴群，何守春，等．基于农地经济价值功能的征地补偿价格研究——以江苏省泗阳县为例［J］．华中农业大学学报（社会科学版），2007（6）：58-62.

⑤ 钟水映．热问题，冷思考——农地征用二题［J］．中国土地，2005（2）：15-17.

地的真实价格，也不能取代土地被征收之后的土地保障功能，更难以保障被征收土地的土地利用者的生活水平不降低。另外，对土地所具有的生活保障、福利效用、就业等附属功能进行的补偿，在现行土地征收补偿中是将其放在劳动力安置补助费之内的，这极大损害了土地利用者的利益。

（二）基于市场决定的征地补偿标准测算

对于土地利用者来说，土地具有永恒的收益价值，而且这种价值会随着土地所有权转移而产生变化。土地的价格表现为土地收益价值的总和，购买了土地的产权，实质上就获得了土地的收益权，因此事实上土地价格就是一种权利的收益价格，土地交易就是一种财产权利的交易。由于在土地的利用过程中凝结了人类的劳动，土地就包含了土地固定资产价格与土地资源价格两个层次的价格。随着社会经济的不断发展，土地的需求与日俱增，地租呈现出上涨的趋势，由于土地需求是决定土地的市场价格的主要因素，因此在土地利用、供求调节以及政府征收等方面，都应该以真实的土地价格为依据。

征地补偿学术界有三种不同的观点。第一种观点认为公益性征地补偿标准应该低于非公益性征地补偿。对公益性征地应采用不完全补偿原则进行补偿，以免给国家和社会增加负担，而对非公益性征地，则按市场价格水平采用完全补偿的原则进行补偿。因为农民是可以从公益性土地征收行为中获得一定的外部性补偿的，比如可以享受城市基础设施的便利等。第二种观点认为公益性征地补偿标准应该高于非公益性征地补偿。持有该观点的学者认为，非公益性用地往往还能给被征收土地者带来诸如解决就业问题等一些间接的利益，而大多数公益性用地难以带来直接的好处，因此公益性征地情况下被征收土地者应该得到较多的补偿。也有的学者不完全同意以上观点，他们认为对于公益性征地补偿标准和非公益性征地标准的划分实无必要，对所有土地征用类型都应该按照完全补偿原则进行补偿。① 这是因为同样的土地仅仅因为征用后的使用者不同，而使补偿价格相差数倍，从土地利用者角度看是对其所有权益的一种侵犯，让某一特定群体（土地被征用者）的利益受损，而让其他人坐享收益，是不公平的，这也是与市场经济的公平性原则相悖的。

---

① 诸培新，卜婷婷，吴正廷．基于耕地综合价值的土地征收补偿标准研究［J］．中国人口·资源与环境，2011，21（9）：32-37.

还有的学者对以上三种观点都不认同，他们认为不论是公益性还是非公益性土地征收，补偿标准的确定要依据农民利益的受损程度，综合权衡其利益得失，农民的利益受损程度大，所获补偿相应就高，反之则低。通过农民意愿调查分析也表明，73.64%的农民愿意接受公益性比非公益性土地征收补偿低的做法。① 其实英国、美国、我国的香港地区等大多数市场经济国家和地区都采用公平市场价格，即买卖双方愿意接受的价格。② 美国《宪法》就规定国家必须以公平的市场价格给予被征收土地利用者补偿，包括被征土地现有的价值以及土地可预期、可预见的未来价值。

就我国的实际情况来看，学者们认为土地资源的功能可概括为经济功能、社会保障功能和生态功能，一旦发生土地征收，这三大功能就可能会消失。按照环境经济学理论，土地价值应该包括市场价值和非市场价值，市场价值是土地资源所体现的经济价值；非市场价值是指不能通过市场得以体现的社会保障价值和生态价值。③ 因此，土地征收补偿标准应该包括这三大功能所产生的价值。而现行的征地补偿标准更多的是从土地利用的内部利益损失出发的，仅仅对耕地的农产品经济价值或者经济产出价值加上部分就业保障价值进行补偿，忽视了耕地的其他价值，如土地具有的保障国家粮食安全、社会稳定功能以及多种生态功能，现行补偿标准容易产生一系列社会经济问题。④ 因此，土地征收不仅要包括内部损失，还应该包括外部损失。

另外，征地补偿标准的确定不仅要考虑公共利益与非公共利益的平衡，还应该考虑土地征收前的原有价值和土地的市场价值，同时还应依据征后用途不同确定不同的标准。从理论上讲，市场是决定土地产权价值的最佳手段，因此，公益性土地征收下的补偿应参考市场合理补偿标准，采用地价构成法来确定。有的学者从耕地资源综合价值角度出发，采用收益还原法、成本替

---

① 陈莹，谭术魁，张安录．公益性、非公益性土地征收补偿的差异性研究——基于湖北省4市54村543户农户问卷和83个征收案例的实证［J］．管理世界，2009（10）：72-79.

② 冯科，曹顺爱，韦仕川，等．转移发展权在中国耕地资源保护运用中的再探讨［J］．中国人口·资源与环境，2008，18（2）：8-12.

③ 陈莹，谭术魁，张安录．基于供需理论的土地征收补偿研究——以湖北省为例［J］．经济地理，2010，30（2）：289-293.

④ 王仕菊，黄贤金，陈志刚，等．基于耕地价值的征地补偿标准［J］．中国土地科学，2008，22（11）：44-50.

代法和支付意愿法，分别对土地征收补偿的经济价值、社会价值和生态环境价值三部分进行了测算，认为新的征地补偿能有效解决外部性问题，更有利于提高耕地资源非农化配置的效率。① 也有的学者通过评价现有的农地价值评估模型，建立了包含农地原始功能价值、可兑现潜在价值和代际分配价值的农地市场价值评估模型。② 还有的学者利用剩余法对北京市朝阳区某征地项目的征地补偿标准进行测算，认为剩余法等市场性较高的土地估价方法应该被应用于测算征地补偿价格，采用市场化补偿价格进行征地补偿可以更好地实现征地的公平补偿，从而从根本上减少征地冲突。③

综上，农地市场价值评估是农地征收市场化补偿的基础，是完善征地补偿机制和实现公平补偿的关键步骤。目前在土地征收补偿标准测算方面，社会各界已经做了很多探讨和实践，积累了丰富的经验，随着我国国力的增强，对水源地保护区（主要是一级保护区）的土地禁用和征收补偿方面，已经具备了实施完全补偿的市场化生态补偿标准。

二、禁止土地利用管制情况下补偿标准核算

禁止土地利用管制是基于公益的土地征收，对水源地保护区范围土地的管制征收，实际上是指政府通过制定或者更改土地管制的相关法律法规，使土地所有权的自然状态受到了约束，从而促使某块土地的价值降低。这种管制征收的过程实际上就是土地所有权转移的过程，由于水源地保护区生态补偿具有社会性，因此在此情况下补偿标准的确定，受到土地利用者对禁止土地利用管制的认知、地块类型、当地经济发展水平等诸多因素的影响，不同类型的农用地如耕地、草地、林地等，其补偿标准应该不同。同时在补偿标准核算中还要综合考虑土地投资利用状况、土地市场、土地利用者的财务损失、土地禁用时间、土地禁用后的潜在收益以及土地补偿费的历史等因素，

---

① 诸培新，卜婷婷，吴正廷．基于耕地综合价值的土地征收补偿标准研究［J］．中国人口·资源与环境，2011，21（9）：32-37.

② 徐济益，黄涛珍．我国征地补偿中的农地市场价值评估模型及应用［J］．华南农业大学学报（社会科学版），2014，13（4）：62-69.

③ 刘新华．对征地补偿标准本质的探讨——兼论市场化征地补偿价格的测算方法［J］．生产力研究，2014（9）：103-106.

对不同类型和不同等级的土地，制定不同的补偿标准。基于以上考虑因素，禁止土地利用管制情况下的补偿标准可由以下两种方式形成：一是由第三方对土地价值进行评估所形成的标准，二是参照同类土地市场价格。

（一）基于第三方评估的补偿标准核算

禁止土地利用管制情况下的土地价格可以通过具有相应资质的地产价格评估机构来评定，这种第三方评估方法应在市场价值的基础上，根据土地征用评估办法进行价值评估，其价格不得低于相邻地区类似案例的市场价格，包括土地地上附着物如房屋、水井、不可拆搬的机械设备等的价值，然后扣除折旧费进行公平补偿。

一般情况下，水源地保护区受到土地禁止利用管制的往往处于一级保护区，对于同一征地区片内的土地征用价值评估，原则上由一家评估机构承担，涉及范围较大的，也可以由两家以上评估机构共同承担评估工作，但需商定一家评估机构为牵头单位，并建立包括评估对象、评估时点、评估依据、评估原则、评估技术路线、方法等一系列评估技术点的统一评估标准。

对于土地评估机构的监管方面，国家需要对其权利和义务做出详细规定。首先国家相关部门对不动产评估机构的资质要进行长期的动态监管，保证该机构有足够法定数量的土地评估专业技术人员，并对其承接项目的范围进行明确规定，从而确保该评估机构有足够的技术力量完成土地征收补偿评估工作；其次确定土地征收补偿价格评估机构之后，一般由土地征收部门作为委托人，向其出具土地征收评估委托书，并签订委托合同。委托书中对委托人的名称、委托的评估机构的名称、评估要求等内容进行详细载明。评估合同具有法律性，是规范评估相关各方行为的正式文件，详细载明委托人和评估机构的基本情况、评估目的等基本评估事项以及委托人应当提供的评估所需材料、评估费用和交付方式以及交付评估结果的时间和方式；再次是要设置法制监督平台和建立群众参与机制，加强对评估过程的监管，全程跟踪征地补偿价格评估的进度，任何单位和个人不得干预补偿价格的评估及鉴定工作，以保证补偿评估结果的合法性与公平性；最后土地征收补偿价格评估机构的评估、鉴定工作的开展要独立、客观、公正，而且与评估工作有利害关系的评估机构和人员应当回避。通过建立健全评估长效动态监管机制，杜绝土地征用补偿价格评估的行政干预，确保补偿评估工作的公开透明。

要保障在土地征用中各利益主体的合法权益，还需要制定土地征收补偿价格管理制度来规范土地征收行为，确保土地市场的稳定和健康发展。首先要规范价格公示制度，评估机构应当按照合同约定，提供初步评估结果并公示；其次要建立健全价格争议调处机制，如果被征用土地利用者对第三方评估机构出具的评估报告有疑问和异议，可以在规定期限内，依法向评估机构申请复核评估，评估机构也应在规定期限内对评估结果进行复核，并做出解释和说明，如果对复核结果仍有异议的，可以在规定期限内提请当地评估专家委员会进行鉴定；再次评估机构应当将补偿评估报告及相关资料进行立卷、归档保管；最后还要建立评估结果信息反馈制度，及时公开公告征地补偿价格的评估结果，并被征用土地利用者允许参与议价，保障他们的参与权。

总之，在土地征收补偿评估管理工作中，政府应对评估过程和评估价格两方面进行监管，规范土地评估行业的估价行为，全面建立地价定期公布制度、评估制度以及成交价格申报制度等各项制度，统一土地征收补偿价格的评估方法和原则，提高补偿评估过程和结果的精度和透明度，从而建立规范有序的征地补偿价格评估市场。

（二）基于同类土地市场价格的补偿标准核算

根据水源地生态环境保护的要求，处于一级保护区范围不允许进行有害于水源地生态环境的生产生活等活动，禁止从事渔业、经济林和放牧等土地利用方式，另外由于多年来水库等水源地的不断扩容和生态保护工程的修建，该区域的土地大多被淹没。这种禁止土地利用管制方式对于土地利用者来讲，将意味着永远失去土地的所有权和收益权。国务院发展研究中心课题组通过调查发现，超过66%的农民认为，土地的主要功能是提供可持续的生计保障，对国家征用的公益性用地，补偿标准应参照市场价格。① 有的学者认为对于过去补偿过低的失地农民，至少应当解决其养老保障和基本医疗保障问题，即

① 国务院发展研究中心课题组．中国失地农民权益保护及若干政策建议［J］．改革，2009（5）：5-16.

使是根据国家相关法律进行的征地，也应该参考市场价格。① 根据我国国情，应当对失地农民的补偿采取“适当补偿”，补偿标准包括经济价值和社会保障价值，利用收益法核算经济价值，社会保障价值包括养老保障价值和就业保障价值。② 因此土地的价值是一种综合价值，包括经济价值、社会价值、生态价值，其中社会价值又包括社会保障价值和社会稳定价值。土地资源的经济价值是指土地的农业产出效用，土地资源的社会价值是指其保障功能，在农村社会保障体系还未建立的情况下，土地是农民基本生活的主要保障、失业的保障、养老和医疗的保障，是农民的“保命田”；土地资源的生态价值是指调节气体和调节气候的功能、保持水土的功能和净化环境功能。目前大多数学者所认可的，是土地征收补偿标准应该包含农地征用前原用途价值和未来可转移的农地发展权价值，即农地征用的市场价值。

随着我国国力的增强，实施完全补偿的条件和时机逐渐成熟，以土地市场价格作为测算标准，在我国的土地利用管制中应是大势所趋。土地征收补偿标准应该参照被征收土地的市场价格。因此，在核算水源地保护区禁止土地利用管制下的补偿标准，就应该引入市场机制，结合土地利用的目的及需求采用合适的评估与测算方法，并综合考虑多种因素进行土地价值评估，要考虑的因素包括被征收土地的类型和质量等级、农产品价格、土地利用者对土地的投入、土地供求关系、土地区位、保护区当地的经济发展水平以及被征地土地利用者的社会保障需要等，从而确立适当的土地征用补偿标准，以使土地利用者可以得到更公平合理的补偿。

水源地保护区被禁止利用的土地其原有用途没有发生改变，都属于农用地类型，因此其生态价值功能中的调节功能、保持水土的功能和净化环境功能有所增强，对于水源地生态环境保护的能力加强了。基于此，禁止土地利用管制情况下，生态补偿标准测算应该包括土地的经济价值、社会价值和新增生态价值（如图 5.1），即水源地保护区生态补偿金额为：

水源地保护区生态补偿金额 = 土地的经济价值 + 土地社会价值 + 土地新增

---

① 罗丹，严瑞珍，陈洁．不同农村土地非农化模式的利益分配机制比较研究［J］．管理世界，2004（9）：87-96，116，156.

② 王雪青，夏妮妮，袁汝华，等．公益性项目征地补偿依据及其测算标准研究——以苏州市为例［J］．资源科学，2014，36（2）：379-388.

生态价值

其中土地的经济价值包括种植业收入损失和非种植业收入损失（种植业收入损失是指耕种土地的农业产出，非种植业收入损失主要是指林业、牧业、渔业等产业的损失）；土地社会价值主要是指其社会保障功能，主要包括养老保障价值、就业保障价值和医疗保险价值等；土地新增生态价值是指设立保护区前后生态价值的增量。

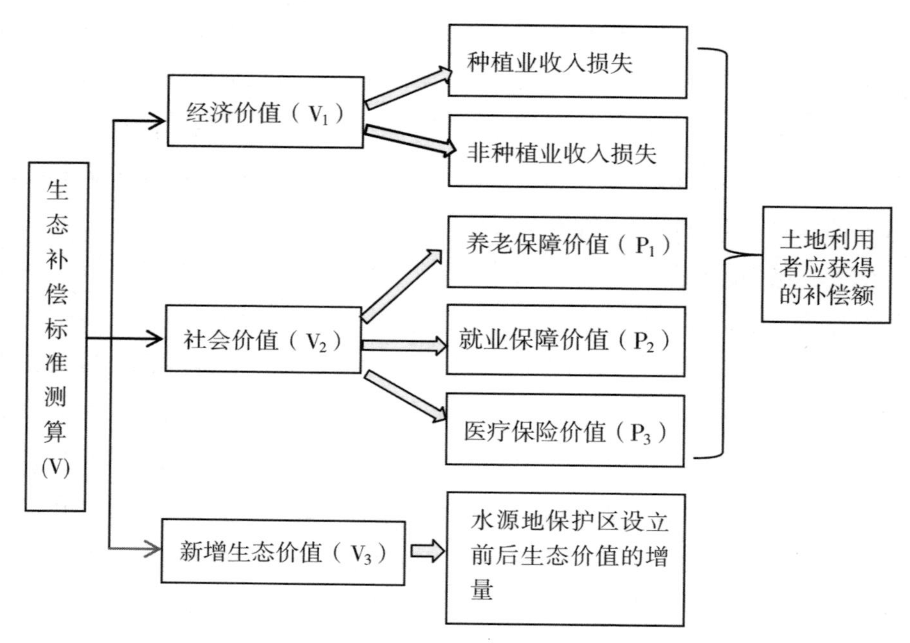

图 5.1　禁止土地利用管制下的生态补偿标准测算

1. 禁止利用土地的经济价值测算

土地经济价值测算实际上就是指从事土地利用活动所获得的农产品或经济产品价值的估算，其价值估算要根据土地的不同用途来区别看待，土地可以用来从事种植业和非种植业。利用土地进行农业种植生产，可根据种植作物的类别不同，将农业产出分为粮食作物和经济作物，种植农作物的种类不同，其经济价值也不同，一般来说，经济作物如蔬菜作物、油料作物、花、草等，其土地经济价值要高于用来种植粮食作物；利用土地进行林业生产，主要是指以生产除木材以外的果品、工业原料和药材等林产品为主要目的的土地利用方式；利用土地进行牧业生产，是指从事具有经济价值的牲畜饲养业为主的土地利用方式；利用土地进行渔业生产，是指从事捕捞和养殖鱼类和其他水生动物及海藻类等水生植物以取得水产品的土地利用方式。

目前对从事农业、林业、牧业和渔业用途的土地价值测算已经形成了较为完整的农地价格评估体系，其估价方法使用较多的是地租理论收益还原法，这种方法指的是将待评估土地在未来各年预期的纯收益，以一定的还原率折现到评价期日总收益，其关键主要是对土地纯收益的核算和土地还原利率的确定。假定每种土地用途单位面积的各年纯收益不变，均为 a，其计算公式为：

$$a = R - C$$

其中：a 表示被禁止利用土地上原来农、林、牧、渔业用途的单位面积的年纯收益，等于原土地用途的年总收益减去总成本，其中土地农业生产的总收益（R）包含了农作物的年产值和国家种粮补贴两个方面。总成本（C）主要是农林牧渔业各自单位面积的年生产成本与年土地成本之和，其中年生产成本包括物质、服务投入费用和人员工资费用等，如种子费、化肥农药农膜费用、农林牧渔工具材料费用、家庭用工折价与雇工折价费用等；土地的年土地成本包括每年土地流转租金和自营地折租。①

由此从事农、林、牧、渔业生产的土地经济价值可以表示为：

$$V_0 = (a/r) \times [1 - 1/(1 + r)^n]$$

其中，V_0表示被禁止利用土地的经济价值；a 表示被禁止利用土地原用途下的年纯收益；r 表示被禁止利用土地的收益还原利率；n 表示使用年限。根据农村土地承包关系长久不变的政策，可以理解为农户对农村土地拥有无限期的承包经营权，也就是说本研究所指以耕种为主的土地利用者具有事实上的永久经营权，因此被禁止利用土地管制下的行为使得土地所有权发生了转变，n 可以看作无穷大，上式可以简化为：

$$V_1 = a/r \quad (1)$$

式中 V_1为被禁止利用土地的经济价值；a 是被禁止利用土地原用途下的年纯收益；r 是被禁止利用土地的收益还原利率。

---

① 王仕菊，黄贤金，陈志刚，等．基于耕地价值的征地补偿标准［J］．中国土地科学，2008，22（11）：44-50.

本研究也参照土地还原利率基本公式，来推导出水源地保护区禁用农地估价的还原率的计算公式：

土地还原率 =（一年期银行定期存款利率 / 同期各农产品物价指数）×（1 - 10% 的所得税率）

由于我国早在2006年1月1日起就正式全面取消农业税，且近几年银行存款利率多次下调，因此修正后的公式不会出现偏离现象，修正后的公式如下：

土地还原率 = 一年期银行定期存款利率 / 同期各农产品物价指数

2. 被禁止利用管制下土地的社会价值测算

被禁止利用土地的社会价值是指土地资源社会功能的间接价值，是由直接的土地生态及经济效益转化而来的，包括社会保障价值和粮食安全保障价值，其中社会保障价值包括社会基本养老保险价值、医疗保险价值和就业保障价值。

（1）社会基本养老保险价值的测算

根据土地利用者被征地后生活水平不降低的政策原则，在测算水源地保护区失地土地利用者的社会基本养老保险价值时，利用替代市场法，即用社会养老保险来代替。2014年2月，国务院决定将原来的新农保和城居保两项制度合并实施，建立城乡居民养老保险制度，由基础养老金和个人账户养老金构成。本研究参照计算基本养老金的方法①，设定以禁止利用土地利用者以人均年纯收入参加社会养老保险，其中人均年纯收入包括现金收入和实物收入两部分，退休时可每月领取基本养老保障。基本养老金 M 包括基础养老金 M_0和个人账户养老金 M_1，基础养老金的计算公式如下：

$$M_0 = (I + C) \div 2 \times t \times 1\% \qquad (2)$$

其中，M_0为在禁止利用管制下土地利用者的基础养老金；I 是土地利用者上一年度人均月纯收入；C 是土地利用者本人指数化月平均缴费金额；t 为个人累计缴费年限。

个人账户养老金按照个人账户的累计储存额除以计发月数确定，计发月

① 王雪青，夏妮妮，袁汝华，等. 公益性项目征地补偿依据及其测算标准研究——以苏州市为例 [J]. 资源科学，2014，36（2）：379-388.

数按照《国务院关于建立统一的城乡居民基本养老保险制度的意见》规定，可以推算禁止利用管制下土地利用者领取养老金年龄是60岁和65岁，计发月数分别是139和101。目前参加城乡居民养老保险的人员缴纳养老保险费的标准为每年100元~2000元，共12个档次，按照国务院的规定，本研究假设失地土地利用者个人缴费比例为年人均可支配收入乘以8%，那么个人账户养老金则是从当前到领取养老金年龄为止累计人均可支配收入的8%除以计发月数，计算公式如下：

$$M_1 = \text{累计人均可支配收入} \times 8\% \div \text{计发月数} \tag{3}$$

根据求出的失地农民到领取养老金年龄时可获得的基本养老金，可计算失地农民应趸缴的社会基本养老保险费，即保护区在禁止利用管制下土地所承担的社会基本养老保险价值，计算公式如下：

$$P_1 = M \times \text{每亩耕地承载的农村人口数} \tag{4}$$

$$M = M_0 + M_1$$

其中，M为禁止利用管制下土地利用者应趸缴的基本养老金；M_0为基础养老金；M_1为个人账户养老金。

（2）就业保障价值的测算

土地的就业保障功能主要是体现在土地资源可以为农村劳动力提供就业机会，由于土地耕种不需要太多技术含量，大多数从事农业生产的土地利用者往往自身受教育程度较低，缺乏相关专业技能培训，失去土地之后其非农就业竞争力十分脆弱，因此土地对于土地利用者来说具有再就业保障的功能。根据替代原则，水源地保护区被禁止利用管制下的土地就业保障价值可以参照居民失业保障办法，用城镇失业人员最低生活保障金来计算这部分价值，计算公式如下：

$$P_2 = y_t \times N \tag{5}$$

$$y_t = [(B_m - A) \times C_m + (B_m - A) \times C_w] \times M_c$$

其中，P_2为保护区禁止利用管制下土地的就业保障价值；y_t是平均年龄为t时人均保险费趸缴的金额；N为每亩土地承载的人口数；B_m为男性公民的退休年龄，B_w为女性公民的退休年龄，A为公民平均年龄；C_m为男性人口占总人口的比例，C_w为女性人口占总人口的比例；M_c为年人均最低生活保障金。

（3）医疗保险价值的测算

由于水源地保护区土地利用者的医疗保障费用仍依附于土地，因此在禁止土地利用管制下的生态补偿额核算中应加入医疗保险补偿，计算公式为：

$$P_3 = M/r \tag{6}$$

其中，P_3是保护区禁止利用管制下土地承载的医疗保险价值；M 是土地利用者每年缴纳的医疗保险费用；r 是收益还原率。

现行社会保险的“三险一金”是由本人和单位共同缴纳的，可以参照个人和单位承担的比例来确定保护区失地土地利用者应得到的社会保障价值。

本研究认为对于水源地保护区管制土地的社会保障价值应该由个人和国家共同承担，按照职工工资，其承担比例为：养老保险单位承担 20%，个人承担 8%；失业保险单位承担 2%，个人承担 1%；医疗保险单位承担 6%，个人承担 2%。参照上述办法，可以得到保护区失地土地利用者应得到的社会保障价值 V_2为：

$$V_2 = \frac{20}{28}P_1 + \frac{2}{3}P_2 + \frac{6}{8}P_3 \tag{7}$$

（三）被禁止利用土地管制下总补偿额的测算

被禁止利用管制下水源地保护区土地利用者的生态补偿标准核算包括被管制土地的经济价值、社会养老保障价值、就业保障价值和医疗保障价值以及新增生态价值，如图 5.1 所示，其测算公式如下：

$$V = V_1 + V_2 + V_3 = V_1 + \frac{20}{28}P_1 + \frac{2}{3}P_2 + \frac{6}{8}P_3 + V_3$$

三、土地利用受限的情况下补偿标准核算

土地用途管制的目的是保障社会公共利益的最大化，防止不同土地利用之间的相互冲突。为保护好生态环境，严格禁止生态用地改变用途，这是土地用途管制政策的重点之一，而这种政府单方面的强制管制行为忽视了市场机制和保护区土地利用者的财产权保障的公平性，因此只有双管齐下将管制和补偿有机结合，才能真正发挥土地利用管制的长久效力。①

---

① 王雨濛．土地用途管制与耕地保护及补偿机制研究［D］．武汉：华中农业大学，2010.

对于那些生态保护意识较强并自觉自愿对土地投入较少的化肥农药的群体，要根据其所产生的正外部效益和负外部成本的不同，给予有所区别的补偿额度，通过补偿的激励作用，鼓励他们采取回归有机农业、改良土壤地力的较少使用化肥、农药等对生态环境无危害的土地利用方式，从而刺激正外部效益持续释放，制约和限制负外部性，更好地保护生态环境。① 生态功能保护区往往存在着生态保护与土地利用之间的冲突，为保护生态环境，土地利用方式受到限制，为建设环境友好型社会，就要积极构建土地利用受限补偿标准的测算和评价体系，提高保护区土地利用者保护生态环境的积极性。② 另外，禁限开发区的设定实际是对当地生态保护行为的一种强制性产权让渡，损害了当地的发展权，必须要给予补偿使外部效应内部化。③ 虽然当地生态系统服务供给者自身也从环境改善中受益，但他们无法意识到这种内部效应的价值，因此为了鼓励他们以环保方式利用土地的公益行为，在生态补偿标准核算中，不宜扣除内部效应的价值。

水源地保护区作为取水源头，其水质和水量状况直接决定着保护区周边地区及中下游地区的用水安全。对水源地生态环境造成污染和破坏的主要因素之一就是化肥农药的使用。土地利用者为了追逐短期经济利益，过度使用化肥、农药等，而施用的化肥、农药大部分残留在土壤中，只有少量被农作物吸收或附着其上，残留的化肥、农药等有害物质通过降雨，经过地表径流的冲刷进入地表水源地或渗入地下水源地，导致水源地周围面源污染严重、水体的富营养化。根据国家对水源地划定保护区后的要求，土地利用者在保护区范围进行耕种，需禁用或少用化肥农药，甚至会规定其他更严格的土地利用方式，以保护水源地保护区的生态环境。相对于其他产业发展而言，化肥农药等虽然不是农业生产的必要条件，但在一定程度上能够显著提高农产品产量。水源地保护区土地利用者可能会因为限制化肥农药施用等而导致土

---

① 马爱慧，蔡银莺，张安录．基于土地优化配置模型的耕地生态补偿框架［J］．中国人口·资源与环境，2010，20（10）：97-102.

② 孙驰．重要生态功能保护区农户土地利用受限及补偿研究综述［J］．北京农业，2012（18）：147-148.

③ 李潇，李国平．禁限开发区生态补偿支付标准研究［J］．华东经济管理，2015，29（3）：57-62.

地收益下降；并且，保护区范围内的土地利用者只有土地的耕作权而无发展权，他们不能根据自身需要转变土地的利用方式，实质上这就间接地剥夺了土地利用者进行其他农业开发的机会，构成了特别牺牲的要件，所以应对土地利用者因土地利用管制所造成的土地价值减损给予补偿。

在国外，也有土地利用管制获得补偿的案例。法国的毕雷威泰尔矿泉水公司就是实施生态补偿以鼓励当地农民采取环保耕作方式的典型例子。毕雷威泰尔矿泉水公司为了保护其主要水源地莱茵河-默兹（Rhin-Meuse）流域的生态环境，与水源地居住的农民达成协议，当地农民放弃种植谷物和使用农用化学品、减少奶牛养殖业，由此造成的损失公司给予补偿。

由于限制土地利用方式如禁止或少用化肥农药、规定土地利用用途等不同，导致的收益减少的幅度也不同。对于其补偿标准，应该就土地用途管制程度、土地的位置和范围、现有土地用途以及因土地利用限制导致权利人所受之损害程度等因素综合判断。水源地保护区土地利用受限补偿是生态补偿机制的一部分，其每年的补偿金额可利用下式计算：

补偿金额 = 土地现值 × 土地面积 × 土地受限补偿系数

其中，土地受限补偿系数要根据土地受限的程度来确定，假设水源地保护区范围内的土地是均质的，主要是从化肥农药施用、规定或限制土地用途以及农地转生态用地等方面进行限制，那么具体的土地利用受限补偿模型如下：

$$V_c = A_0 \times y \times r$$

$$r = 受限年土地产出损失额 / 上一年土地产出总额$$

其中，V_c为土地利用受限补偿金额；A_0为受限土地的面积；y 为单位受限土地的现值；r 为土地受限补偿系数，$r \in [0, 1]$，代表生态补偿政策对土地利用方式和用途的限制程度，如严格限制，则取值为 1，如无任何限制，则取值为 0。

四、改变土地利用方式的管制情况下补偿标准核算

在水源地保护区生态补偿中，对于改变土地用途的管制，除了退耕还林，还包括退牧还草、退耕还湿、退田还湖等，这种土地用途管制主要是基于水

源地保护区生态环境的维护，将原有耕种用途的土地改为有利于涵养水源、净化水质、维护保护区水生态平衡和生物多样性的生态用地，这种对土地用途的改变、限制，给土地利用者造成了损失，应该给予相应补偿。

（一）改变土地利用方式管制下的补偿政策实施效果分析

国内外在改变土地用途而进行的生态补偿方面的案例很多，如哥斯达黎加的一家私营水电公司全球能源（Energia Global），为了保证能使公司正常生产的水量供应，通过国家林业基金向萨拉皮基（Sarapiqui）流域上游保护流域水体的个人进行补偿，并要求他们必须将土地用于造林。目前我国的土地征用补偿政策体系中有一些与土地用途管制有关的补偿政策，1999 年 8 月退耕还林工程试点首先在四川、甘肃、陕西三省展开，2002 年正式在全国全面启动，并在 2003 年 1 月实施的《退耕还林条例》中规定，按照退耕还林实际面积，国家向土地承包经营权人无偿提供粮食补助、生活补助费和种苗造林补助费，其中按照每亩退耕每年补助来看，对长江流域及南方地区的粮食补贴是 150 公斤；对黄河流域及北方地区的粮食补助是 100 公斤，现金补助是 20 元；种苗费是每亩一次性补助 50 元。粮食和现金的补贴年限为经济林 5 年、生态林 8 年，还草补助按 2 年计算。之后由于解决退耕农户长远生计问题的长效机制尚未建立，国家决定完善退耕还林政策，继续对退耕农户给予适当补助。相比较土地征收政策，退耕还林政策仅仅是对土地使用权一定范围的限制，农民仍保留对土地上收益及其增值收益的权利，其生计受到的影响相对要小，且同地区补偿标准的统一，政策实施效果好，属于“民心工程、富民工程”。

对于改变了土地用途之后，土地利用者的生计资本的影响方面，学者们也通过实地调研做了大量的研究。有的学者通过对雅安市雨城区实地调查发现，绝大多数退耕样本农户家庭的收入明显增加或没有变化，仅有 17.5%的退耕农户认为经济状况不如以前。① 有的学者基于能值分析理论，通过分析洞庭湖区退田还湖计算出 1999—2010 年间生态补偿标准在 40.31~86.48 元/m²，结果表明洞庭湖区退田还湖的生态补偿标准呈逐年增加趋势，生态恢复工程

① 戎晓红．退耕还林工程经济补偿机制研究——以雅安市雨城区为例［J］．中国人口·资源与环境，2011，21（3）：448-450.

的成效逐渐显现。① 但是随着生活水平提高和物价逐年上升，现有补偿标准已不能弥补当前机会成本，而且目前“一刀切”的补偿标准，虽然在一定程度上易于操作并能节约交易成本，却容易导致补偿不足或补偿过度等问题。②③ 而且目前实行的生态补偿标准将越来越不能抵消农户的建设成本和机会成本，虽然一些地区在补偿期内农户经济收益明显增加，但是一旦停止补助，他们将失去基本生活来源。④ 有的学者根据调查数据，分别采用成本流方法、选择实验法和保护拍卖法对重庆万州的退耕还林生态补偿标准进行了测算，发现现有补偿标准严重不足。⑤

在测算改变土地利用方式情况下的补偿标准时，不仅需要考虑水源地的直接投入，还需要考虑水源地在环境保护过程中产生的机会成本。如退耕还林补助对于农户并不等同于其全部实际损失或潜在损失，而且也不能补偿农户退耕所带来的所有技术、市场、就业风险等，⑥ 因此补偿标准应该利用在产业结构调整过程中农民的机会成本来确定。⑦ 有的学者利用机会成本法、意愿调查法等方法测算了鄱阳湖区退田还湖生态补偿标准为 3500 元左右比较合适。⑧

（二）改变土地用途管制下的生态补偿标准测算

改变土地利用要综合考虑土地利用方式改变后产出的减少、经营方式的改变、设施的增加等经济损失，以及失业损失、转型损失以及发展机会损失

① 毛德华，胡光伟，刘慧杰，等．基于能值分析的洞庭湖区退田还湖生态补偿标准［J］．应用生态学报，2014，25（2）：525-532.

② 谭秋成．关于生态补偿标准和机制［J］．中国人口·资源与环境，2009，19（6）：1-6.

③ 陶然，徐志刚，徐晋涛．退耕还林、粮食政策与可持续发展［J］．中国社会科学，2004（6）：25-38.

④ 韩鹏，黄河清，甄霖，等．基于农户意愿的脆弱生态区生态补偿模式研究——以鄱阳湖区为例［J］．自然资源学报，2012，27（4）：625-642.

⑤ 韩洪云，喻永红．退耕还林生态补偿研究——成本基础、接受意愿抑或生态价值标准［J］．农业经济问题，2014（4）：64-72.

⑥ 黎洁，李树茁．基于态度和认知的西部水源地农村居民类型与生态补偿接受意愿——以西安市周至县为例［J］．资源科学，2010，32（8）：1505-1512.

⑦ 秦艳红，康慕谊．退耕还林（草）的生态补偿机制完善研究—以西部黄土高原地区为例［J］．中国人口·资源与环境，2006，16（4）：28-31.

⑧ 钟瑜，张胜，毛显强．退田还湖生态补偿机制研究——以鄱阳湖区为案例［J］．中国人口·资源与环境，2002，12（4）：46-50.

等非经济损失，对此进行综合评估后形成补偿标准。基于此，水源地保护区对土地采取的退耕、休耕、禁渔或规定土地利用方式等土地用途管制情况下的补偿，应该包括改变土地利用而导致的经济损失和非经济损失。其计算公式如下：

$$S = C_d + C_o$$

其中，S 是改变土地利用用途管制下的补偿额；C_d是指由于改变土地利用方式而导致的直接经济损失；C_o是指改变土地利用方式而导致的机会损失。

1. 改变土地利用方式导致的直接经济损失 C_d

水源地保护区的土地在改变利用方式后，直接经济损失包括由于原有土地利用方式和经营方式的改变造成的收益损失和沉淀成本，还有设施设备投入的增加带来的经营成本。

$$C_d = L_{收} + L_{沉}$$

其中土地收益损失 $L_{收}$是指由于土地利用方式的改变造成的收入的减少，这个可以根据土地利用方式改变前后的平均收益差来核算。沉淀成本 $L_{沉}$是那些一旦投入、承诺了专用用途就不能回收的成本，这是经合组织欧洲转型经济合作中心的定义。沉淀成本产生的原因在于其专用性，而且由于其专用性，难以在二手市场流转。只有具有专用性特征的固定成本才是沉淀成本。因此，改变土地利用方式之后，土地利用者会面临原有生产设施工具无法利用，需要重新购置可用于新土地用途的工具和设备。为了更好地帮助土地利用者顺利完成转产转业，就必须提高对他们的补偿金额，使之足以补偿沉淀成本。设施设备投入的增加带来的经营成本则是根据改变土地利用方式之后新购置的设施设备总价来核算。

2. 改变土地利用方式导致的机会损失 C

水源地保护区土地用途改变后造成的非经济损失，包括对土地采取的退耕退牧退渔、休耕休牧休渔等进行土地用途管制情况下，给原有土地利用者带来的发展机会损失等。

从经济学角度来看，由于资源的稀缺性，当资源被用于某一用途获得收入时，必然存在因放弃该资源在其他方面的使用所能带来收入的损失，因此这种资源的有限性和稀缺性产生了机会成本。机会成本是由资源选择不同用途而产生的，比如在生态环境保护项目中土地利用由原来的农业耕种变为植树种草，或者在水源地保护区禁止农民施肥、喷洒农药和禁止渔民捕鱼等，由此土地利用者造成的收入损失便是机会成本。① 由于设立水源地保护造成的区域发展权损失很难直接计算，可以采用机会成本法按产业进行分类测算，以反映不同产业在水源地保护中的贡献。②

机会成本其实就是土地发展权损失，土地发展权是土地所有权的组成部分，而土地规划管制则是国家对土地发展权的干预和限制。③ 机会成本指的是由于资源的有限性，在选择资源利用方式时，选择了其中一种资源利用方式，而放弃了其他获得经济效益的机会或因放弃部分发展权而导致的损失或增加的相关成本。因此，由于土地利用方式改变造成的机会成本，是指水源地保护区为保护生态环境，部分发展权放弃而导致的损失，如保护区进行产业结构调整和升级，由于退耕还林（草）、退渔还湿等改变了土地利用方式，牺牲了发展机会而产生的发展机会成本。

水源地保护区为了保护生态环境，不得不放弃能够获得最大经济效益的土地资源利用方案，这种通过调整土地利用的产业结构和改变土地经营方式来保护生态环境的措施，虽然实现了保护区土地的生态价值，但同时却造成了其经济价值的损害，这种放弃了该土地资源利用方案而导致的损失就是机会成本（opportunity cost，OC）。在实际操作中，可以按照国家或地区的平均GDP 增速、平均利润率以及保护者与受益者的生活水平差距等指标，来确定发展机会成本。④ 水源地保护区的土地由于受到了土地用途管制，改变了原有土地用途，根据资产定价理论，受管制土地的发展权损失应该是其未来非农开发的收益，这部分收益的现值就可以看作是受管制土地上的发展权价值。从福利经济学角度看，要使水源地保护区土地利用者的诉求与政府需求达到均衡，就需要对市场所不能弥补的发展机会成本予以补偿。对于水源地保护

---

① 谭秋成．关于生态补偿标准和机制［J］．中国人口·资源与环境，2009，19（6）：1-6.
② 薄玉洁，葛颜祥，李彩红．水源地生态保护中发展权损失补偿研究［J］．水利经济，2011，29（3）：38-41，52.
③ 程雪阳．土地发展权与土地增值收益的分配［J］．法学研究，2014（5）：76-97.
④ 方兰，屈晓娟，王超亚．陕南南水北调水源地生态补偿与减贫扶贫［J］．宏观经济管理，2014（8）：80-82.

区土地利用者在改变土地用途之后的补偿标准核算，可以根据不同的土地利用方式改变情况分别核算，具体公式如下：

$$L = \sum_{i=1}^{n} L_i$$

其中，L 表示改变土地利用方式管制下土地利用者的机会成本；L_i表示 i 种土地利用方式改变的发展机会成本。

（1）退耕还林（草）情况下的补偿标准核算。政府推行退耕还林政策，相当于给农户附加了另一份退耕还林的合约，不许种粮食和其他农作物，只许植树，限制了农户的经营权，并且树木成林后砍伐获得的收益还得报批，造成退耕农户土地经营权的残缺不全，这是机会成本产生的根本原因。① 核算因退耕还林（草）给农民带来的机会损失，可以通过改变前后的平均收益差额进行估算，改变土地利用方式之前的平均收益可以取当地近 5 年农耕地平均值。其机会成本核算公式如下：

$$L_1 = I_{前} - I_{后}$$

其中，L_1为退耕还林（草）情况下农民的机会损失；$I_{前}$和$I_{后}$分别为土地利用方式改变前、后土地的平均收益。

（2）林种转换情况下的补偿标准核算。为了生态保护，要将水源地保护区的经济林转为生态公益林，以及原有薪柴林采伐也被叫停，由此产生的损失需要补偿。其中，经济林的收入损失可以参照林种转换前一年当地各经济林种的平均收益来估算；薪柴林采伐收入损失则可以按照市场价格进行计算。其发展机会成本核算公式如下：

$$L_2 = \sum_{i=1}^{n} m_i \times k_i - l + E_{伐}$$

其中，L_2表示林种转换情况下的收入损失；m_i表示第 i 种经济林的平均亩产收益；k_i表示第 i 种经济林减少的面积；I 表示国家对公益林的生态补偿金；$E_{伐}$表示原来薪柴林采伐的收益。

（3）退牧还草情况下的补偿标准核算。退牧还草等禁牧措施有利于水源地保护区的生态环境，但却给牧民造成直接经济损失，并增加了处理畜牧养

① 郭普松，王建康．退耕还林农户补偿模型及有关问题的理论探索［J］．人文杂志，2008（1）：98-101.

殖污染的治理成本。其发展机会成本核算公式如下：

$$L_3 = (D_{前} - D_{后}) + C_{治}$$

其中，L_3是退牧还草情况下牧民的收入损失；$D_{前}$、$D_{后}$分别表示退牧还草前、后土地利用者的平均收益；$C_{治}$是处理畜牧养殖污染的治理成本。

（4）退渔还湿情况下的补偿标准核算。退渔还湿等措施给当地渔民的收入带来了直接和间接经济损失，如渔业养殖水域面积减少、产量下降等，这部分损失的估算就是对退渔还湿情况下的补偿额。具体计算公式如下：

$$L_4 = F_{前} - F_{后}$$

其中，L_4是退牧还草情况下渔民的收入损失；$F_{前}$和$F_{后}$分别表示退渔还湿前、后渔民的平均收益。

第四节　云蒙湖水源地保护区土地利用生态补偿标准核算实证

一、研究区概况

云蒙湖（原岸堤水库）位于山东省蒙阴县境内东汶河与梓河的交汇处，是一座以防洪灌溉为主，结合发电、城市供水、养鱼、旅游开发等综合利用的大型水库。岸堤水库始建于 1959 年，总库容 7.49 亿立方米，兴利库容 4.51 亿立方米，控制流域面积 1690km^2，是山东省第二大人工综合利用水库。1997 年云蒙湖被列为临沂城区饮用水源地，2010 年被列为水源地生态保护区。为方便实施水源保护，2012 年蒙阴县政府设立云蒙湖生态区，43 个原库区后合并为 20 个行政村。

二、云蒙湖水库被征收土地生态补偿额测算

云蒙湖水库保护区内现有人口 45.7 万人，耕地 47.2 万亩、果园 30.3 万亩，为了提高云蒙湖的库容和供水能力，在水源区建设了生态防护工程，该工程占用了农户的耕地，基于公平合理原则，应该给予失地农户生态补偿。

本研究所用数据来自《临沂统计年鉴2011》。

（一）被征土地经济价值的测算

考虑到数据的可获得性，本研究以蒙阴县种植业产值代替耕地总收入，通过计算种植业所占农业中间损耗的比重来近似代替产出总成本。根据《临沂统计年鉴2011》，2010年蒙阴县农业总产值为172969万元，当年农作物总播种面积为665971亩，因此单位面积纯收入a为0.2597万元/（亩·年）。根据2010年12月26日调整后利率可知1年期银行存款利率为2.75%，由此可以算得土地还原利率为2.66%。因此，云蒙湖水库保护区被征土地生态补偿中的经济价值为：

$$V_1 = a/r = 0.2597/2.66\% = 9.76 \text{ 万元/亩}$$

（二）被征土地社会价值的测算

云蒙湖水源地保护区被征土地的社会保障价值包括养老保障价值、就业保障价值和医疗保险价值。

1. 养老保障价值的测算

由于资料有限，本研究以蒙阴县2010年农民人均年纯收入作为云蒙湖保护区农民上一年度人均年纯收入，其值为6713.55元。退休年龄取60岁①，将初始工作年龄设定为19.2岁，② 则平均工作年限为40.8年，指数化平均缴费金额与参保人员退休时山东省上一年度农民人均年纯收入相当，2010年山东省上一年度农民人均年纯收入为6990元/人/年，根据公式（2）计算出2010年基础养老金为232.97元/月。

考虑到数据的可获得性，本研究根据《临沂市2010年第六次全国人口普查主要数据公报》推算出蒙阴县居民平均年龄为48岁，因为退休年龄为60岁，所以计发月数为139，被征地农民离其领取养老保险金年龄还有12年，在不考虑工资和养老金利息等情况下，个人账户养老金为42.50元/月。据此，云蒙湖水源地保护区被征地农民应领取的基本养老金保险金M=275.47

① 为了简化计算，取60岁作为云蒙湖水源地保护区被征地农民领取养老金的年龄。

② 王雪青，夏妮妮，袁汝华，等．公益性项目征地补偿依据及其测算标准研究——以苏州市为例［J］．资源科学，2014，36（2）：379-388.

元/月，M 即为土地为每个农民承担的养老保险价值①，根据《蒙阴县土地利用总体规划（2006—2020 年）》，2010 年蒙阴县的耕地面积 76.38 万亩，农村人口总数为 54.51 万人，那么农村居民人均占有耕地面积为 0.71 亩。根据公式（4）计算得出耕地的养老价值 P_1为 2.59 万元/亩，由此可得征地农民应得土地养老保障价值为 $20/28 \times P_1 = 1.85$ 万元/亩。

2. 就业保障价值的测算

根据临沂市民政局数据，2015 年 10 月起农村居民最低生活保障标准由每人每年 2600 元提高到 3000 元，另外由于蒙阴县男女性居民比例相近，本研究取 $B_m = B_w = 60$，$A = 48$，C_m为 51.06%，C_w为 48.94%，所以 y_t为 3.6 万元/人。如前所述 2010 年蒙阴县共有耕地面积 76.3839 万亩，劳动力人口为 28.96 万人，每亩耕地承载的农村劳动力人口数为 2.64，由此根据公式（5）计算出农地的就业保障价值 P_2为 9.49 万元/亩，被征地农户应得价值为：$2/3 \times P_2 = 6.33$ 万元/亩。

3. 医疗保险价值的测算

根据临沂市人社局相关规定，城乡居民在个人医疗保险缴费标准上是统一的，城乡居民筹资标准为每人每月 460 元，因此农民每年应缴纳 5520 元医疗保险费用。2010 年蒙阴县农民人均占有耕地面积为 0.71 亩时，取还原率 r 为 2.66%，根据公式（6）可以计算出云蒙湖水库水源地保护区每亩耕地承载的医疗保障价值为 14.81 万元/亩，被征地农户应得价值为：$6/8 * P_3 = 11.11$ 万元/亩。

从表 5.1 可以明显看出，2010 年云蒙湖水库耕地的总价值为 29.05 万元/亩，其中耕地社会保障价值为 19.29 万元/亩，接近经济价值的 2 倍，超过征地补偿总额的一半（约占土地总补偿额度的 66.4%），这说明现行征地补偿标准虽然兼顾了土地补偿费、安置补助费等补偿，但是补偿标准过低，并未包含耕地所承载的巨大社会保障价值。为确保云蒙湖水库水源地保护区农民被征地后的生活水平不下降，其获得的实际征地补偿费至少应为 29.05 万元/亩。新测算方法下，保护区被征地农民获得的补偿总额度远高于现行补偿标准，这是由于新测算方法对耕地承载的主体社会保障价值部分进行了单独的

① 由于农村社会养老保险的缴费和待遇不分男女，因此男性和女性的缴费基数一样。

测算，增加了农民的失地补偿费，克服现行征地补偿不全面的缺陷，有利于维护保护区农民的切身利益，也有利于缓解由于现行补偿标准过低而导致的抵制情绪膨胀状况。

表 5.1　云蒙湖水库土地征收补偿标准测算

征地补偿价值	土地经济价值	土地社会保障价值	被征地农户补偿额
补偿测算值（万元/亩）	9.76	19.29	29.05
占总补偿额的比例（%）	33.60	66.40	100.00

第五节　水源地保护区土地利用补偿方式

早在 2003 年温家宝就在中共中央农村工作会议上强调，要改进征地补偿方式，并增加征地补偿，以及妥善安排好失地农民的生计问题。近年来我国出台了多项改革措施来改革土地征收制度，自然资源部的相关文件指出，地方政府要以提供可靠的、长期的基本生活保障为目标，积极探索适应我国经济发展的失地农民安置途径。目前水源地保护区生态补偿方式主要是现金形式，补偿款的支付往往是一次性支付或在一定年限内逐年支付，这种补偿和支付方式存在一定的时间成本以及风险，因此要积极探索能够为土地利用者提供长期的、相对稳定收益的可持续生计补偿方式。

一、土地收储补偿

由于历史和产权制度的原因，我国的土地所有者具有土地产权的不完全性。基于不完全产权视角下，农民由于收益权和行使土地使用、转让等权利的丧失而应得的补偿，实际上应该是退耕土地的产权收购价格，而补偿期限应该到实现国家收购为止。① 我国的上海市 1996 年率先建立了土地储备制度，随后全国其他市县陆续建立了土地储备制度，并出台了相关管理办法或实施意见，其中具有革命性标志的是在 1987 年 9 月 9 日深圳市政府采用协议方式

① 王磊．不完全产权视角下的退耕还林补偿标准及期限研究［J］．生态经济，2009（9）：159-162.

对国有土地使用权的有偿出让。[①] 我国土地制度改革，目前已经转入以城乡土地制度公平化创新为核心的新阶段。[②] 目前土地收储制度在稳定土地市场、调控土地供应量、增强政府统一供地等方面的显著的作用已得到社会各界的认同，并为政府带来了可观的土地收益。

土地收储主要指的是基于公共目标的实现，以及土地市场的合理调控。因此，对水源地保护区的土地收储是指基于公共利益考虑，政府或公共机构通过回收、收购、征收等合法协议方式，将处于保护区范围的土地予以存储，用于生态建设或按照利于生态环境保护的管制方式进行经营活动，以保障公共目标的实现和利益受损者权益的制度安排。

美国的地方政府和土地资源托管机构就是通过有偿获取地役权或土地发展权，通过政府土地储备（land banking）来实现对土地资源的保护，这种方式有利于解决因规划管制而引起的分配不公等问题。[③] 因此，政府可以通过协议收购方式取得水源地保护区的土地，由于土地的用途和土地的产权关系都发生了变化，应该对原土地所有者进行补偿。收储后的位于水源地一级保护区内的土地，可由政府进行涵雨林或湿地建设，对位于水源地二级保护区及准保护区的土地，可以再出售供农业使用，但需遵守生产或土地利用限制。

水源地保护区生态环境保护和治理是一项耗资大、见效慢的工作，需要长期的资金投入，目前资金来源主要是政府财政预算，虽然社会各界正在积极探索多种“造血型”方式，但是这些还远远不能满足维持保护区生态环境和当地农民生计可持续性的资金需求。通过政府或土地收储机构的收储土地方式，可以将水源地保护区范围内的土地进行合理的规划和开发整理，提高土地利用效率和收益。

我国的土地收购储备制度最初主要是面向存量建设用地，后来随着土地市场逐步建立和健全，不断扩大土地收购储备的范围和对象。如果将土地收储方式与水源地保护区生态环境保护予以结合，可以缓解保护区生态补偿资金紧缺的局面，不但能改善水源地保护区的生态环境，而且还能将保护区范

---

① 丁洪建，吴次芳，徐保根．基于社会燃烧理论的中国土地储备制度产生与发展研究［J］．中国土地科学，2003，17（4）：14-19.

② 张琦．土地制度市场化改革的理论回顾：1978—2008［J］．改革，2008（11）：82-89.

③ 王小映．土地征收公正补偿与市场开放［J］．中国农村观察，2007（5）：22-31.

围的土地利用效率最大化，提高土地的增值收益（见图 5.2）。

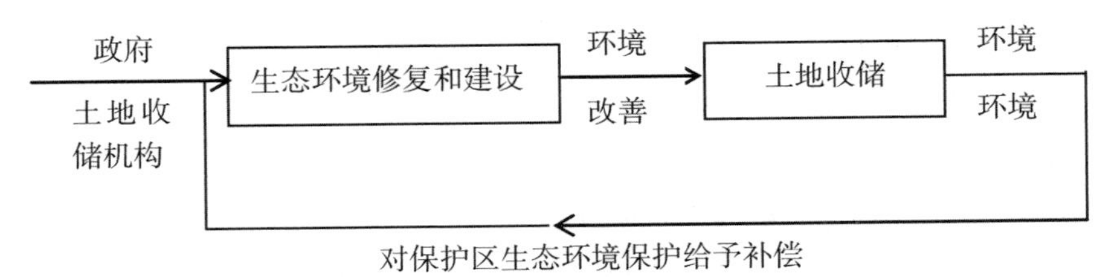

图 5.2 土地收储与水源地保护区生态环境修复和建设的关系

水源地保护区土地收储的意义主要体现在两个方面：一是生态意义。通过土地收储，有效地改善保护区的生态环境，并可以将土地增值收益补充到保护区生态环境修复和建设中，减少环境治理资金的寻觅成本，降低因为资金短缺对生态环境修复和建设的影响，从而保证更稳定的资金来源；二是经济意义。通过修复和建设工程，可以将保护区生态环境这一最大的资源激活，从而获得生态环境改善带来的周边储备土地的新增价值。因此，土地收储是一种体现“政府主导，市场运作，互惠互利”，且非常有效地解决由于土地利用管制而使土地利用者利益受损的补偿方式之一。

二、发展权转移补偿

土地发展权是因限制土地利用而形成的，为了保护水源地保护区的生态环境，对保护区范围内的土地实行土地利用管制，不允许其向高效益、高收益产业转化，由此保护区的土地利用者无法得到高产出、高收益行业带来的增值收益，其土地发展权被剥夺。土地发展权最初源于采矿权，这种权利可与土地所有权分离而单独出售，是一项为适应土地利用管制、保护生态环境的需要而设立的、可以独立支配的、改变了土地利用强度以及原有用途等利用方式的财产权。“发展权转移”（transfer of development right，TDR）就是将土地发展权与其他权利分离，自由移转给他人，而土地所有权人仍保有发展权以外的土地权利。该观念始于英国，后来在美国得到扩展并推广应用于全世界，成为当前一项补偿受损地区相关权利人以促进公平分配的重要制度。[①]

① ROSA H，BARRY D.，KANDE S，et al. Compensation for Environmental Services and Rural Communities：Lessons from the Americas［J］. Presented at the International Conference on Natural Assets，Tagaytay City，Philippines，2004，4：1-25.

我国对土地发展权及农地发展权的探讨还处于初级阶段，目前还仅限于理论界，实践中并未作为一个明确的概念进行界定。① 尽管如此，一些地方政府还是在土地发展权转移和交易方面进行了积极的尝试，如浙江省在土地管理实践中的“浙江模式”，就是针对区域内土地引入“折抵、复垦指标”以及“待置换用地区”指标，针对跨区域土地引入市场机制实行发展权交易，即所谓的“折抵指标有偿调剂”，从而破解了土地供给与需求的区域不平衡性。②

水源地保护区范围内土地的用途管制限制了土地资源的利用方向，同样也限制了土地利用者的承包经营使用权，致使他们的基本土地发展权益遭受损失。有的学者通过研究发现土地发展权的限制使用，将会造成非受限土地的“暴利”（windfalls），以及限制发展地区利益相关群体“暴损”（wipeouts）的现象。③ 而通过出售发展权，可以消除水源地保护区对土地管制而产生的土地暴损，借由出售发展权而得到补偿。因此要立法明确土地发展权，从而能够在征地补偿过程中对土地权利人被掠夺的土地发展权益进行合理的补偿，④ 而且实行可转让的土地发展权制度以实现土地利用管制下的公正补偿和平等待遇。⑤ 因此，发展权转移补偿方式可以合理补偿水源地保护区为生态环境保护做出牺牲的土地利用者，并保护他们的合法权益，还可以通过发展权收益在各相关利益方之间的合理分配，促进社会经济的健康稳定发展。

第六节　本章小结

本章首先对水源地保护区土地利用者的生态补偿范围进行了界定，然后根据水源地保护区土地利用管制下有三种情况，分别确定了生态补偿标准，

---

① 王利敏．基于农田保护的农户经济补偿研究［D］．南京：南京农业大学，2011.

② 汪晖，陶然．论土地发展权转移与交易的“浙江模式”——制度起源、操作模式及其重要含义［J］．管理世界，2009（8）：39-52.

③ 聂鑫，汪晗，张安录．基本农田开发管制农户损益估算及影响因子分析［J］．资源科学，2013，35（2）：396-404.

④ 郑瑞强，施国庆，毛春梅．库区征地补偿测算模型初探［J］．人民长江，2007，38（8）：147-149.

⑤ 王小映．土地征收公正补偿与市场开放［J］．中国农村观察，2007（5）：22-31.

最后选择了适合的生态补偿方式。

对于土地利用情况，按照现行的水源地保护区的划分，可以分为禁止土地（包括地上物）利用、限制土地利用和改变土地利用的行为，水源地保护区基于增加公共利益而设定，对土地采取利用管制，若造成区内的土地所有权人需承受超出一般的社会责任而形成的损害，则需补偿，反之则不需补偿。

根据水源地保护区土地利用管制下有三种情况：禁止土地利用、限制土地利用和改变土地利用。本章分别确定了这三种情况下的补偿标准，禁止土地利用实际上就是完全剥夺了原土地所有者的所有权，这种情况下，需要政府与土地所有者就产权进行补偿，其补偿标准可由两种方式形成：一是由第三方对土地价值进行评估所形成的标准，二是参照同类土地市场价格；限制土地利用可能会因为土地利用限制导致土地收益下降，土地用途不同，导致的收益减少的幅度也不同，因此，根据其受限程度的不同确定土地受限补偿系数，其每年的补偿金额可利用下式计算：补偿金额=土地现值×土地面积×土地受限补偿系数；改变土地利用要综合考虑土地利用方式改变后产出的减少、经营方式的改变、设施的增加等经济损失，以及失业损失、转型损失等非经济损失，对此进行综合评估后形成补偿标准。具体补偿核算方法见表5.2。

表5.2 土地利用生态补偿标准核算

<table>
<tr><th>补偿范围</th><th>补偿项目</th><th colspan="2">计算公式</th><th>变量解释</th></tr>
<tr><td rowspan="5">禁止利用</td><td>经济价值（V_1）</td><td colspan="2">$V_1 = a/r - S$</td><td>a为土地年纯收益；r为收益还原利率；S为政府征地补贴</td></tr>
<tr><td rowspan="3">社会价值（V_2）</td><td>社会养老保障价值P_1</td><td>$P_1 = M \times g$</td><td>M为基本养老金；g为每公顷耕地承载的农村人口数</td></tr>
<tr><td>就业保障价值P_2</td><td>$P_2 = y_t \times N$</td><td>y_t是平均年龄为t时人均保险费趸缴的金额；N为每公顷土地承载的人口数</td></tr>
<tr><td>医疗保险价值P_3</td><td>$P_3 = M/r$</td><td>M是土地利用者每年缴纳的医疗保险费用；r是收益还原率</td></tr>
<tr><td>新增生态价值（V_3）</td><td colspan="2"></td><td>水源地保护区设立前后生态价值的增量</td></tr>
</table>

续表

补偿范围	补偿项目	计算公式	变量解释
限制利用	受限损失	$V_c = A_0 \times y \times r$	A_0为受限土地的面积；y 为单位受限土地的现值；r 为土地受限补偿系数
改变利用	经济损失	$C_d = L_{收} + L_{沉}$	$L_{收}$和 $L_{沉}$分别是指改变土地利用方式之后的收益损失和沉没成本
	非经济损失	$L = \sum_{i=1}^{n} L_i$	L_i表示 i 种土地利用方式改变的发展机会成本

针对土地利用管制情况下的生态补偿方式的选择，一是政府可以采取土地收储补偿方式以协议收购方式取得水源地保护区的土地，以此对原土地所有者进行补偿，收储后的位于一级保护区内的土地，由政府进行涵雨林建设，位于二级保护区及准保护区的土地，可以再出售供农业使用，但需遵守生产或土地利用限制；二是通过发展权转移补偿方式，将土地发展权与其他权利分离，自由移转给他人，而土地所有权人仍保有发展权以外的土地权利，通过出售发展权，可以消除水源地保护区对土地管制而产生的土地暴损，借由出售发展权而得到补偿。

第六章　水源地保护区企业经营生态补偿

实施水源地保护区政策之后，水源地原有工矿企业和从事养殖作业的企业都将面临搬迁和限产、转产的问题，他们为生态环境的修复和保护做出了特别牺牲，蒙受了各种经济损失和非经济损失，从生态环境保护的外部性和公平合理的原则来看，应为此获得相应补偿，对其进行补偿也是水源地保护区生态补偿政策制定、完善和实施的重要组成部分。因此，必须公平合理、科学客观地确定这些企业的补偿范围，准确确定其补偿标准，选择合理的补偿方式，以维护企业经营者的合法权益，实现其顺利搬迁转产。

第一节　水源地保护区企业经营生态补偿范围

水源地水生态环境遭受破坏并导致水质恶化的主要原因之一，就是保护区范围内企业经营者的污染排放行为。水源地保护区的企业经营者主要涉及从事工业生产的企业、从事矿产资源开采的企业以及从事畜禽、水产等养殖的企业和组织。工业企业生产所产生的污染物主要包括其在生产过程中产生的生产废水、废液、污水、废渣等，而畜禽、水产等养殖业所产生的污染物主要包括其在养殖过程中产生的畜禽粪便废弃物等。经测算，我国每年畜禽粪便废弃物量已达25亿吨，为工业废弃物排放量的2.7倍。①

为保障流域经济、社会以及生态用水安全，保护和修复水源地的生态环

① 郑文莉．我国农业环境灾害的经济损失评估［D］．西安：西北大学，2008.

境，水源地设立保护区之后，必须关停一些污染较大的企业，保护区范围的厂矿企业和从事养殖的生产经营活动也会受到制约。按照水源地保护区的要求，保护区内的污染企业和从事矿产资源开采的企业需要进行搬迁（或关闭），有些企业由于水库扩容和水利工程的建设而被淹没，有的企业的生产受到限制或转产，从事养殖的企业需要拆除搬离。如湘潭市在综合整治湘江流域重金属污染、保护流域生态安全的过程中，就在2010年6月以前关停了17家涉重金属企业和29家污染严重的企业，2011年2月以前关停了易俗河工业区的42家涉重金属企业。①

这些生态保护政策对企业提出的限制和要求，造成企业效益下降，也对其发展造成了影响，基于公平合理原则和特别牺牲理论，需要对其进行补偿。尤其是利益受损企业的经济损失和人员再就业的问题，如果处理不当在短期内可能会成为重要的社会不稳定因素。② 对于需要进行搬迁（或关闭）的处于一级保护区的厂矿企业以及在二级保护区的污染企业，需要对其进行资产评估，按照评估价格进行补偿；对于生产受到限制的处于二级保护区内的厂矿企业，其补偿标准确定要综合考量企业规模、行业以及受限程度等，确定补偿系数；对于需要进行转产的处于二级保护区内的厂矿企业，要综合考虑转产成本、机会成本等经济损失以及失业、行业风险等非经济损失，进行综合评估后形成补偿标准。

第二节　水源地保护区企业经营生态补偿标准核算

根据水源地保护区生态保护政策对经营企业提出的限制和要求，保护区范围的企业需要搬迁（或关闭）、限产或转产，由此给这些企业带来了直接经济损失和间接的经济损失，基于公平合理的原则，在对其补偿标准进行核算时，应该根据不同企业的情况分别测定补偿标准。

---

① 唐湘博，刘长庚．湘江流域重污染企业退出及补偿机制研究［J］．经济纵横，2010（7）：107-110.

② 梁育填，刘婧，刘凯．生态限制开发区域矿产资源产业退出的影响因素分析——以北京市门头沟区为例［J］．生态经济，2014，30（3）：114-146，153.

一、搬迁（或关闭）企业补偿标准

为了保证搬迁（或关闭）、受淹工矿企业在安置后其实际的生产和职工生活水平不降低，就应该在对企业所拥有的基础设施、机器设备及存货等资产进行评估的基础上进行合理补偿。《水电工程水库淹没处理规划设计规范》和《大中型水利水电工程建设征地补偿和移民安置条例》等相关法规中，就有“因兴建水利水电工程需要迁移的企业、事业单位，其新建用房和有关设施按原规模、原标准建设所需要的投资，按照重置价格，经核定后列入水电工程移民经费概算”的规定，而对于不需要复建或难以复建的企业（简称一次性补偿企业），“应根据淹没影响的具体情况，给予合理的补偿”。① 因此，对于需要进行搬迁（或关闭）企业的补偿，需要根据企业的搬迁还是关闭、淹没程度以及经营状况进行评估，按照评估价格进行补偿。

（一）资产补偿评估相关理论与程序

水源地保护区搬迁（或关闭）企业为生态环境的维护和修复做出了牺牲，应给予补偿，其生态补偿标准要根据其资产损失来核算，本研究借鉴资产评估的理论和方法对水源地保护区的搬迁（或关闭）企业进行补偿评估。

1. 搬迁（或关闭）企业资产补偿评估的内涵

水源地保护区搬迁（或关闭）企业资产补偿评估是指由资产评估机构的专职评估人员按照资产评估的原则和生态补偿移民安置政策，按照国家规定的资产评估程序、方法和标准，遵循法定或公允标准和程序，在对纳入评估范围的搬迁（或关闭）企业资产逐项进行全面勘察鉴定的基础上，搜集原始凭证，运用科学的方法，全面考虑影响资产价值的各种因素，并按规定的基准期价格，据实对搬迁（或关闭）企业的固定资产在搬迁过程中的损失及补偿值进行评定和估算，切实维护国家、地方和企业三者之间的合法权益。

搬迁（或关闭）企业的资产补偿评估就是根据资产评估理论，依据国家的生态补偿政策测算补偿数额，以搬迁（或关闭）企业原规模、原标准、恢复原有生产能力为补偿目标的一项资产评估业务和估价技术。事实上，对于

---

① 张战烽．库区淹没企业价值的评估［J］．中国资产评估（专业版），2005（3）：41-44.

搬迁（或关闭）企业的资产补偿评估，就是在生态补偿政策及以往投资补偿计算办法基础上发展起来的，与通常意义上的资产评估有相似组成要素，都需要对资产予以确认、计价和报告，但是由于搬迁（或关闭）企业资产补偿评估的特殊性，其产权不发生转移，而是建立在相关优惠政策和限制政策等补偿政策基础上，这是二者最大的区别。搬迁（或关闭）企业资产补偿评估的目的是为客观公正、科学准确地核算保护区企业投资提供科学依据，以维护国家、企业的合法权益。

2. 搬迁（或关闭）企业资产补偿评估的程序

由于对水源地保护区搬迁（或关闭）企业进行的资产补偿评估要以“三原”原则为前提，按“原规模、原标准和原功能”的原则，并且要受到《移民安置条例》及其配套规范等法律法规的政策约束，因此在对这些企业进行资产评估时既要考虑固定资产的重建和迁建停产损失补助问题，又要考虑在充分利用原有资产基础上能够满足恢复重建的合理需求。这种资产补偿评估可以充分考虑各种影响企业搬迁损失的因素，在明确企业搬迁责任的同时，客观公正、科学合理地核算补偿标准，这有利于维护企业的合法权益，防止国有资产流失，同时也有利于体现国家的补偿政策（包括优惠政策、限制政策）。另外，搬迁（或关闭）企业的资产补偿评估要遵循客观性、公正性、科学性和规范性原则，制定科学的补偿评估程序，并且在评估过程中根据企业在搬迁重建过程中的损失性质与程度，选择合适的操作方法和估价标准，确定不同的计算补偿方法和系数取值，只有这样，才能保证资产评估结果的科学合理。

水源地保护区搬迁（或关闭）企业的资产补偿评估是在一定假设前提条件下对企业资产进行评估的基础上进行的。一般来说，搬迁（或关闭）企业的资产补偿评估是以复建方式为基本假设前提，并分别计算不可搬迁资产和可搬迁资产的补偿额，企业在搬迁前后的新址与旧址的地形地质条件和建厂条件基本相似或相同。资产评估的前提条件是保护区搬迁（或关闭）企业普遍存在的，这一前提条件有助于明确在资产补偿评估中不应按市场价格和拆零出售计价，而应该考虑资产的购建、运输、安装调试直至投入生产等过程的全部费用。企业资产补偿评估的构成要素包括评估主体、评估客体、评估目的、价格标准、评估方法和评估程序。科学的评估程序是确定合理补偿价值的基础条件，参照资产评估程序，水源地保护区搬迁（或关闭）企业的资产补偿评估具体程序见表6.1。

表6.1 水源地保护区搬迁（或关闭）企业资产补偿评估程序

程序	具体内容
被评估企业搜集并准备资料	指导企业根据评估相关要求清查并填报资产
被评估企业资产申报	按照评估要求填写企业进行搬迁关闭或受淹涉及的资产清单，并出具相关产权凭证
制订评估工作大纲	包括人员组成、时间安排、拟采用的评估方法、现场工作计划等，是进行资产评估的前期规划和安排
被评估企业的资产清查界定	评估人员按照被评估企业填报的资产申报明细表，界定评估范围并进行现场清点核实，然后确定哪些资产属于政策规定的评估范围，哪些资产不属于政策规定的评估范围
对待评估资产的现场勘查	根据待评估资产的实物特征，对其进行全面勘查，并登记其实物特征
评定测算，征询企业意见	评估人员结合收集的资料，根据评估目的和估价标准，采用科学的方法评估搬迁、关闭企业的资产损失价值量，并将评估的初步成果向安置规划编制单位和企业主管部门做出说明，征求其意见
编制评估报告	根据评估结果编制报告，评估报告是确定补偿的合理值的依据，也是评估机构承担法律责任的证明
评估单位内部审核检验评估结果	根据评估报告对内部资产进行审核，并检验评估结果

（二）搬迁（或关闭）企业生态补偿标准核算

对于水源地保护区范围内需要进行搬迁（或关闭）经营企业的生态补偿，需要对其进行资产评估，按照评估价格进行补偿。由于对搬迁（或关闭）经营企业的资产评估是以补偿为目的，因此与通常资产评估不同，在对搬迁（或关闭）经营企业进行补偿投资资产评估时，企业需要对其申报的资产按照相关“移民安置规划”的处置范围对固定资产进行界定，以保证补偿评估范围与搬迁（或关闭）处理范围相一致，然后评估机构方才会对企业的资产申报进行清查核对、鉴定分析、评估测算。

1. 搬迁（或关闭）企业的资产补偿评估范围的确定

水源地保护区搬迁（或关闭）企业的资产补偿评估是在一定假设前提条件下，对固定资产进行评估的基础上确定资产现行公允价值的技术规程，既涉及资产评估的相关理论和方法，又涉及水源地保护区的有关生态补偿政策、法规和条例，是一项政策性、技术性、经济性很强的工作。另外，在评估工作中，要依据国家规定的标准、程序和方法，客观、公正和合理地对搬迁（或关闭）企业的资产补偿进行评估，从而保护搬迁（或关闭）企业的合法权益，另外还要合理使用生态补偿移民投资，做到“企业不吃亏，国家不多出”，防止国家的利益受到损害。

水源地保护区搬迁（或关闭）企业的资产补偿评估范围是根据“三原”原则，以补偿为目的，在生态补偿相关政策规定的资产评估基准日以内，所涉及的企业所有的或依法长期占用的实物形态和非实物形态的资产，以及迁建导致的停产停业损失。具体来看，按照《移民安置条例》所规定的补偿原则，评估资产范围应该包括，按原规模和原标准改建、迁建所需的征地、设备迁建补偿费、房屋及设施重置费、搬迁费、防护工程投资、场地平整费、流动资产以及停产损失补助费。

2. 搬迁（或关闭）企业的资产补偿评估方法的选择

确定搬迁（或关闭）企业的资产补偿评估方法是评估资产价值的技术规程和方式，同时也是资产评估活动中的重要环节。根据《资产评估操作规范意见（试行）》和《国有资产评估管理办法》规定，资产评估的基本方法有重置成本法、收益现值法和现行市价法，由于资产评估目的和生态补偿政策规定性不同，适用的资产评估方法也不同，因此在对搬迁（或关闭）经营企业进行资产补偿评估时，首先要确定资产评估方法，然后才能选择相应的评估途径，从而避免损害资产变动一方的经济利益。

由于搬迁（或关闭）企业所处的水源地保护区通常是经济不发达的地域，类比参照物难以选择，而且其资产大多属于特定目的和类别设计的，资产收益相对较低，另一方面补偿的目的在于搬迁复建，并不涉及企业资产清算、技改等资产损失，且纳入补偿范围的企业其复建新址的地形地质条件与旧址基本相似或相同，因此水源地保护区的搬迁（或关闭）企业资产评估适宜采用重置成本法。由于重置成本法充分考虑了资产的重置价和应计损耗，具有一定的公平性、科学性和实用性，在搬迁（或关闭）企业资产评估实践中具有极大的现实意义。我国的《移民条例》中规定，对受淹工矿企业的资产补偿要按照其原规模和原标准建设的重置价格进行补偿。因此对搬迁（或关闭）企业进行补偿投资评估时，不应采用清算价格标准或收益现值标准，而应采用重置价格标准，且其成本、费用、税金、利润等各项价格构成因素根据移民补偿政策决定是否取舍。① 另外，还要注意应用重置成本标准必须符合资产已完成了购建过程，或者需追加投资才具有运营的可能性等资产投入前提条件。②

本研究采用重置成本法对水源地保护区搬迁（或关闭）企业进行资产补偿评估。所谓重置成本法，是一种以资产的现时完全重置成本减去贬值或应扣损耗，以此来确定被评估资产价值的方法。“重置”是指重新建造、制造或在现行市场上重新购置。重置成本又称重置全价，是按评估基准日的价格水平，根据重新购置或建造与被评估资产的形态、功能完全相同或类似的全新资产，所需的全部直接费用和间接费用，包括买价、运杂费、安装调试费等成本在现行市场条件下所需的费用。因此在对这一类企业进行资产补偿评估，就是以重置成本为计价基础评估资产价格的标准，即根据搬迁（或关闭）企业补偿是按原标准、原规模、恢复原有生产能力的原则，在现行市场条件下重新购建一个与原资产具有相同材料、设计结构、技术条件和建造标准等全新状态的评估对象所需的成本。其中固定资产重置成本是其客观成本，它是一个地区该类固定资产的社会平均成本，不是简单的资产实际购置价或建造

---

① 项和祖，周运祥．三峡库区受淹工矿企业补偿投资评估实践［J］．人民长江，1998，29（4）：10-11，45.

② 张华忠，赵时华，黄德林．三峡库区受淹工矿企业补偿评估目的及估价标准探讨［J］．人民长江，1994，28（4）：11-12，46.

工程价形成的单个成本。① 这种方法在实际评估中，是按评估基准日的价格水平，除扣除设备实体性贬值外，其余固定资产各项贬值因素均不予以扣除，这对于利益受损企业来说更加合理，体现了我国移民安置政策在对利益受损企业补偿方面的政策优惠。

重置成本可分为复原重置成本和更新重置成本，由于以复原重置成本为估价标准更能客观真实、公正合理地反映企业资产搬迁损失程度，因此更适合用于对关闭工矿企业的资产补偿评估，不过无论采用哪种评估标准，评估机构都要秉承公平、合理的宗旨，在评估操作中充分考虑当地的实际情况进行合理调整。② 重置成本法包括重置核算法、功能价值法、物价指数法等，重置核算法一般适用于评估建筑物、大中型机器设备等；功能成本法一般用于评估整体资产，其基本思路不是重置资产，而是重置功能；物价指数法在清产核资中广泛应用，是应用资产价格变动指数估算重置价格的一种方法，物价指数法操作简单，要求原始成本要真实、准确，由于水源地保护区搬迁（或关闭）企业固定资产形成不规范，有的企业房屋评估重置全价远高于正常情况下价格指数，而且还可能存在企业固定资产申报不实等情况，在企业账面资产原值的可靠性存疑情况下就不适宜采用物价指数法，一般来说重置核算法是主要的评估方法。

3. 搬迁（或关闭）企业资产补偿评估的估价标准确定

通常来说，一个企业的资产可分为有形资产和无形资产两大类。有形资产是指诸如固定资产、资源性资产、流动资产、长期投资等具有实物形态的资产；无形资产是指不具有实物形态，而是由特定主体控制的，诸如专利权、商标权、土地使用权等对企业的生产经营活动长期发挥作用，并能带来经济利益的资源。因此，在对水源地保护区搬迁（或关闭）企业的资产进行补偿评估时，就需要根据国家的法律、法规，全面考虑影响补偿标准的各种因素，并合理确定补偿标准的方法。那么，搬迁（或关闭）企业的资产补偿评估标准应该包括固定资产补偿价格、流动资产补偿价格和停产损失补助，具体包

---

① 周志勇，黄小敏．三峡库区受淹工矿企业补偿投资评估［J］．人民长江，2007，38（12）：60-62.

② 张华忠，赵时华，黄德林．三峡库区受淹工矿企业补偿评估目的及估价标准探讨［J］．人民长江，1994，28（4）：11-12，46.

括：房屋及附属建筑物补偿费、占地补偿费、机器设备补偿费、生产设施补偿费、基础设施补偿费、搬迁运输费和停产损失补偿费等，公式如下：

搬迁（或关闭）企业生态补偿额=固定资产补偿价格
+流动资产补偿价格+停产损失补助

（1）固定资产补偿价格

固定资产是指实体形态和属性在长期参加生产过程中不发生改变的劳动资料。搬迁（或关闭）企业的资产损失主要是固定资产，对其进行资产评估是单向资产评估的一部分。从评估的角度考虑，可分为土地及基础设施、房屋及设施、机械设备等。

根据搬迁（或关闭）企业补偿是按原标准、原规模、恢复原有生产能力的原则，如果企业的固定资产不能搬迁复建（本研究称之为一次性补偿企业），则以其复原重置成本为评估补偿标准；如果企业的固定资产可以搬迁复建（本研究称之为迁建补偿企业），则按其拆卸、运输、安装调试及搬迁损失等费用为补偿标准。在具体操作中，固定资产补偿评估首先要根据不同类型固定资产逐一评定其重置折余价值，然后进行归类汇总，最后计算出全部固定资产的资产损失补偿价值。

①土地及基础设施补偿。对于迁建补偿企业来说，其损失补偿评估应该包括土地征用费、场地平整费和供水、供电等生产生活条件复建的费用。这些费用可以按重置成本标准，以淹没实物指标为基础来估算。对于迁建补偿企业，一般来说其新址用地也是由政府等面积提供，是一种以地换地的形式，这就不存在对企业补偿土地征用这一项费用。对于一次性补偿企业来说，根据《移民安置条例》中的规定，其损失补偿评估应该包括土地征用费和使用权价值。企业征用费应该按照征用土地的补偿价格，并根据土地使用证上面批准的用地面积进行评估，其中征用土地标准包括土地补偿费、土地附着物补偿费和安置补助费。如小浪底库区受淹工矿企业的占地补偿标准是按照全库区旱地平均亩产值的 7 倍来补偿的，场地平整费 400 元/亩，补偿标准 3080 元/亩，合计 3480 元/亩。①

②房屋及设施补偿。搬迁（或关闭）企业的房屋及设施资产补偿评估，

① 游建京．黄河小浪底水库淹没企业补偿研究［D］．南京：河海大学，2005.

包括企业生产生活用房和附属设施、在建工程等。重置成本法是常用的评估受淹企业房屋资产补偿的方法，这种方法以“三原”迁建为目标，能够比较客观地反映受淹企业房屋资产的重置全价和应计损耗。这种方法是从建筑物的再建造或投资的角度，来估算受淹企业房屋在全新状态下的重置成本，包括在建设过程中发生的土建、装修、公用安装工程价格及附加税费。有时候为了与非企业的普通房屋建筑的补偿口径一致，以避免补偿安置纠纷，普通的房屋建筑也不列入评估范围，而是按照统一规定进行补偿。企业房屋建筑物的资产补偿评估计算公式如下：

$$\text{企业房屋建筑物补偿评估价值} = \text{资产重置价值} \times \text{成新率}$$

成新率是根据企业房屋建筑物已使用和尚可使用年限，以及房屋现行完损程度来评定的，其计算公式如下：

$$\text{被评估企业房屋建筑成新率} = \frac{\text{尚可使用年限}}{\text{已使用年限} + \text{尚可使用年限}} \times 100\%$$

企业房屋建筑物及设施的资产补偿评估步骤为：按房屋用途和结构分类确定企业房屋建筑物及设施实物量；鉴别分析评估房屋建筑物及设施的质量状况，并估算其重置成本；估算成新率；计算确定被评估企业房屋建筑物及设施的重置价值和补偿评估价值。

③机械设备的补偿价格确定。机械设备搬迁损失的确定首先要判断该资产属于可搬迁设备还是不可搬迁设备。传统的做法是由企业申报，评估人员通过现场查勘，确定影响设备搬迁损失的因素，根据机械设备搬迁损失的性质和程度，对搬迁（或关闭）企业的机械设备搬迁损失进行评估。

迁建补偿性企业的机器设备可分为可搬迁设备、不可搬迁设备及运输工具等类型，根据机器设备的不同类型按一定计算办法分别确定损失补偿标准。可搬迁机械设备还可分为需要安装的设备和不需要安装的设备，因此需要安装的可搬迁设备损失价值核算包括计算拆卸费、安装调试费、运输费以及搬迁损失费；不需要安装的可搬迁设备损失价值核算包括调试费和拆卸费。闲置的需安装设备不考虑其安装调试费。不可搬迁设备是指那些拆卸搬迁后失去使用效能或者无法整体搬迁的设备，应该按重新购置安装该设备的重置成本全价全额补偿，包括购置费、运费和安装调试费，运输工具不计入补偿。在对黄河小浪底水库淹没企业的机械设备资产补偿评估时，安装调试费率按

6%计取，设备的运杂费率按4%计取。① 另外，企业由于技改因素发生的设备强制更新、淘汰等产生的费用，不在淹没补偿中考虑。不采取迁建方案的企业，需要对其进行一次性补偿企业，这种情况下，不需要区分机械设备是否可搬迁，其机械设备损失补偿评估价值为②：

机械设备损失补偿评估价值=资产重置全价×成新率-设备变现净值

机械设备的资产补偿评估步骤为清点核实现场机械设备，包括名称、规格、型号、出厂日期以及关键技术参数等；明确机械设备的运行参数、故障率等使用情况；从实物形态、技术性能和迁建条件等方面，分析鉴定设备搬迁损失性质和程度；计算机械设备的重置成本；对机械设备的成新率及评估价值进行测算。

（2）实物形态流动资产搬迁费

流动资产是指能够在一个营业周期内变现或者运用的资产，包括货币资金、短期投资和实物形态流动资产等。货币资金等其他流动资产没有淹没损失，实物形态流动资产具有物质实体，如存货等，是需要对其进行资产评估的。存货包括为生产或销售而储备的商品、原材料、产成品、半成品、燃料、包装物等。对实物形态流动资产进行资产补偿评估时，需要考虑的因素包括实物特征以及搬迁难易程度等。根据目前的移民规范，对实物形态流动资产的补偿评估并不是其自身的价值，而是对其搬迁费用的补偿。③ 因此，对于选择迁建方案的企业，其实物形态流动资产的补偿评估价值应该包括搬迁费用、装卸费用、包装费用、合理运输损耗和保险费；而对于不选择迁建方案的企业，其实物形态流动资产的补偿评估价值可计算为：

补偿评估价值＝重置价值×成新率－变现价值＋变现费用

另外需要注意的是，由于实物形态流动资产是流动性很强的资产，为了防止企业在补偿评估中故意囤积存货以获取更多补偿金，建议按照满足企业正常生产所必需的存量进行补偿评估，而对于有行业规定最低储量的，则按

---

① 游建京．黄河小浪底水库淹没企业补偿研究［D］．南京：河海大学，2005.

② 张战烽．库区淹没企业价值的评估［J］．中国资产评估，2005（3）：41-44.

③ 周志勇，黄小敏．三峡库区受淹工矿企业补偿投资评估［J］．人民长江，2007，38（12）：60-62.

照其行业规定进行补偿评估。①

（3）停产损失补助

为了保证搬迁（或关闭）企业在安置后保持原有标准且其职工生活水平不降低，不仅要对其进行合理的资产补偿评估，而且还要对其由于迁建而发生的停产损失进行客观的补偿评估。停产损失评估是对搬迁（或关闭）企业进行资产评估及补偿投资计算的一个重要组成部分，停产损失评估的正确与否，直接影响搬迁（或关闭）企业的合法利益和国家的补偿投资，因此对其评估和计算方法的研究不可忽视。

停产损失是指企业在合理停产期内不能生产，但仍然发生的管理费用、支付的员工工资以及其他费用。有的学者认为淹没企业的停产损失补偿投资，应是企业从停产期开始，一直到其在新址具备与搬迁有同等的生产规模、生产能力、工资水平和经营效益情况下的迁建停产期的损失补偿。② 因此，水源地保护区的搬迁（或关闭）企业停产损失应该是指假定该企业按原规模搬迁复建，在合理迁建停产期内必须发生的各项费用以及额外开支的费用，即企业在规定的基准日停产，且企业先建后迁、设备易地续用搬迁条件下，评估其在合理停产期内所需发生的各项费用。合理停产期是指根据水源地保护区生态补偿政策，在企业新址的土建等基础设施均建好的前提条件下，综合考虑企业的行业性质及企业规模等因素，同时根据企业的所有可搬迁的设备中由拆卸、搬运、安装、调试的难易程度，以及之后正常运行所需的时间来确定企业的停产期。

合理停产期与企业基建期是两个不同的概念，它主要是指在企业的土建等基础设施均建好的前提下，综合考虑搬迁（或关闭）企业的行业性质及企业规模等因素，根据该企业所有可搬迁的设备规模、控制性设备来确定，因此合理停产期的确定在停产损失评估中的争议最大。从理论上讲，合理停产期的确定与企业设备搬迁时间存在经济比较关系，基于技术的可行性和经济的合理性考虑，可以通过分析控制性设备的拆卸搬运、安装调试至正常运行

---

① 段小芳，魏鹏．水电工程建设征地企业补偿评估理论和方法探讨［J］．人民长江，2015，46（11）：100-103.

② 毛春梅，陈建明，沈菊琴，等．库区受淹企业停产损失评估与补偿计算［J］．河海大学学报，1998，26（5）：92-95.

所需的时间来确定。停产损失补助项目应包括搬迁（或关闭）企业在合理停产期间所发生的直接损失和间接损失。直接损失主要包括搬迁（或关闭）企业的职工工资和福利基金、职工教育经费以及社会保险费、工会经费、离退休人员费用、银行贷款利息支出、净利润损失项目、上缴税金、固定资产折旧、上交管理费、停产期行政管理费、企业留利及企业搬家费用等。间接损失主要是指企业在搬迁停产期或搬迁新址可能造成的声誉、企业经济效益影响和市场的丢失等无形价值。根据公平、公正和等价交换的市场经济原则，有的学者就认为应尽快将企业迁建中无形资产的损失评估纳入水利项目征地补偿中。① 由于间接损失的核算比较复杂，本研究在评估搬迁（或关闭）企业的停产损失时，主要核算其在搬迁停产期内减少的经营收入和正常发生的费用。

停产损失评估主要包括企业需要全部搬迁（或关闭）情况下的停产损失评估和企业部分需要搬迁（或关闭）情况下的停产损失评估，由于需要搬迁（或关闭）的企业大多处于水源地一级保护区，因此本章主要针对企业需要全部搬迁（或关闭）情况下的停产损失评估，其停产损失评估要按照基准日所在年份的全年月平均计算，并以整个企业为核算单位，对该企业的财务报表、有关账目进行逐项评估核实，在此基础上计算搬迁（或关闭）企业的停产损失补偿投资，具体项目如表 6.2 所示。

表 6.2　搬迁（或关闭）企业停产损失评估项目

资产损失评估项目	评估内容
工资（P_1）	以评估基准月工资总额的实有人数作为其工资计算标准。需要注意的是，工资总额的评估要以是否进入成本的工资为依据，奖金以实发数进行查核评估
福利基金（P_2）	以核实的工资总额为基数，以其 14%计为职工福利费，2%计为工会经费，1.5%计为职工教育经费

① 赵姚阳，赵谦，田华．水利工程建设征地中受影响企业迁建规划探讨［J］．人民黄河，2010，32（10）：117-118，121.

续表

资产损失评估项目	评估内容
离退休人员经费（P_3）	包括离退休金、离退休职工活动经费、离退休人员医药费，离退休金按国家和地方政府有关文件规定或参照社会统筹保险标准执行；离退休职工医药费按核定离退休职工资金总额的14%计算；离退休职工活动经费按各地的有关规定计算。可以结合劳动保险费中离退休金开支以及企业营业外离退休金，核实离退休人数及离退休金
贷款利息（P_4）	实评估基准日企业账上的实际用于流动资金贷款余额，应只限于企业从银行、信用社、合作基金会等正规渠道贷的款，其利率按基准日当年的国家法定利率标准执行
上缴税金（P_5）	即搬迁（或关闭）企业应上缴财政的各项税款，以其应上缴税金数为评估依据进行核算评估，按国家规定的税种、税率据实核算
上缴管理费（P_6）	即通常的集体企业上缴给主管部门的管理费，应该根据企业与主管部门的协议书，按评估基准月份的平均销售总额的1%~3%计算，以销售收入为依据进行核实评估
停产期管理费（P_7）	其评估是和企业的行业性质及企业规模有关系，且存在一些不确定因素，因此，评估时应综合考虑各方面的因素，认真分析，客观评估。受淹企业在搬迁中实际发生的行政管理费用的开支，按行政人员的人头计算
企业留利（P_8）	指搬迁（或关闭）企业利润分配后的企业留利，可以企业有效会计报表上的企业留利数为准，如果企业没有有效的会计报表，也可以根据企业会计账务等进行审核评定
超额利润损失（P_9）	指企业超出行业平均水平的获利能力，可采用超额收益法评估
其他损失（P_{10}）	指企业搬迁新址后带来的上述没有包括的必然损失

根据目前的移民规范，搬迁（或关闭）企业的停产损失补偿投资=单位时间企业停产损失补偿费×停产期。假定评估搬迁（或关闭）企业的停产期为T，单位时间企业停产损失补偿费为L_t，则其停产损失补偿投资P可按照下式

来计算：

$$P = L_t \times T$$

总之，为了保证水源地保护区搬迁（或关闭）企业顺利搬迁并按期恢复生产发挥效益，提高生态补偿政策的实施效率，各评估机构在补偿投资评估中要切实按照规定进行认真评估，不论有多少个评估机构参与，都要做到补偿投资评估程序明确、标准统一、操作规范和客观公正，同时还要避免和排除各级行政不公正的政策倾斜和干预等现象的干扰。企业停产损失补偿评估工作的重点在于财务报表有关账目的核实，这就要求参与评估的人员不仅具备丰富的财务知识，掌握有关资产补偿评估的理论和方法，还应该掌握水库移民方面的相关政策和法规。① 对搬迁（或关闭）企业的资产补偿评估方法应该应用于企业搬迁的全过程，同时还要成立专家工作组，对不符合规定要求的评估成果进行复评、复勘，防止国有资产流失，以防国家的补偿投资受到损失。另外还要注意，不管是迁建补偿性企业还是一次补偿性企业，除了以上固定资产和流动资产的损失之外，还有无形资产的损失，如企业经营的商誉等损失。对于一次补偿性企业来说（如关闭企业），由于其不再迁建，就意味着该企业将不再经营生产下去，那么原来的职工就面临失业，因此，对于该类企业，在核算其资产补偿评估时，还要考虑企业依法与职工解除合同给予补偿的损失。

二、生产受限制企业补偿标准

根据水源地保护区生态环境保护的相关政策要求，对水源地二级或准保护区的生产经营企业，其生产经营活动对水源地生态环境构成威胁的，需要实施限产。这种环保限产措施就意味着企业的正常生产经营秩序将受到极大影响，对于企业来说，一旦遭到限产其损失是很大的，对企业的打击将是“伤筋动骨”的。虽然从环境伦理学角度来说，这是一种企业环境责任，但是对水源地保护区企业的限产措施属于政府的环境规制政策，带有行政强制性，企业必须要履行限产责任而并非自愿，其限产行为是为了保护水源地的生态

① 段小芳，魏鹏．水电工程建设征地企业补偿评估理论和方法探讨［J］．人民长江，2015，46（11）：100-103.

环境，以维护保护区的生态平衡，因此其行为属于特别牺牲。我国新环保法确立的基本原则，就是要使经济发展与环境保护相协调，不但要把企业的权益考虑到位，同时还要考虑到社会经济的发展。因此基于公平合理原则，应该对采取限产行为的企业给予补偿，以补偿他们为维护保护区生态环境而做出的特别牺牲行为。

对于水源地保护区生产受到限制的企业，其补偿标准确定应该综合考量企业规模、行业以及受限程度等因素，其补偿标准计算公式如下：

补偿金额 = 企业生产受限前五年的平均产值 × 补偿系数 r

其中补偿系数 r 可以按照典型计算法来确定，首先要选择典型企业，运用资产评估的方法确定该企业在限制生产情况下的损失；然后根据造成这些损失的影响因素，并通过加权平均得出不同类型生产经营企业的限产损失，以此作为同类型企业的限产损失；最后根据限产之后的损失总额与限产前产值的比值作为补偿系数，即：

r=典型企业经营受限当年的产量损失额/典型企业经营受限前五年的平均产值

其中 r 综合考量生产受限企业的规模、所属行业以及受限程度等因素下的补偿系数，且 $r \in [0, 1]$。如果企业的生产完全受限，则取值为 1，表明企业损失最大，这种情况下水源地保护区的生态环境受到的影响和破坏最小；如果无任何限制，则取值为零，表明企业无任何损失，这种情况下水源地保护区的生态环境受到的影响和破坏最大。

三、转产企业补偿标准

水源地保护区生态保护要求不适合在保护区生产经营的污染企业要进行转产，转变原有生产模式，转产到对保护区环境没有危害或者损害较小的产业。这对于企业来说，会造成经济方面的损失和非经济方面的损失，基于公平合理的原则，应该对其做出的特别牺牲给予补偿，对其补偿要综合考虑转产成本、机会成本等经济损失以及失业、行业风险等非经济损失，进行综合评估后形成补偿标准。

（一）经济损失

水源地保护区转产企业的经济损失主要包括转产成本和机会成本等。转产成本就是指转产企业退出原有行业所带来的损失，包括退出成本、中间转移成本和正常生产成本等，退出成本主要是指沉没成本，企业在转产后原有行业的生产工具由于专用性较强，使其部分或全部不能用于新行业，从而造成的成本；中间转移成本是指企业在转产过程中所需支付的中间成本，如搜寻信息的成本、学习成本以及付出的心理成本等；正常生产成本是指企业转产进入一个新的行业后，为维持正常生产所需要的投资、技术等方面的成本支出。如此，转产成本为：

$$L_1 = 退出成本 + 中间转移成本 + 正常生产成本$$

另一方面，生态补偿是由于资源在利用方式上发生利益冲突而引起的，当某种资源用于生态维护和修复时，所放弃的经济利益便是生态保护的机会成本。① 水源地保护区的企业转产后，如果其净利润大于转产前的净利润，则不会存在机会成本，但是如果其转产后产值小于转产前的情况，则存在机会成本。转产企业的机会成本可以用转产前后三年的净利润差额来计算，基本公式如下：

$$L_2 = \sum_{i=1}^{3} (R_i^f - R_i^b) / 3$$

上式中，L_2表示企业转产后的机会成本；R_i^f表示企业转产前第 i 年的净利润；R_i^b表示企业转产后第 i 年的净利润。

综上，水源地保护区转产企业的经济损失：$L_c = L_1 + L_2$。

（二）非经济损失

对水源地保护区转产企业的生态补偿核算，还要考虑转产企业的非经济损失，包括失业风险、行业风险等方面的损失。

失业风险是指由于企业转产而导致的一部分原有技术工人失业。大量的失业人员会对社会稳定造成影响，因此对于因企业转产而下岗的职工，应该给予一定的补偿并妥善安置。在苏南地区某水利工程建设征地中，安置方案中对转产企业就是根据其受影响情况和程度的不同进行了补偿，并对在转产

① 谭秋成．资源的价值及生态补偿标准和方式：资兴东江湖案例［J］．中国人口·资源与环境，2014，24（12）：6-13.

影响期内的员工给予了相应的工资补偿。① 因此，对于水源地保护区转产企业的失业风险核算应该包括工资补偿、人力资本投资和下岗补偿等。其中工资补偿就是指企业转产过程中补发员工的工资；人力资本投资是指从事新行业应具备的专业技能等方面的职业培训成本；下岗补偿是指给予那些无法从事新行业工作的职工的合理补偿与妥善安置费用。对下岗职工的安置补偿标准，可以按照《新劳动法》参照下岗或待岗职工最低生活费标准进行补偿。

第三节　水源地保护区企业经营补偿方式

合理选择水源地保护区经营企业的生态补偿方式，不仅关系到水源地生态环境保护的效果，还会影响企业的经济效益。因此生态补偿方式的选择要体现以移民为本的规划理念，不仅要充分听取企业主的安置意愿，还要注意与地方主管部门的沟通，从而制定出既符合相关政策法规又让各方满意的补偿方案。

一、资金补偿

对于水源地保护区需要搬迁或关闭的企业，可采用资金补偿的方式。资金补偿是最直接的企业安置处理补偿方式之一，补偿金额一般是根据该企业受影响的程度及自身的经营状况来确定，目前这种补偿方式的资金主要来源是政府财政转移支付，属于输血型生态补偿方式。需要注意的是，采取资金补偿方式，特别要严格控制资金流向，严防补偿资金被截留和挪用，确保补偿资金落到受影响的企业，切实发挥补偿资金在水源地保护区生态环境保护中的作用。

在实践过程中，补偿资金的投入与水源地保护区搬迁或关闭企业的资金需求相比还存在着很大的资金缺口，同时这种生态补偿方式无法解决发展权补偿的问题，因此从长远来看，对水源地保护区搬迁或关闭企业还需要不断

---

① 夏正海，余文学，瞿志斌．水利工程建设征地中受影响企业安置探讨—以苏南地区某水利工程建设征地为例［J］．人民长江，2013，44（17）：109-112.

创新造血型的补偿方式。

二、政策补偿

对于水源地保护区关停并转的企业，政府可以采用政策补偿方式，间接地对企业进行补偿。政策补偿是通过制定一系列的政策，如税收优惠、产业扶持等政策，降低水源地保护区关停并转和搬迁企业的未来建设以及生产经营成本。

（一）税收减免政策

对于按规定时间、采取变更方式进行限制生产以及转产的企业，要根据水源地保护区生态建设与环境保护特点，来制定有针对性的财政政策，如在企业限产期间及转产过程中涉及的各种税费应部分或全部减免。国外也常利用税收减免等财政优惠政策来提高企业转产的积极性，如日本就通过对行业税、所得税、公司税等税收的减免鼓励企业转产。我国在 2001 年 3 月 1 日施行的《长江三峡工程建设移民条例》第五十四条规定，对那些专门为安置农村移民开发的土地和新办的企业，依法减免农业税、农业特产农业税、企业所得税等政策优惠。又如有的地区为了鼓励企业限产或转产的积极性，实施了三年内国税减半征收、地税减免征收，以及转产后新企业各类行政事业性收费予以全部减免的政策。

（二）产业、培训等扶持政策

对限产或转产企业的产业、培训等扶持工作，需要水源地保护区相关政府部门充分发挥行业服务职能，把限产或转产企业扶持工作摆在重要位置，同时加大对企业失业人员的技能培训、劳动就业培训的扶持，以及基本养老保障和医疗保险的投入，从而减轻限产和转产企业的负担，并使失业人员能够有效就业，增加收入。当地政府部门可以通过制定有效的再就业政策，设立职业培训学校，帮助介绍再就业，从而使失业工人重新获得就业的机会。浙江省平湖市就出台了《平湖市畜禽养殖退养人员就业和社会保障工作实施细则的通知》与《关于开展 2014 年度清理违章猪舍百日会战行动的通知》，对采取转型和退养的生猪养殖的养殖场实行就业创业扶持，设立定点培训机构免费给予他们相关职业技能、创业和职业指导等方面的培训。

另外，水源地保护区当地政府还应该给予限产或转产企业相应金融支持，鼓励和引导金融机构加大服务，鼓励和加大信贷支持，从而拓宽限产或转产企业的融资渠道。政府相关部门还可以研究制定针对限产或转产企业的政府贴息贷款办法，建立专项信贷基金。同时，水源地保护区当地政府还应该建立和健全中介服务体系，建立能够为限产或转产企业提供融资、财务、经营等方面的建议的各种咨询机构，从而帮助企业获得金融机构的扶持。

三、土地置换补偿

对于水源地保护区需要搬迁的企业，还可以采取土地置换的方式，支持和鼓励企业搬离水源地，以寻求更大的发展空间。这种异地迁建的方式主要针对那些对水源地保护区生态环境有危害的企业，需要整个搬迁到新址进行复建。对于这种异地迁建的企业，当地政府要给予土地置换补偿，在异地提供与被征用面积相当的土地给予搬迁企业用来复建，并在土地使用、企业搬迁等方面给予政策优惠，从而补偿企业迁建受到的相应损失，提高受影响企业采取异地迁建的积极性。

另外，政府应该支持和奖励企业以资源节约、环境友好为导向的技术创新与应用，通过约束和激励相结合的政策，对能耗和排放量超出政府规定标准的企业进行约束，对能耗和排放量远低于政府规定标准、并为之付出了较高成本的企业，要适度给予补偿或奖励，以此来引导企业走上资源节约、环境友好的水源地保护区生态产业发展之路。

第四节　本章小结

本章首先对水源地保护区企业经营者的生态补偿范围进行了界定，然后根据水源地保护区企业经营者的三种情况，分别确定了生态补偿标准，最后选择了适合的生态补偿方式。

按照水源地保护区的要求，保护区内的企业需要进行搬迁（或关闭）、生产限制或转产，在一级保护区的企业以及在二级保护区排污企业，需要进行搬迁（或关闭），二级保护区内的企业需要进行转产或者生产限制，这些对于企业的限制行为，造成企业效益下降，需要进行补偿。

为了保护水源地生态环境，保护区内的企业需要搬迁（或关闭）、限产和转产。对于需要进行搬迁（或关闭）企业的补偿，应该对企业资产进行评估，按照评估价格进行补偿；对于生产限制的企业，其补偿标准确定要综合考量企业规模、行业以及受限程度等，确定补偿系数；对于转产企业，要综合考虑转产成本、机会成本等经济损失以及失业、行业风险等非经济损失，进行综合评估后形成补偿标准。具体补偿核算方法见表 6.3。

针对生产经营企业的生态补偿方式，可根据不同的情况来选择，对于需要搬迁或关闭企业，可采用资金补偿的方式；对于限制生产以及转产的企业，政府可以采用税收优惠、土地利用优惠等政策措施，间接地对企业进行补偿；对于搬迁的企业，可以采取土地置换的补偿方式，支持和鼓励企业搬离水源地，以寻求更大的发展空间。

表 6.3　企业经营生态补偿标准核算

补偿范围	项目	具体内容	计算公式	变量解释
搬迁或关闭企业	固定资产	土地及基础设施	包括土地征用费、土地使用权价值、场地平整费和供水、供电等生产生活条件复建的费用，对于迁建补偿企业则不存在土地征用费	
		房屋及设施	补偿评估价值=资产重置价值×成新率	
		机械设备	可搬迁设备损失价值核算包括计算拆卸费、安装调试费、运输费以及搬迁损失费；不可搬迁设备按重新购置安装该设备的重置成本全价全额补偿	
	实物形态流动资产	补偿评估价值=重置价值×成新率−变现价值+变现费用		
	停产损失	$P = L_t + T$		T 为企业的停产期，单位时间企业停产损失补偿费为 L_t

续表

补偿范围	项目	具体内容	计算公式	变量解释
限产企业	补偿金额＝企业经营受限前五年的平均产值×补偿系数			
转产企业	经济补偿	$L_c = L_1 + L_2$		L_1为转产成本；L_2为机会成本
	非经济补偿	包括失业风险、行业风险等方面的损失		

第七章　水源地保护区居民生活生态补偿

由于水源地保护区大多处于偏远地区，经济本来就不发达，各级保护区设立后又分别对其范围内的居民提出了各种限制要求，这在一定程度上不仅影响了各级保护区当地的社会经济发展，而且对保护区居民生计可持续性也带来了很大的影响。从生态环境保护的外部性和公平合理的原则来看，应为此获得相应补偿。

第一节　水源地保护区居民生活生态补偿范围

一、水源地保护区设立后当地居民家庭收入变化情况

水源地保护区是为了修复和维护水源地这一主体功能区生态环境而设立的，2008 年国家修正的《水污染防治法》中对水源地各级保护区内的行为规范做了详细规范，这些行为规范对各级保护区的居民生产生活带来了不同程度的影响，影响最大的是一级保护区。通过课题组实地调研还发现，级别越高的保护区，由此带来的影响就越大。因此在研究水源地保护区居民的生态补偿方案时，首先要了解水源地保护区设立和生态补偿政策的实施之后，保护区利益受损的居民家庭收入是否受到了影响，这是完善当前生态补偿政策的重要依据之一，对于制定和完善相关生态补偿政策有着积极的作用。

本章的分析数据来源于课题组成员通过对样本水源地保护区进行实地调

查获取的处于一级、二级和准保护区的645份有效问卷数据，利用SPSS 22.0对问卷数据进行分类汇总，分析设立水源地保护区之后当地居民的家庭收入变化情况。

（一）设立水源地保护区必要性与家庭收入变化关系分析

利用SPSS 22.0对设立水源地保护区的必要性与家庭收入变化进行交叉分析，发现二者之间存在显著的关联关系。具体从表7.1来看，从家庭收入变化来看，家庭收入增加的被调查者中，认为“非常有必要”设立保护区的占46.7%，认为“有必要”设立保护区的占46.7%，在这一问题上认为“一般”的占6.6%，这说明设立保护区后家庭收入增加的被调查者中，大多数认为设立保护区是非常有必要的和有必要的。家庭收入减少的被调查者中，大多数认为“有必要”设立保护区，占比76.3%，这说明由于设立保护区而导致收入减少的被调查者，虽然收入有所下降，但是对保护区的设立持有积极的态度。家庭收入不变的被调查者中，认为“有必要”设立水源保护区的占68.8%，这说明这部分被调查者，对保护区的设立同样持有积极的态度。另外从图7.1可以看到，设立保护区之后，家庭收入减少的被调查者对设立保护区的态度是积极和支持的。

表7.1　设立水源保护区后居民家庭收入变化情况

设立保护区的必要性		家庭收入变化			合计
		增加	减少	不变	
非常必要	计数	21	58	67	146
	设立水源地保护区的必要性中的%	14.4%	39.7%	45.9%	100.0%
	家庭收入变化中的%	46.7%	15.4%	29.9%	22.6%
有必要	计数	21	287	154	462
	设立水源地保护区的必要性中的%	4.6%	62.1%	33.3%	100.0%
	家庭收入变化中的%	46.7%	76.3%	68.8%	71.6%
一般	计数	3	29	3	35
	设立水源地保护区的必要性中的%	8.6%	82.8%	8.6%	100.0%
	家庭收入变化中的%	6.6%	7.7%	1.3%	5.4%

续表

设立保护区的必要性		家庭收入变化			合计
		增加	减少	不变	
不太必要	计数	0	1	0	1
	设立水源地保护区的必要性中的%	0.0%	100.0%	0.0%	100.0%
	家庭收入变化中的%	0.0%	0.3%	0.0%	0.2%
不必要	计数	0	1	0	1
	设立水源地保护区的必要性中的%	0.0%	100.0%	0.0%	100.0%
	家庭收入变化中的%	0.0%	0.3%	0.0%	0.2%
合计	计数	45	376	224	645
	设立水源地保护区的必要性中的%	7.0%	58.3%	34.7%	100.0%
	家庭收入变化中的%	100.0%	100.0%	100.0%	100.0%

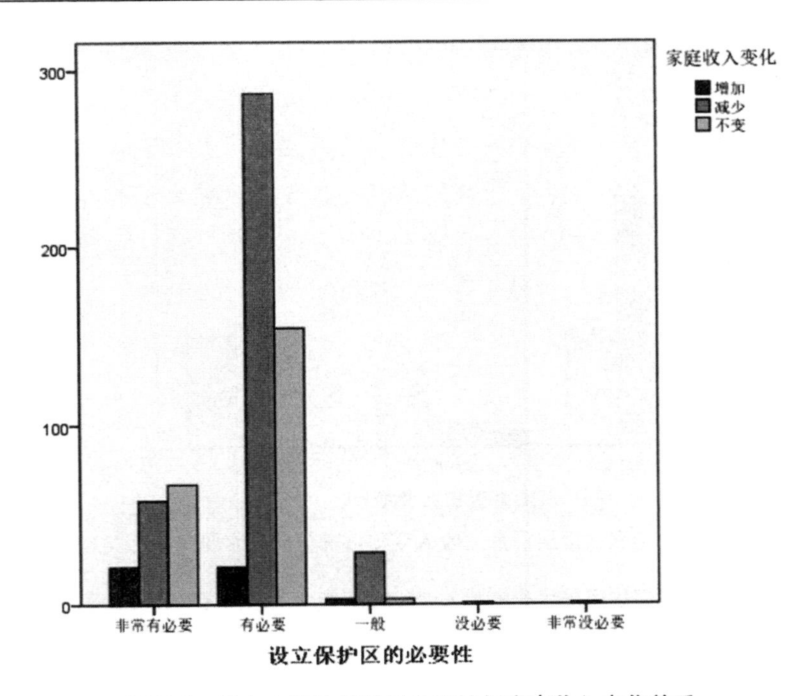

图 7.1　设立水源地保护区必要性与家庭收入变化关系

（二）家庭收入变化与所处水源地保护区类型关系分析

利用 SPSS 22.0 对被调查者所处水源地保护区类型与家庭收入变化进行交叉分析，发现二者之间存在显著的关联关系。具体从表 7.2 的数据分析来看，处于一级保护区的被调查者中，其家庭收入增加的仅有 6.4%，减少的有 75.1%，18.5%的家庭收入没有变化；处于二级保护区的被调查者中，其家庭收入不变的占比 66.3%，减少的占比 19.8%，只有 14.0%的家庭收入增加了；处于准保护区的被调查者中，其大多数家庭收入不变，占比 87.1%，收入增加的占比 3.2%，收入减少的占比 9.7%。从条形图 7.2 可以很明显地看到，设立水源地保护区之后，对处于一级保护区的居民家庭收入影响最大，大多数居民的家庭收入减少了，对处于二级保护区和准保护区的居民家庭收入影响相对较小。

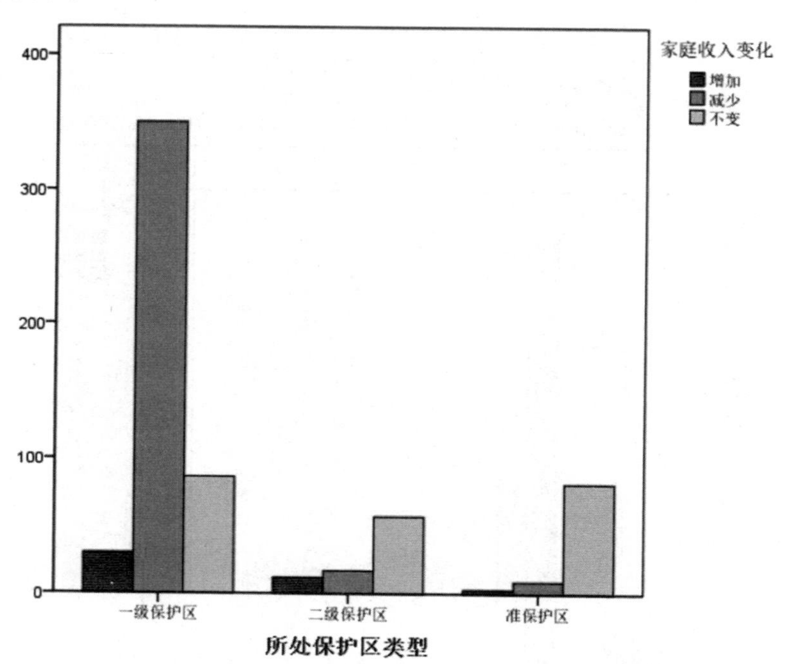

图 7.2　水源地保护区居民家庭收入变化情况与所处水源保护区类型关系

表 7.2　保护区居民家庭收入变化与所处水源保护区类型交叉表

家庭收入变化		水源地保护区类型			合计
		一级保护区	二级保护区	准保护区	
增加	计数	30	12	3	45
	家庭收入变化中的%	66.7%	26.7%	6.6%	100.0%
	所在保护区类型%	6.4%	14.0%	3.2%	7.0%

续表

家庭收入变化		水源地保护区类型			合计
		一级保护区	二级保护区	准保护区	
减少	计数	350	17	9	376
	家庭收入变化中的%	93.1%	4.5%	2.4%	100.0%
	所在保护区类型%	75.1%	19.8%	9.7%	58.3%
不变	计数	86	57	81	224
	家庭收入变化中的%	38.4%	25.4%	36.2%	100.0%
	所在保护区类型%	18.5%	66.3%	87.1%	34.7%
合计	计数	466	86	93	645
	家庭收入变化中的%	72.2%	13.4%	14.4%	100.0%
	所在保护区类型%	100.0%	100.0%	100.0%	100.0%

（三）家庭收入变化与对现有补偿标准满意度的关系分析

利用SPSS 22.0对现有补偿标准满意度与家庭收入变化进行交叉分析，结果发现二者之间存在关联关系。从表7.3和图7.3可以看出，设立水源保护区之后，对现有生态补偿标准不满意被调查者中，大多数是家庭收入减少的，占比73.4%；对现有生态补偿标准满意的被调查者中，主要是家庭收入不变的群体，占66.5%。从另一个角度来看，家庭收入增加的被调查者中，有71.1%的被调查者表示对现有生态补偿标准满意；家庭收入减少的被调查者中，有93.9%的被调查者表示对现有生态补偿标准不满意；家庭收入不变的被调查者中，对现有生态补偿标准满意和不满意的占比基本持平。这说明，家庭收入的变化会影响到他们对现有补偿标准的满意度。

表7.3 家庭收入变化与对现有补偿标准满意度交叉表

	家庭收入变化	对现有补偿标准满意度		合计
		满意	不满意	
增加	计数	32	13	45
	家庭收入变化中的%	71.1%	28.9%	100.0%
	对现有补偿标准满意度中的%	19.5%	2.7%	7.0%

续表

	家庭收入变化	对现有补偿标准满意度		合计
		满意	不满意	
减少	计数	23	353	376
	家庭收入变化中的%	6.1%	93.9%	100.0%
	对现有补偿标准满意度中的%	14.0%	73.4%	58.3%
不变	计数	109	115	224
	家庭收入变化中的%	48.7%	51.3%	100.0%
	对现有补偿标准满意度中的%	66.5%	23.9%	34.7%
合计	计数	164	481	645
	家庭收入变化中的%	25.4%	74.6%	100.0%
	对现有补偿标准满意度中的%	100.0%	100.0%	100.0%

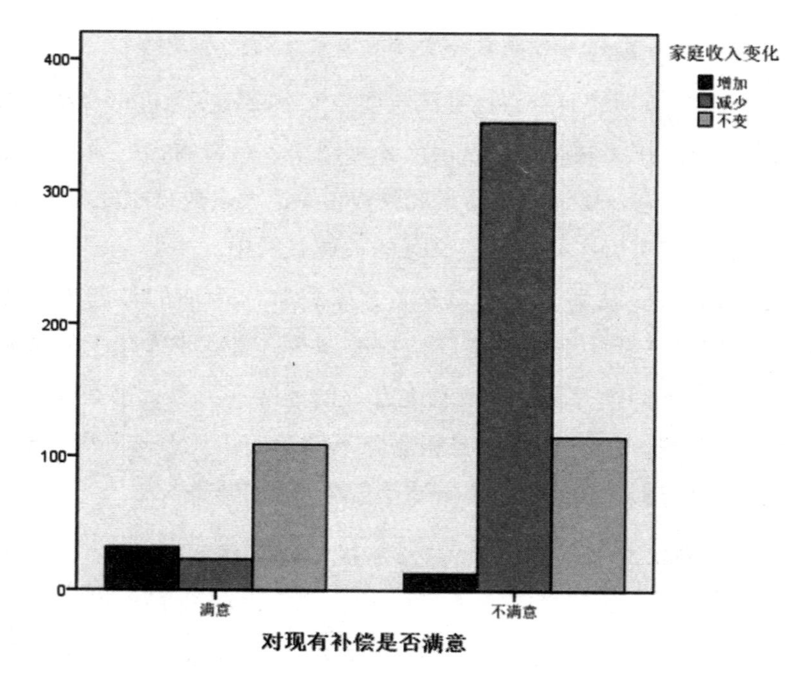

图 7.3　家庭收入变化与对现有补偿标准满意度关系

结合表 7.1 和图 7.2 可以看出，保护区设立后对水源地居民的生产生活造成了影响，直接影响就是家庭收入的减少，其中对处于一级保护区居民的家庭收入影响最大；同时，家庭收入减少的居民，其对现有生态补偿标准不满意程度最高。第三章表 3.6 也显示被调查者最近一年的家庭年收入对其生态补偿满意度有着极其重要的影响，家庭年收入与他们对现有生态补偿的满意程度呈正相关关系。因此从以上分析来看，需要针对保护区的不同居民类型，以及保护区设立之后对其生计影响程度和受偿意愿，确定补偿范围，从而制定公平合理的生态补偿标准。

二、对居民生活进行生态补偿的补偿范围

导致水源地生态环境恶化的因素除了工业企业废水废渣等之外，还有一个主要因素就是保护区周围居民的生活污水排放、化肥农药的使用等所产生的污染物。生活污水包括厨房、洗涤室、浴室等排出的污水和厕所排出的粪便污水等，人们日常生活中产生的各种污水的混合液，相对工业企业的点源污染，他们的行为属于面源污染，由于其分布面广、农村环保基础设施欠缺等原因，面源污染往往更难以防治。① 为了维护水源地的生态环境，按照水源地保护区管理办法，对于在一级保护区居住生活的居民实施搬离的措施，并统一规划安置，并且对居住于二级保护区和准保护区的居民生活提出了限制性要求。由于水源地保护区的设立以及生态环境保护的相关措施，给处于保护区的居民带来了生计资本下降和生活不便等问题，基于公平合理原则，应对他们为生态环境保护做出的牺牲给予补偿，对于保护区的居民分为生态移民和生活受到限制的居民两类。

（一）生态移民

为了保护水源地的生态环境，水源地需要实施一些必要的防护性水利工程，同时根据生态保护要求，一级保护区内不允许有生产、生活等活动，于是居住于该区域范围的居民就不得不迁移。根据第二章对生态移民的界定可知，水源地保护区生态移民是指由于处于一级保护区范围以及水库扩容等原因，所涉及的居民不能在原来的地方生活，需要搬离原有住所的一部分居民。如三峡水库生态移民达到 130 余万人，移民数量庞大，如果出现安置资源不

---

① 郑文莉．我国农业环境灾害的经济损失评估［D］．西安：西北大学，2008.

足、安置质量不高等问题，就会导致移民生产、生活以及就业等困难，容易诱发社会矛盾。因此，要保障生态移民在迁入地的生计问题，让移民“迁得出、稳得下、富起来”，避免移民社会冲突的发生，就要通过生态补偿政策，不断增强他们抗风险的能力，并修补迁移中受损的生计能力，降低生计脆弱性，从而降低生态移民返迁和导致新的生态破坏的概率，这对于构建和谐社会和可持续发展具有深远的意义。

（二）生活受限

生活受限居民是指在水源地二级保护区和准保护区范围居住的人群，由于保护水源地的生态环境，其传统的生活方式和生计策略被禁止或受到限制，如禁止砍伐薪柴、狩猎、采集等行为，以及不能乱扔垃圾，需要对生活污水和人畜粪便等进行合理处理，增加相应环保处理设备等。为了保护水源地生态环境，保护区内的生活受限居民做出了特别牺牲，基于公平原则，理应对这些受损居民进行补偿。只有这样，才能避免水源地保护区居民越来越贫穷，而受益区越来越富的“马太效应”。

第二节　水源地保护区居民生活补偿标准

由于水源地保护区大多处于偏远地区，经济本来就不发达，各级保护区设立后又分别对其提出了各种限制要求，这在一定程度上不仅仅影响了各级保护区当地的社会经济发展，而且对保护区居民生计可持续性也带来了很大的影响，因此科学合理地核算生态补偿标准是水源地保护区生态移民和生活受限居民的可持续生活保障，也是维护社会和谐与公平的重要途径。

一、生态移民补偿标准

水源地一类保护区内的居民需要进行生态移民，生态移民的补偿标准要综合参照移入地的居住、生活标准以及移出地的收入水平和生活水平，确立补偿标准。水源地保护区的居民，为保护水源地对生活进行限制，需要进行包括生活方式改变、就业转业训练及辅导等无形补偿，以及控制非点源污染的设施建设等有形补偿。

（一）生态移民补偿政策实施现状

根据水源地保护区生态环境保护的相关政策要求，处于一级保护区内的居民需要进行生态移民，从而减轻保护区的生态环境压力和水库扩容等水利工程的建设。生态移民是由水源地保护区划定之后根据相关水源地生态保护政策约束这一外部力量推动下而形成的非自愿移民，这种移民类型往往涉及大规模的整村、整乡、甚至整县的人口迁移，并且其社会经济系统的重建具有复杂性。从目前来看，经济收入水平低、生活条件差是水库移民比较普遍存在着的遗留问题，如果在短期内这些生态移民所承受的经济损失不能得到足额的补偿，恢复经济的能力就会丧失，从而陷入贫困的恶性循环的泥潭，导致“移民边缘化”。

为了水源地保护区的生态系统不再遭受人类生产生活的继续破坏，并得以恢复和重建，处于一级保护区范围内的居民需要进行生态移民，而生态补偿政策实施的效果如何，主要是看这一部分生态移民搬迁后其生活水平是否得到了改善，如果没有得到改善，已搬迁者可能会回迁，产生移民回流现象，而未搬迁者也不会选择迁移，而生态移民搬迁之后的收入水平是衡量其生活水平的重要指标之一。

世界银行在水库移民研究报告中指出，生态移民不仅在经济上遭受了巨大损失，在精神上同样遭受了损失。有的学者从三个维度具体描述分析了三江源生态移民从游牧散居到城镇定居的文化变迁，认为文化变迁是一种全方位、大跨度的“剧烈变迁”，包括物质文化、制度文化和精神文化这三个层面的文化失调。① 水源地保护区生态移民属于典型的非自愿移民，非自愿移民是一个复杂而艰难的过程，并且在经济上和精神上都带来了很大风险，具有很强的外部性，如果处理不好，就会导致移民陷入贫困。还有学者认为移民个体作为生态移民系统的重要组成部分，是主要的利益相关群体，他们从原居住地搬迁出来，导致其原来的生产生活、文化习俗都发生了转变，因此移民的生存发展权、财产补偿权、教育权和政治权利等基本权利保障，他们有权

---

① 韦仁忠．草原生态移民的文化变迁和文化调适研究——以三江源生态移民为例［J］．社会学，2013（1）：50-54.

去索取，这也是构建和谐生态移民工程的前提条件，同时也是构建和谐社会的必然条件。①

从生态移民安置政策实施效果来看，生态移民从生态脆弱地区迁出，使这些地区的生态环境得到改善和恢复，移民户理应得到适当的补偿和合理的安置。② 水源地保护区生态移民安置指的是政府或有关征用方在对保护区展开公益征收后，在安置地配置给生态移民一定生产和生活资源的过程。从绝对福利和相对福利相结合出发，水源地保护区生态移民的妥善安置是我国水利工程移民政策的重要内容和追求的工作目标，指的是给予保护区生态移民所配置的资源，在质量和数量上所应该达到的水平或程度，有的学者就主张使水库移民的生活、生产尽快达到甚至超过搬迁前的水平，移民安置的终极追求就是要保障和改善水库移民的福利水平。但是在实际操作中，生态移民财产损失和机会成本被低估，而且他们的心理成本被完全忽视。③

（二）生态移民补偿标准确定

生态移民的补偿标准问题是水源地保护区移民政策的核心，而补偿多少，取决于对他们的损失进行科学的评估，从而使他们能够得到合理的补偿。对于处于水源地保护区内的生态移民，其补偿标准的核算需要综合参照移入地的居住、生活标准以及移出地的收入水平和生活水平，从直接经济成本和非经济成本两方面来核算。

1. 直接经济成本

生态移民的直接经济成本包括经济成本和安置补助费，其中经济成本主要是土地经济价值补偿费，安置补助费包括移入地房屋重建、搬家运输以及过渡期补贴等成本。土地、草场是生态移民的主要生活依靠，一旦失去土地，他们就会面临生存危机。因此在生态移民的迁入地，要给予移民足够的土地或其他谋生资源，以保障移民生活的可持续性。

依据现行法律和政策，对生态移民的土地补偿费采用的是不完全补偿原

---

① 郑瑞强，施国庆，毛春梅．库区征地补偿测算模型初探［J］．人民长江，2007，38（8）：147-149.

② 刘学敏．西北地区生态移民的效果与问题探讨［J］．中国农村经济，2002（4）：47-52.

③ 谭秋成．关于生态补偿标准和机制［J］．中国人口·资源与环境，2009，19（6）：1-6.

则，是按照征地补偿的倍数来计算的，而安置区也是以淹没区土地征收补偿款为基础的，体现的是“以土地换土地”原则，而这种定价方法忽视了征收土地、安置土地的价值差异，无法保证移民在迁入地仍能达到原有的生活水平，更无法获得福利改进。因此，对于生态移民的土地补偿标准应该按照市场交易价格来补偿，并逐步实现征地的完全补偿，这样有利于移民在迁入地能够通过土地流转等方式，获得与迁出地等质等量的承包地，从而实现移民的农业安置，促进移民土地资源的优化配置。具体操作上，可参照我国土地分等定级、基准地价等，不再以产值为标准，而是综合考虑供需、区位等相关因素以地价为标准来确定，从而使农用地地价与城市地价一样逐步走向规范化。因此对于生态移民土地方面的补偿标准可以按照以下公式来计算：

$$V_{补} = \Delta V - S$$

$$\Delta V = (a_{入} - a_{出})/r$$

式中 $V_{补}$表示对生态移民的土地补偿标准；ΔV 表示生态移民迁入地与迁出地在土地收益上的差额；$a_{入}$、$a_{出}$分别表示生态移民迁入地安置土地和迁出地原有土地的年纯收益；r 是土地的收益还原利率；S 为政府给予的征地补贴。如果迁入地的土地质量比生态移民原有土地质量好，则不需要进行补偿；如果迁入地的土地质量比生态移民原有土地质量差，则需要进行补偿。

综上，对于水源地保护区生态移民的直接经济损失补偿包括：土地经济收入差额和安置补偿费，具体计算公式如下：

$$V_D = V_{补} + V_{安}$$

2. 非经济损失

生态移民为水源地保护区生态环境做出的特别牺牲最大，移民要失去原居住地的土地和房屋，同时还要离开原来的居住环境甚至离开故土到陌生的环境生活，这对移民来说其生存发展权、教育权、迁徙自由权、财产补偿权等多种权利可能难以得到保障。因此，生态移民搬迁不仅会给他们带来直接经济损失，还会给其带来无形的非经济损失。

生态移民的非经济损失主要表现在几个方面：一是生态移民的搬迁会破坏其原有社会关系网络，而在迁入地新环境下又难以融入当地的社会关系网络中去，新的社会网络难以建立，这就导致移民的抗风险的能力显著下降。

从我国的社会关系状况来看，家族关系和邻里关系是维持生产和生活的重要社会资本，具有一定的社会安全和保障意义。二是由于要迁移到新的地点，移民就要面对传统劳动技能的损失，原来的技术可能会丧失它的使用价值。这部分生态移民由于世世代代生活在水源地保护区这样一个相对封闭的小环境，积累了适应当地的自然条件和生产技术，而保护区的设立要求迫使他们离开原住地，他们所掌握的一些生产技术会因为无法适应迁入地的需要而丧失其价值，由此影响了移民在迁入地获取收入的能力。因此对生态移民的生态补偿还应该包括其血缘、人缘、地缘等社会资本损失。

二、生活受限居民补偿标准

水源地保护区设立之后，保护区居民的传统生活方式受到限制，或者被迫发生改变。根据水源地保护区生态环境保护的相关要求，为了保持保护区的环境洁净，要求居民将垃圾集中投放到垃圾桶或垃圾集中处理点、生活污水不能随意排放、畜禽粪便要经过环保处理、禁止砍伐林木及捕鱼等，这对他们的生活造成了限制和不便，因此他们为保护水源生态环境而做出了特别牺牲。在对这部分居民的生态补偿标准进行核算时，既要考虑到生活受限居民的生活方式改变、就业专业训练及辅导等方面的补偿，又要考虑控制保护区非点源污染的设施建设等有形补偿，并按照居民生活所受限制的类型，确定其需要完全补偿还是适当补偿。

第三节　水源地保护区居民生活补偿方式

选择合适的补偿方式，对于保障水源地保护区居民生计的可持续性具有重要的作用。根据水源地保护区居民的特点，可以选择资金补偿、智力补偿或其他补偿方式。

一、资金补偿方式

生态移民是一个非常脆弱的群体，对于他们来说搬离水源地保护区不仅是生产生活空间位置的变化，更多的是他们的生产、生活都将面临巨大的风险和障碍。对于迁出水源地保护区的生态移民，资金补偿方式是最直接和最常见的补偿方式，操作方便。资金补偿是通过支付货币的形式，由补偿主体向补偿客体补偿其因保护生态环境而遭受的损失，这种补偿方式是一种“输血型”补偿，由于其比较直接方便，被普遍适用于所有类型的生态补偿。资金补偿过程包含多项费用补偿，常见的有财政转移支付、损失补偿金、信用担保的贷款、减免税收或退税、补贴和贴息、开发押金、复垦费等，通过这些资金补偿的形式来体现资源利用的公平与合理。

目前，水源地生态补偿资金来源主要是通过财政转移支付、生态补偿基金、生态建设项目以及减免税收等渠道，其中政府财政转移支付仍是资金补偿方式的主要资金来源。《国家重点生态功能区转移支付办法》中就规定，要设立国家重点生态功能区转移支付。不过从以往生态移民政策实施来看，资金筹集的渠道过于单一，还存在资金不足和资金不能及时到位等问题，阻碍了水源地保护区生态移民战略的有效实施。通过实地调查发现，在生态补偿方式的选择问题上，水源地保护区大多数居民选择了现金补偿方式，原因主要有两方面，一方面是当前生态补偿主要以现金补偿方式为主，这也是较实惠的补偿方式，早已为大多数人所接受；二是其他补偿方式还处于创新和尝试阶段，比如免费就业培训等智力补偿方式，虽然目前已在多个水源地保护区开始试点，但是由于分配的就业培训名额有限以及当地居民对就业前景的疑虑和观望态度，效果欠佳。

因此，国家一方面要加强预算内各类建设基金和专项资金向生态移民安置区倾斜，要积极寻求多样化的资金筹集渠道，建立和完善生态补偿方式的相应配套措施，积极探索适合水源地保护区居民的生态补偿方式，有效地解决移民在迁入地收入较低、缺乏保障、生活困难等问题。另外，还需要改革和完善资金补偿费的发放办法，以防补偿到期或者减少后，保护区居民或生态移民的生活再次陷入困境。与此同时，要加强对生态补偿资金的监管，建立专门的生态移民财政账户，做到专款专用，使补偿资金切实用于生态移民生产生活重建和保护区居民的生活补贴等方面，并严禁地方各级政府对补偿资金的截留、挪用或占用，规范资金的管理和使用。

二、智力补偿方式

智力补偿是对水源地保护区居民开展智力服务，通过向其提供无偿生产技术咨询、培训以及技术转让和技术示范指导等，提高他们的生产技能和技术含量，并通过培养保护区的技术和管理人才，提高当地居民的管理组织水平，以此解决水源地保护区居民的生计可持续性和保护区的生态建设问题。

安居乐业对于生态移民和保护区居民来说是基础和保障，但是由于水源地保护区居民的文化水平往往较低，制约了他们的生计转型，成为其生计重建与发展的主要限制因素。尤其对于生态移民来说，移民搬迁后其受教育程度和技能水平未必能完全适应安置地的产业要求，移民受到人力资本及社会资本等方面的损失，增加了其就业成本。有的学者通过对丹江口库区后靠移民进行调查询访发现，62.5%的受访者认为移民后面临的最大问题是生活缺乏保障，而56.25%的移民认为他们最希望得到援助的是就业机会和解决生活困难。① 因此，对于水源地保护区的居民，可在教育、生活等方面采用智力培训、就业培训等形式，帮助他们提高就业能力。

智力补偿是一种“造血型”补偿方式，这种补偿方式旨在从根本上解决他们的生存发展问题。智力补偿方式包括两种：一种是对水源地保护区居民进行直接的培训，从而提高其自身能力和素质；第二种是向水源地保护区或者生态移民安置区输入高素质人才，以此来带动该地区经济社会的可持续发展。另外，还可以专门设立水源地保护区居民和生态移民创业就业指导中心，通过提供创业资金支持、培训咨询等服务，鼓励他们自主创业，从而提高其文化水平和谋生能力，克服“等、靠、要”等依赖思想。

事实上，要想使水源地保护区居民和生态移民真正脱贫致富，最终解决关键还在他们自身，只有从多方位和多层次对他们进行技术和知识培训，让他们比较系统地学习和掌握一些生产、生活的实用技术，才能将人口资源转化为人力资源，并通过自身素质和技能的提高，增强自我发展能力，从而解决可持续生计问题。因此，在水源地保护区居民和生态移民安置区开展文化

---

① 孙海兵．南水北调丹江口库区后靠移民可持续发展研究［J］．人民长江，2015，46（11）：52-55.

教育和职业技能培训，是一种有效地“授之以渔”的方式，通过提供无偿的技术咨询和指导，从根本上提高生态移民和保护区居民的文化层次和谋生能力，提高他们的生产技能、技术技能和管理组织水平，使他们逐渐放弃对原有生活方式的依赖，同时还可以通过智力补偿方式激发其参与生态保护的积极性和主动性，建立起保护区居民持续增收的长效机制，从而更好地进行水源地保护区的生态建设。

三、其他补偿方式

简单的政府补偿只能解决水源地保护区居民的生计问题，而要想加强水源地保护区居民的后期扶持力度，还需要不断创新和拓宽生态补偿的方法和途径，通过多渠道、多形式培育后续产业，建立长效增收机制，从根本上解决贫困问题。目前除了资金补偿方式和智力补偿方式之外，对于水源地保护区居民的生态补偿方式还有实物补偿、政策补偿、项目补偿、产业补偿等。

（一）实物补偿

实物补偿方式是指通过无偿地向水源地保护区居民和生态移民提供物资、劳力和土地等生产要素和生活要素，以改善水源地保护区居民和生态移民的生活状况和生产方式，增强其生产能力，保障他们的可持续生计和提高生态环境保护的效果。实物补偿有利于提高物资的使用效率，如在退耕还林（草）政策中，向水源地保护区居民和生态移民提供粮油、沼气池、生物肥、经济林树种等生产生活资料，就属于实物补偿方式。

（二）政策补偿

政策补偿方式是指上级政府对补偿客体的权利和机会补偿。上级政府通过制定一系列优先权和优惠的财政政策，在授权的权限内，为水源地保护区居民和生态移民提供更多的发展机会，从而促进其可持续发展。政策补偿方式包括财政税收、产业发展、投资项目等方面的政策，其优势是在宏观上对水源地保护区居民和生态移民的发展起到方向性的引导作用。

（三）项目或产业补偿

项目或产业补偿方式是指由国家拨出资金用于生态保护项目的建设，将补偿资金转化为技术项目，由水源地保护区所在地区来负责项目的具体实施和维护，从而促进保护区形成具有自我增长能力的发展机制。譬如说国家以水利等基础设施项目、各种生态环境保护与建设项目以及生态旅游项目开发等项目支持的形式，帮助建立有利于保护区生态环境保护的替代产业或者发展生态经济产业，使水源地保护区真正具有自我积累与发展的造血机能。我国现阶段与水源地保护区生态补偿相关的项目主要有新农村建设、节水灌溉、河道环境整治工程、污水处理厂建设、生态旅游项目开发等。

针对水源地保护区居民和生态移民的项目和产业补偿，是通过帮助保护区发展替代产业和扶持发展无污染产业的一种重新社会化的过程，是提高水源地保护区和移民安置区整体经济生活水平的主要形式。通过新农村建设，可以改善水源地保护区居民和生态移民的居住条件，减少保护区居民生产生活方式对生态环境的破坏，降低水源地保护区内的经济活动强度，从而促进水源保护和生态建设；通过开发生态旅游文化项目，可以增加水源地保护区居民的就业机会和收入，有利于形成文化资源与水源地保护区旅游产业联动的新格局，从而探索出一条具有地区特色的旅游文化发展之路。

通过科学合理地规划水源地保护区和移民安置区的后续产业项目，并结合保护区的经济整体布局和产业结构调整，帮助水源保护区发展替代产业，并搭建好低污染型产业的转移承接平台，以经济转型促进生态保护，从而促进保护区产业结构的优化升级，实施集约化和多元化发展。

从图 7.4 的分析可知，我国现有生态补偿方式还是以现金补偿为主，其他补偿方式诸如培训、技术指导等实施效果欠佳。然而，生态补偿不是救济，只是阶段性或暂时性补偿措施，因此在完善现有补偿方式的同时，要积极探索多样化的生态补偿方式，转变水源地保护区居民的现金补偿依赖性，并通过加强保护区的信息化建设，为当地居民提供可行适用的就业、技术等信息服务，比如成立专门的水源地保护区居民就业安置部门，不仅免费提供各项培训服务，而且还要定期关注他们的就业情况，建立培训安置人员档案，不断拓宽就业机会，从而打消他们的顾虑，降低对现金补偿方式的依赖。另外还可以加大对农户小额信贷服务的供给，加快民间金融机构的介入和发展，不断拓宽保护区劳动力外出务工的渠道，从而建立长效的生态补偿机制，通过选择适合水源地保护区当地情况的“造血型”生态补偿方式，提高生态补偿的效果，降低水源地保护区居民对现金补偿依赖性，最终通过生态补偿政策实现水源地生态可持续发展。

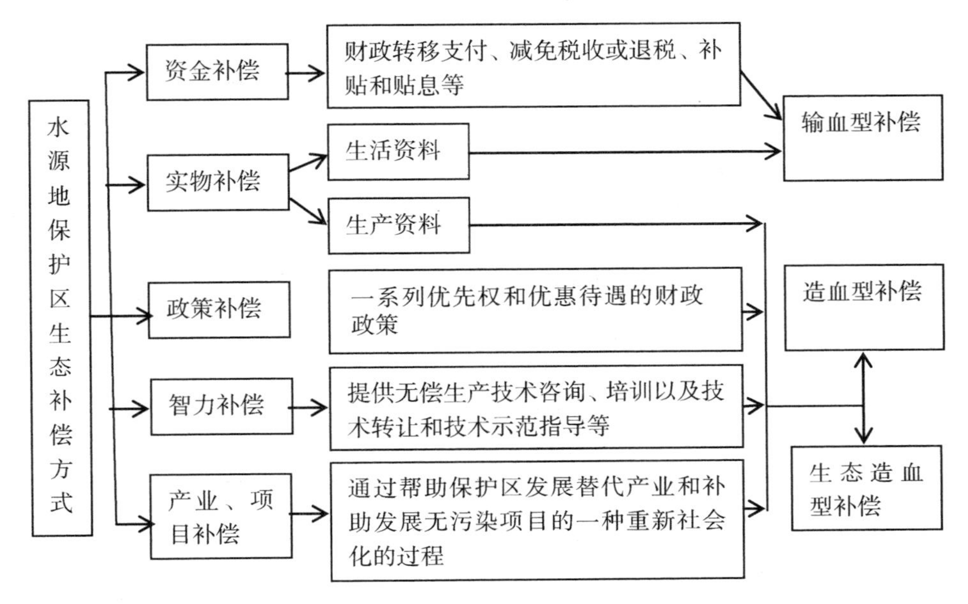

图 7.4 水源地保护区生态补偿方式

第四节 本章小结

本章首先对水源地保护区居民的生态补偿范围进行了界定，然后针对生态移民和生活受限居民两种情况，分别确定了生态补偿标准，最后选择适合的生态补偿方式。

按照水源地保护区管理办法，对于保护区的居民分为生态移民和生活限制两类，按照居民生活所受限制的类型，确定其需要完全补偿还是适当补偿。

为了保护水源地生态环境，水源地一级保护区内的居民需要进行生态移民，生态移民的补偿标准要综合参照移入地的居住、生活标准以及移出地的收入水平和生活水平，确立补偿标准；水源地保护区的居民，为保护水源地对生活进行限制，包括生活方式改变、就业转业训练及辅导等无形补偿，以及控制非点源污染的设施建设等有形补偿。具体补偿核算方法见表 7.4。

表 7.4 居民生活生态补偿标准核算

补偿范围	补偿项目	计算公式	变量说明
生态移民	直接经济损失	$V_D = V_{补} + V_{安}$	$V_{补}$表示对生态移民的土地补偿标准；$V_{安}$表示对生态移民的安置补助费。
	非经济损失	包括搬迁后的社会资本损失及其传统劳动技能的损失。	
居民生活	有形补偿	控制保护区非点源污染的设施建设等。	
	无形损失	对生活受限居民生活方式改变、就业专业训练及辅导等方面的补偿。	

针对水源地保护区居民的生态补偿方式选择，一是对于迁出水源地保护区的生态移民，采用资金补偿的方式；二是对于水源地保护区的居民可以采取智力补偿方式，在教育、生活等方面采用智力培训、就业培训等形式，减轻国家财政负担，帮助居民提高就业能力。

第八章　水源地保护区生态补偿综合效益评价

水源地保护对居民生活、社会经济的可持续发展具有重要意义。为保障水源地生态补偿机制的顺利运行，近几年国家和各地方政府相继出台并实施了多项生态补偿政策。对水源地生态补偿机制取得的综合效益进行评价，对于进一步完善生态补偿机制，促进水源地生态补偿的可持续运行具有指导意义。本章将构建水源地生态补偿综合效益指标评价体系，运用效益价值货币计量方法，以山东省云蒙湖为例对水源地生态补偿综合效益进行评价，以期为科学评价水源地生态补偿效果、分析生态补偿效益影响因素提供依据。

第一节　水源地生态补偿综合效益指标评价体系构建

一、指标评价体系的构建思路

水源地生态补偿综合效益评价是按照相应指标对水源地生态补偿的综合效益变化进行科学量化分析的过程。指标构建的整体思路可以分为以下四个阶段：

第一，明确构建该评价体系的目的。水源地生态补偿效益评价要同时兼顾生态环境、经济社会发展等多方面。通过对生态补偿的综合效益评价结果验证生态补偿在质量、数量等方面是否达到最初预期目标，找到存在的问题及其具体表现形式，为该机制的可持续性运行提供建议。

第二，确定指标体系结构。采用层次设计法来确定水源地生态补偿指标综合效益评价体系的结构框架。整个指标体系分为三个阶层，第一阶层为评价的总体效益，第二阶层为对总效益的初步归类，第三阶层是对第二阶层类别下的进一步细分。

第三，选取合适指标并确定适宜的核算方法。这是指标评价体系构建的关键步骤。在遵循科学合理、独立性及可操作性原则的前提下，根据水源地补偿的具体过程，选择最具代表性的指标。

第四，围绕指标的相关内容开展实地调研。水源地实地调查一方面是为了验证理论体系和实际情况的匹配度，对不合适的指标做出调整；另一方面可以通过调查问卷、当地资料解读等方式了解补偿机制实施的具体情况，为评价分析的后续工作做好铺垫。

二、体系设计及指标解释

本章在借鉴其他生态补偿效益评价指标的基础上，结合水源地生态补偿的特殊性，通过征询相关专家、政策实施地官员及居民等多方意见，经过反复筛选论证，最终确定水源地生态补偿综合效益指标评价体系。该体系共分为目标层、准则层和指标层三个层次，目标层为水源地生态补偿的综合效益，准则层主要从生态效益、经济效益和社会效益三个维度进行设计，指标层则是对每个维度进一步分析，细化出 15 个子指标用作具体补充，见表 8.1。

由于各地区水源地生态补偿实施内容存在差异，在指标设计时很难顾及全面，为保持水源地生态补偿总体思路的一致性，同时增强实践运作的灵活性，总目标和准则层为概括性指标，具有通用性。细化的目标层可根据实地情况稍做调整。

表 8.1　水源地生态补偿综合效益指标评价体系

目标层	准则层	指标层	指标说明
水源地生态补偿综合效益 V	生态效益 $V_{生}$	水质改善效益 V_1	水中污染物浓度的减少
		水源涵养效益 V_2	植被的固水能力
		环境净化效益 V_3	固碳释氧、吸收 SO_2、阻滞粉尘
		水土保持效益 V_4	减少水土流失、土壤固肥
		生物多样性效益 V_5	生物种类的变化

续表

目标层	准则层	指标层	指标说明
水源地生态补偿综合效益 V	经济效益 $V_{经}$	生产、生活用水效益 V_6	农业灌溉、工业用水、居民用水、娱乐用水
		种植业效益 V_7	粮食作物、经济作物、林木业
		养殖业效益 V_8	畜牧业、渔业
		旅游效益 V_9	带动旅游业的发展
		水力发电效益 V_{10}	增加发电的效益
	社会效益 $V_{社}$	就业效益 V_{11}	增加就业岗位的效益
		健康水平提升效益 V_{12}	减少疾病支出费用
		自然灾害防控效益 V_{13}	防控洪水、干旱等自然灾害的作用
		教育效益 V_{14}	提升受教育程度、就业技能等
		环保意识提高效益 V_{15}	减少农药、化肥使用量，不乱扔垃圾

第二节 水源地生态补偿综合效益指标评价方法

本研究采用效益货币计量法进行评价，这样不仅可以客观、直接体现生态效果，且操作方便、实用性强。

一、生态效益评价

水源地生态补偿的主要目的是改善流域的生态环境。本研究选取了水质改善、水源涵养等5个反映生态环境保持和改善的关键性指标，基本能够全面体现补偿的生态效益，具体评价方法如下。

（一）水质改善效益

水质改善效益主要通过补偿前后各种污染物的浓度变化幅度，再加之水质单位改善成本进行度量。

$$V_1 = -\sum_{i=1}^{n} C_i(Q_1D_i - Q_0D_{i0}) \tag{1}$$

式（1）中，V_1表示水源地水质改善效益，C_i 为第 i 种污染物改善的单位成本（元），Q_1、Q_o 分别为补偿前后水源地的水量（m^3），D_i 、D_{io} 分别为补偿前后第 i 种污染物的浓度（mg/l），因为污染物浓度与水质改善效益呈反方向变化，所以公式的结果用负号来辅正。

（二）水源涵养效益

本研究采用水量平衡法，结合水源地的特点，从林地和农田两个方面进行效益评价。

$$V_2 = v_l + v_n = (p - e - r_l)s_lc + (p - e - r_n)s_nc \tag{2}$$

式（2）中，V_2为水源涵养的总效益，v_l 、v_η 分别为林地、农田的水源涵养效益，p 为水源地的年降水量（mm），e 为年蒸发量（mm），r_l 、r_n 分别为林地、农田表面的径流量（mm），c 为水资源价格（元/m^3），s_l 、s_n 分别为补偿前后增加的林地面积、农田面积（亩）。

（三）环境净化效益

生态补偿会增加植被覆盖率，环境净化效益主要从固碳释氧、吸收 SO_2和阻滞粉尘等三个方面来考察，研究对象主要为林地。

一是固碳释氧效益，依据光合作用的原理和《森林生态系统服务功能评估规范》的相关规定，固碳释氧的总效益为：

$$V_{CO} = G_CP_C + G_OP_O \tag{3}$$

$$G_C = 1.63R_C\sum_{j=1}^{n} A_jNPP_j \tag{4}$$

$$G_O = 1.19\sum_{j=1}^{n} A_jNPP_j \tag{5}$$

式（3）（4）（5）中，V_{CO}为固碳释氧的总效益，G_c、G_o分别为林木每年固碳释氧的数量，P_C 为 CO_2 的价格（元/吨），P_O 为工业制氧的价格（元/吨），R_c为 CO_2 中 C 的含量（%），A_j 为第 i 种林地在补偿后增加的面积（hm^2），NPP_j为第 i 种树木的植物净生产力。

二是吸收 SO_2的效益：

$$V_S = P_S \sum_{k=1}^{n} A_k X_k \tag{6}$$

式（6）中，V_S为吸收SO_2的效益，P_S为消减SO_2的成本（元/吨），A_k为增加第k种林木的面积（hm^2），X_k为第k种树木单位年吸收SO_2的数量（kg/hm^2·a）。

三是阻滞粉尘的效益：

$$V_F = P_f \sum_{f=1}^{n} A_f X_f \tag{7}$$

式（7）中，V_F为阻滞粉尘的效益，P_f为粉尘的消减成本（元/吨），A_f为补偿后第f种林木的增加面积（hm^2），X_f为第f种林木的单位年阻滞粉尘量（kg/hm^2·a）。

综上分析，水源地环境净化的效益为三者效益之和，即：

$$V_3 = V_{CO} + V_S + V_F \tag{8}$$

（四）土壤保持效益

土壤保持效益从保持土壤面积和土壤蓄肥两方面进行分析。

$$V_4 = V_T + V_X \tag{9}$$

$$V_T = S_t E_t \tag{10}$$

$$V_X = (NP_1/R_1 + PP_1/R_2 + KP_2/R_3 + P_3 Y) \sum_{q=1}^{n} S_q T(M_0 - M_q) \tag{11}$$

式（9）（10）（11）中，V_4为土壤保持的总效益，V_T、V_X分别为水土流失减少的效益和土壤蓄肥效益。S_t为补偿后减少的水土流失面积（hm^2），E_t为土地的平均收益（元/亩）。土壤的蓄肥能力选取林地中N、P、K和有机质的含量为评价指标，式中N、P、K、Y分别为土壤中氮、磷、钾和有机质的含量。P_1、P_2、P_3分别为化肥磷酸二胺、化肥氯化钾和有机质的价格（元/吨），R_1、R_2、R_3分别为磷酸二胺中氮、磷的含量及氯化钾中钾的含量（%）。S_q代表补偿后增加的林地面积（hm^2），T为土壤容重（t/m^3），M_0、M_q分别为无林地、林地的侵蚀模数（m^3/hm^2·a）。

（五）生物多样性效益

该指标主要反映生态补偿对于增加水源地生物群落和数量的贡献。鉴于生物多样性测量方法的局限性，本研究采用替代市场法来核算生物多样性的效益。

$$V_5 = S_s V_s \tag{12}$$

式（12）中，V_5为生物多样性效益，S_s为因水源地生态补偿增加的植被面积（hm^2），V_s为单位植被面积增加的生物多样性价值（元/ hm^2）。

二、经济效益评价

经济效益旨在提升保护区的直接经济收益，主要从生产、生活效益和种植业效益等 5 个方面体现，具体评价方法如下：

（一）生产、生活用水效益

$$V_6 = \sum_{x=1}^{2} Q_x P_x \tag{13}$$

式（13）中，V_6为供水总效益，Q_x为实施补偿后满足第 x 种用水类型需求的供水量（m^3），P_x为第 x 种用水类型的单位供水价格（元/m^3）。

（二）种植业效益

$$V_7 = \sum_{k=1}^{n} (Q_k S_k - Q_{k0} S_{k0}) P_k \tag{14}$$

式（14）中，V_7为种植业效益，Q_k、Q_{k0}分别为补偿前后第 k 种作物的单位产量（公斤/亩），S_k、S_{k0}分别为补偿前后第 k 种作物的种植面积（亩），P_k为单位作物的价格（元/公斤）。

（三）养殖业效益

$$V_8 = V_{YZ} + V_{YY} = \sum_{a=1}^{n} M_a P_a + \sum_{b=1}^{n} Q_b P_b \tag{15}$$

式（15）中，V_8为养殖业总效益，V_{YZ}、V_{YY}分别为畜牧业效益和渔业效益，M_a为生态补偿后第 a 种畜牧种类数量的变化，P_a为第 a 种畜牧种类的单位价格，Q_b为补偿后增加的第 b 种水产品的数量，P_b为第 b 种水产品的单位价格。

（四）水力发电效益

$$V_9 = \Delta Q_d P_d \tag{16}$$

式（16）中，V_9为水力发电效益，$\triangle Q_d$为生态补偿后水源地增加的发电量（千瓦时），P_d为一度电的平均价格（元/千瓦时）。

（五）旅游效益

$$V_{10} = (P_t + C_t)\Delta Q_t \tag{17}$$

式（17）中，V_{10}表示因生态补偿而增加的旅游效益，P_t为水源地旅游景点的门票钱，C_t为游客的吃穿住行等费用，可根据当地的实际进行确定。$\triangle Q_t$为生态补偿后增加的旅游人次。

三、社会效益评价

社会效益旨在考核生态补偿对水源地保护区社会发展的促进作用，主要从就业效益、居民健康提升效益等五方面体现，评价方法如下：

（一）就业效益

水源地生态补偿可以是资金补偿，也可以是项目补偿，还可以是智力补偿。无论哪种补偿方式，都在一定程度上带动和解决水源地居民的就业，其就业效益如下：

$$V_{11} = T\sum_{i=1}^{n}\Delta Q_{ri}P_{ri} \tag{18}$$

式（18）中，V_{11}表示生态补偿带动的就业效益，T为实行生态补偿的年限，$\triangle Q_{ri}$为增加第i职业的人数，P_{ri}为第i种职业的年工资收入。注意的是如果补偿年限过长，在进行工资核算时应考虑通货膨胀因素。

（二）居民健康提升效益

水源地环境的改善必然会导致饮用水水源质量的改善，会降低居民的疾病发生率，进而减少疾病支出。居民健康提升效益如下：

$$V_{12} = Y_B - Y_L \tag{19}$$

式（19）中，V_{12}为居民健康提升效益，Y_B、Y_L分别为补偿前、后水源地居民疾病支出费用。

（三）自然灾害防控效益

生态补偿通过一系列的工程建设对减轻自然灾害具有积极作用。由于这部分效益难以量化，本研究采用机会成本法，将水源地生态补偿期间减少的洪涝干旱损失作为自然灾害防控的效益。

$$V_{13} = S_h \overline{V_h} + S_g \overline{V_g} \tag{20}$$

式（20）中，S_h、S_g 分别为减少洪涝和干旱的受灾面积，$\overline{V_h}$、$\overline{V_g}$ 分别为单位土地免遭洪涝和干旱的额外收益（元/亩）。

（四）教育效益

教育效益主要体现在提高水源地居民的受教育程度、提高就业技能等方面。考虑到可操作性，本研究以生态补偿后增加的外出打工效益作为教育效益，结果较为保守。

$$V_{14} = R\bar{G}(\theta_1 - \theta_0) \tag{21}$$

式（21）中，V_{14}为教育效益，R 为生态保护区内的人口，$\bar{G}$ 为外出打工的人均年收入，θ_0、θ_1 分别为生态补偿前后外出打工人数的比例。

（五）环保意识增强效益

通过相关宣传，水源地居民的环保意识会增强，如减少化肥农药使用、不乱扔垃圾等。本研究主要从化肥农药的角度进行衡量。

$$V_{15} = \Delta Q_{hn} P_{hn} S_{hn} \tag{22}$$

式（22）中，V_{15}为生态补偿后居民环保意识增强的效益，$\triangle Q_{hn}$为每亩地减少的化肥农药的使用量，P_{hn}为每亩地减少的化肥农药的价格，S_{hn}为种植面积。

水源地生态补偿综合效益为以上各部分效益之和。上述各效益核算分析都是基于数据的可获得性给出的详细计算方法。需要注意的是，有些指标计算过程中需要考虑时间因素，应结合实际补偿的时间进行分析。在众多影响因素中，因地区不同会有差异，在核算时应结合实际情况，得到最真实有效的结果。

第三节 云蒙湖生态补偿综合效益评价

一、云蒙湖概况

云蒙湖所在地蒙阴县位于山东省中南部，辖 10 个乡镇（街道）、1 个省级经济开发区、1 个云蒙湖生态区，总面积 1605 平方千米，总人口 55.1 万，隶属于临沂市，地理坐标东经 117°45′—118°15′，北纬 35°27′—36°02′，南北长 84.75 千米，东西宽 52.1 千米。蒙阴地处著名的沂蒙山区腹地，是典型的山区，山地丘陵占总面积的 94%，境内有较大山峰 520 座，蒙山是山东省第二高山，“岱崮地貌”被命名为中国第五大造型地貌，蒙阴即因位于山东省第二高峰蒙山之阴而得名。蒙阴境内气候温和，四季分明，年平均气温 12.8℃，正常年份降水量 800 毫米以上，无霜期平均 196 天。蒙阴是生态示范县，全县森林覆盖率达到 55%，林木覆盖率达到 70%以上，素有“天然氧吧”的美誉，先后被评为“国家级生态示范区”和全国首批“国家水土保持生态文明县”，目前正在全面推进“江北最美乡村”建设。

云蒙湖（原名岸堤水库）是山东省第二大人工湖，我国北方大型人工湖之一。该水库始建于 1959 年，设计洪水位 177.67 米，相应库容 5.7 亿立方米，校核洪水位 180.00 米，相应库容 7.49 亿立方米；占地 4200 公顷，蓄水 7.82 亿立方米，坝高 29.8 米，坝长 1665 米，灌溉面积 10.7 万公顷，水库淹没蒙阴县耕地面积 0.59 万公顷，迁移村庄 78 个、人口 47494 人。① 该水库位于山东省蒙阴县界牌镇圈里村西东汶河与梓河的交汇处，是一座以防洪灌溉为主，结合发电、城市供水、养鱼、旅游开发等综合利用的大型水库。1997 年被列为临沂城区饮用水源地；2008 年，被山东省政府批准为省级生态功能保护区；2010 年被列为水源地生态保护区，实施了 30 万吨饮水工程，日供水能力达到 38 万立方米。

---

① 《中国河湖大典》编纂委员会．中国河湖大典——淮河卷［M］．北京：中国水利水电出版社，2010.

目前云蒙湖主要由岸堤水库管理处和云蒙湖管理委员会共同管理，其中岸堤水库管理处主要负责水库的管理、综合开发、防洪调度、供水及发电养护，云蒙湖管委会主要负责湖面管理、渔业生产、环境保护、行政执法、旅游开发及水源保护重点项目建设等。近年来，临沂市逐年加强对云蒙湖水资源的保护，为保护水源地安全，蒙阴县政府将原围绕水库的3个乡镇的43个自然村划归云蒙湖生态区，并出台了多项政策推动生态保护工作的实施，通过多种举措，近年来云蒙湖出水口水质始终保持地表水环境质量Ⅱ类标准。

二、云蒙湖的生态治理和生态补偿

近年来，临沂市逐年加强对云蒙湖水资源的保护，岸堤水库管理处和云蒙湖管理委员会立足实际、多措并举、多管齐下，在云蒙湖水资源保护和生态补偿方面取得显著成绩。

（一）生态补偿政策扶持

云蒙湖生态补偿以水质保证、环境保护和绿色发展为主要目的，结合“治、用、保”的工作理念，力求实现经济发展与水环境保护的共同发展。临沂市政府于1997年5月31日根据《中华人民共和国水污染防治法》和《饮用水水源保护区污染防治管理规定》，划定了云蒙湖饮用水水源保护区。

为加强云蒙湖水源地保护区建设，2013年10月出台《临沂市人民政府关于加强云蒙湖饮用水水源地保护工作的意见》，该意见对保护区的限制行为进行了规定，并安排实施蒙阴县云蒙湖水源地补偿资金。同年，还出台《临沂市水环境保护生态补偿办法》，通过对多个断面进行监测来判定奖惩，从而为云蒙湖水源保护提供保障。2014年临沂市政府出台《关于建立蒙阴县云蒙湖水源地补偿机制的安排》《临沂市生态环境补偿机制实施方案》等，规定每年向蒙阴县发放2000万生态补偿金，主要用于保护区内因实施保护措施而减少收入的居民。另外，云蒙湖向临沂市供水的价格为0.25元/立方米，其中每立方米中的0.1元交由蒙阴县财政，剩下的0.15元由岸堤水路管理处用作环保支出。

（二）生态项目建设

近年来，云蒙湖水源地保护区结合隔离防护工程、跨库桥路的污水收集系统及防侧翻措施、户用沼气工程、秸秆综合利用工程、水土保持建设工程、绿色生态农业建设工程等多个工程项目，开展对水源地环境的保护和防治。其中水库雨洪资源利用工程和云蒙湖生态隔离堤是两个代表性生态建设项目。

1. 云蒙湖雨洪资源利用工程

该项目由山东省政府投资 1 亿元，临沂市政府配套资金近 1 亿元以现状 175m 等高线作为环库中心线，对 175m～176.5m 范围的土地抬田，对低于 177.03m 防洪水位线的房屋建设房台，对抬田沟口进行护砌和植物防护，同时因地制宜建设湿地藕塘、汪塘。工程所占周边村民的土地，按照 1.4 万元/亩的补偿标准进行补偿。岸堤水库雨洪资源利用工程有效增加了云蒙湖的库容和供水能力，避免了水库恢复兴利水位后对环库周边居民生产、生活等方面的影响，为当地现代农业发展和水源地保护提供有力支撑与保障。

2. 云蒙湖生态隔离堤

为保护云蒙湖水质，避免人为对其进行污染，蒙阴县结合工程建设项目，投资 4.11 亿元建立云蒙湖生态隔离堤，其中省政府出资 1.35 亿，临沂市政府出资 9000 万元。生态隔离堤将对云蒙湖进行环湖围绕，通过对堤岸两边进行绿化实现自然隔离，形成一条集旅游观光与水质保护于一体的生态保护带。工程规划总长度 150 千米，目前已建成的环湖隔离堤坝为 34 千米。蒙阴县还投资 168.69 万元对环湖隔离堤坝及其周边实施绿化，绿化长度 14 千米，绿化面积 15 万平方米。未来计划在 174m 水位以下种植水生植物护坡，174m 以上坝堤两侧栽培海棠、垂柳等绿化植被。

（三）关迁企业，减少工业污染

工业废水、废气的污染是水环境破坏的主要原因之一。为保证云蒙湖的水质，云蒙湖管委会对湖周边企业进行治理，关停并转一部分企业。目前保护区内的企业都已符合国家及地方规定的排放标准和污染物总量控制要求。

蒙阴县政府通过提供优惠政策扶持，将云蒙湖上游的造纸厂、化工厂、酿酒厂等 150 多家重污染和“五小”企业进行关停并转，对搬迁的企业给予 5 年免征所得税的政策补偿，关停的企业给予一定的资金补偿。同时，蒙阴县在今后的经济发展中杜绝引进重污染涉水企业，重点发展手工制作、加工类等绿色无污染的企业，对云蒙湖生态区内的现有企业进行污染治理“再提高”

工程，积极引导企业加快产业结构升级，提高节水治污水平。目前生态区的企业全都配备污水处理装置，大大减少了污水的排放，有效改善了云蒙湖的水质。

（四）清理养鸭大棚，减少畜禽粪便污染

畜禽粪便是水质及环境污染的重要因素，其中具有代表性的便是养鸭产业。养鸭是蒙阴县的传统产业，清理鸭粪的污水对云蒙湖水质破坏造成严重污染。为保证云蒙湖水质维持在Ⅱ类水标准，云蒙湖生态区分“三步走”按距离远近逐次对生态区内的507个畜禽养殖棚进行清理取缔，见图8.1。

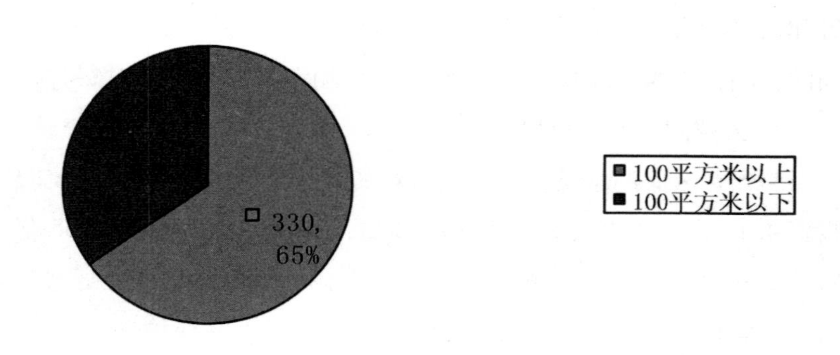

图8.1　云蒙湖生态区畜禽养殖棚规模

第一步，湖面以上及交通干线200米范围内，129个养殖棚，57411平方米，按照周边乡镇最低补助标准50元/平方米，补助资金287.06万元；第二步，200~1000米范围内，控养区内245个养殖棚，110822.1平方米，按照周边乡镇最低补助标准50元/平方米，补助资金554.11万元；第三步，云蒙湖饮用水水源二级保护区、水库一级保护区3000米的汇水区域、东汶河、梓河外延200米范围内的区域，133个养殖棚，15173.89平方米，按照周边乡镇最低补助标准50元/平方米，补助资金75.87元。以上共计养殖棚507个，释放土地18万多平方米，按照50元/平方米的补偿标准共计发放补偿资金917.03万元。

此外，蒙阴县对其他乡镇的畜禽养殖棚也进行了清理取缔。目前蒙阴县全县1956个、118万平方米的养鸭大棚都已得到整治，其中1819个鸭棚被拆除，拆除率为93%，返还土地108万平方米；转产（养殖山羊、兔子等）137

个、10万平方米，转产比率为7%，共计发放补偿资金6000余万元，见图8.2。被拆除清理的养殖户们通过一定的培训和政策扶持等方式在其他行业已找到经济新来源。

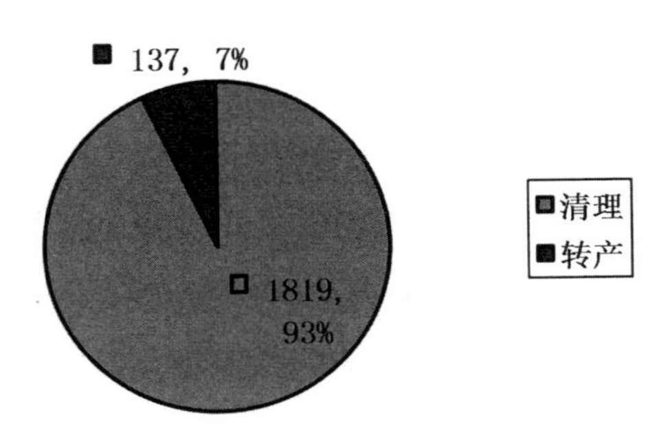

图8.2　蒙阴县鸭棚清理转产情况

（五）生态区环境综合整治，减少面源污染

为减少云蒙湖的面源污染，保证水库的供水要求，云蒙湖管理处和管委会结合生态农村建设工程做出多项举措以维持云蒙湖的优良水质，改善保护区生态环境。

一是统一回收垃圾。建立起“村收集—生态区运转—县处理”的一体化机制。为减少云蒙湖周边污染，蒙阴县成立了云蒙湖环卫所，按照重点线路200元/月、非重点线路150元/月的标准，招聘周边村民60人作为保洁员，负责管理生态区的环境改善。同时在行政村配置1100个垃圾桶、2辆垃圾车用来对垃圾进行统一回收。完整的配套体系，实现了垃圾统一回收、统一处理，还带动了周边居民的就业。

二是倡导农业绿色生产。蒙阴县是果品强县，县果园面积100万亩，其中蜜桃65万亩、年产量9亿公斤。云蒙湖生态区居民收入的80%来自种植蜜桃，种植过程中使用的地膜和果园袋子废弃后流入湖中造成严重的水质污染，种植使用的化肥农药也对云蒙湖水质危害严重。为此云蒙湖管委会倡导周边农户实施绿色、有机标准化生产，推广农药减量控制、测土配方施肥等实用技术，鼓励使用可降解、无污染的材质果袋并对废弃果袋进行统一回收、处理。

三是增加绿化面积。近几年云蒙湖环湖发展杨树丰产林 20 万亩，完成河滩绿化 581 千米，库区绿化 5.2 万亩，绿化水源区荒山 1300 亩，对生态区环境的改善起到重大作用。此外，湖周边村庄的道路都进行了硬化改造并实施了绿化改善，云蒙湖保护区内现已实现村村整洁、道路顺畅，云蒙湖的生态环境得以极大改善。

（六）加强水面治理，做好生态修复

一是加强对云蒙湖水面水质监管。通过增加巡逻艇、摄像头、水质在线自动检测等硬件设施，加强对云蒙湖水面水质监管。同时探索水体科学放养、以渔净水的生态保护道路。现已分 6 批次向云蒙湖投放流鲢、鳙等净水保水鱼苗 3000 余万尾，通过了国家有机水产品养殖基地认证。2015 年，采用市场机制将云蒙湖水面承包给合作社进行规范化养殖，承包转让金为 1360 万元/年，其中 40%交由云蒙湖管理委员会，60%按每人 170 元/年的平均补偿给周边村民。统一、规范化的养殖改善了云蒙湖的水质，也提高了养殖鱼类的市场价值，周边村民在合作社务工还可增加收入，实现了生态保护和经济水平提高的双赢。

二是积极建设人工湿地。目前已完成投资 434 万元的东汶河入湖口湿地和生态修复工程建设，搭配种植蒲苇、芦苇等植物 200 余万株，对云蒙湖水质的改善起到重要作用。此外，蒙阴县还投资 1726 万元开展了云蒙湖生态区的人工湿地污水处理项目，采用“生活污水—水解酸化—人工湿地—生态滞留塘—生态隔离堤”的处理流程，实现对沿云蒙湖 28 个自然村生产生活废水的净化处理，解决农村生活污水直排问题。项目中形成的 800 亩人工湿地藕塘、24 座可养殖净水鱼类的汪塘，还可以增加库区农民的经济收入，实现了良好的经济、社会、生态效益。在建设人工湿地的过程中，对退耕还湿的农户实行每人 600 元/年的标准进行补偿，按季度直接发放至农户手中。

通过一系列的保护措施后，云蒙湖水质常年维持在Ⅱ类-Ⅲ类水标准之间，环保部门每月会定期或不定期对断面水质进行检测，以及时处理污染源。人工湿地、增补植被等绿化措施极大改善了云蒙湖保护区的生态环境，生态区居民通过转变生产结构及在相应的资金、政策补偿下的生活水平比生态补偿机制实施前有了提高。

三、云蒙湖的生态补偿效益评价

云蒙湖水源地保护区除基本涵盖整个蒙阴县外，还有少许准保护区位于沂水县。云蒙湖水源地保护区总面积为1622.5km^2，蒙阴县总面积为1601.6 km^2，为获取数据的方便，部分指标以蒙阴县的相关数据进行核算。由于云蒙湖生态补偿实施时间较短，本章在效益核算时不考虑通胀因素。所需数据主要来自《临沂统计年鉴》（2014—2015）、《蒙阴县政府工作报告》（2014—2015）、临沂市政府网站、蒙阴政府网、蒙阴环保局、蒙阴水保局、临沂林业局、云蒙湖生态区管委会、岸堤水库管理处内部资料等。

（一）生态效益评价

1. 水质改善效益

为方便数据获取和计算，本研究选取污染性强的化学需氧量（CODCr）和氨氮（NH3-N）两个污染物指标，水质改良成本会随污染物浓度的减少而升高，由于云蒙湖补偿前后水质都在国家标准的Ⅱ类水范围内，根据黄涛珍等①的研究，本研究COD和氨氮的改良成本分别为18870元/吨和10940元/吨。水源地生态补偿前后云蒙湖水质和水量指标如表8.2所示：

表8.2 2013—2015年云蒙湖水质和水量指标

年份	水质（mg/l）		水量（亿m^3）
	CODCr（化学需氧量）	NH3-N（氨氮）	
2013年	14	0.35	2.24
2014年	14	0.268	1.54
2015年	10	0.039	0.94

数据来源：由蒙阴县环保局和岸堤水库管理处提供

从表8.2中可以看出，云蒙湖水质一直在不断改善，根据上文（1）式计算得知云蒙湖生态补偿的水质改善效益为2543.45万元。由于只计算了两种污染物的改善效益，所得结果比较保守。

① 黄涛珍，宋胜帮．基于关键水污染因子的淮河流域生态补偿标准测算研究［J］．南京农业大学学报（社会科学版），2013，13（6）：109-118.

2. 水源涵养效益

云蒙湖保护区年均降水量为785.2mm，年蒸发量为141.52mm，林地表面径流量为272.5mm。云蒙湖生态补偿实施后主要以植树造林的形式来增加水源涵养，农作物种植面积增加甚微，在此忽略不计。据研究，一般树种在种植2~3年后才发挥涵养水源功能，因此本研究以2014年栽种面积2240公顷作为有效面积。云蒙湖供应的原水价格为0.25元/m^3。根据上文（2）式计算得水源涵养效益为207.86万元。

3. 环境净化效益

云蒙湖生态补偿通过荒山造林、退耕还林等方式增加的林木主要为落叶阔叶林，其中2014年、2015年分别增加林地面积2240公顷和2272公顷。林地年均释放O_2 3.09t/hm^2，年均固定CO_2为3.65t/hm^2。① 参照《中国生物多样性国情研究报告》（1998）中的相关数据，阔叶林的SO_2年吸收量为88.65kg/（hm^2·a），粉尘阻滞量为10.2kg/（hm^2·a）。CO_2的造林成本价为1152.8元/吨，工业制氧的价格在参考多方资料后确定为800元/吨。SO_2、粉尘的消减成本分别为600元/吨和170元/吨。由此根据前文（3）—（8）公式可得固碳释氧效益为3013.89万元，吸收SO_2的效益为35.9万元，阻滞粉尘效益为1.18万元，环境净化总效益为3050.97万元。

4. 土壤保持效益

据蒙阴水保局统计，云蒙湖因生态补偿共减少水土流失面积13平方千米，土地的年均收益为1500元/亩。云蒙湖保护区土壤中氮、磷、钾和有机质的平均含量分别为0.053%、0.010%、0.043%，0.181%。② 氮、磷、钾在化肥中的占比分别28/132，31/132，39/75。综合2015年各地区的化肥价格，磷酸二胺的均价为2683.33元/吨，氯化钾的均价为2204元/吨，有机质按农

① 尹少华，宋笑月，肖建武．湖南省退耕还林工程生态效益评价［J］．中南林业科技大学学报，2010，30（5）：35-39.

② 程真，杨飞，张亚丽，等．河南省南召县退耕还林工程生态效益价值评估［J］．气象与环境科学，2014，37（2）：64-69.

家肥料价格 320 元/吨计算。[①] 根据欧阳志云等[②]的研究，无林地的侵蚀模数平均为 $250m^3$/（hm^2·a），阔叶林地的侵蚀模数为 0.5 m^3/（hm^2·a），土壤容重为 1.28t/m^3。由此根据前文（9）—（11）式计算减少水土流失的效益为 2925 万元，土壤蓄肥效益为 425.50 万元，土壤保持总效益为 3350.5 万元。

5. 生物多样性效益

本研究以森林系统生物多样性为例，参照杨琼等[③]的研究，增加单位公顷森林面积可增加生物多样性的价值为 512 美元/hm^2，以汇率 6.48 换算为人民币为 3317.75 元/hm^2。云蒙湖生态补偿后共增加林木面积为 4512 公顷，可知生物多样性效益为 1496.97 万元。

（二）经济效益评价

1. 生产、生活用水效益

云蒙湖每日供水量达 38 万立方米，总供水量常年维持在 9000 万立方米以上。生态补偿实施后尽管遭遇严重干旱，云蒙湖仍保证市区的供水总量，每年水费收入约为 1800 万元。周边村庄的农业灌溉多为无偿使用，因此农业灌溉收益不计。生态补偿共实施了 2 年，用水效益总计为 3600 万元。

2. 种植业效益

云蒙湖生态补偿实施后，受环保建设工程等影响，粮食作物中小麦和玉米的产量分别减少 11565 吨、1103 吨。经济作物中的棉花产量减少 63 吨。根据近几年市场价格走势，小麦、玉米的价格分别取值为 2522.33 元/吨、2258.55 元/吨，棉花按农业农村部补贴新疆棉花的价格为 19800 元/吨。云蒙湖生态补偿减少的粮食作物和经济作物收益为 3516.79 万元。蒙阴县是全国著名的果品大县，云蒙湖生态补偿实施后兼具绿色与经济效益的果树种植得到进一步发展，其中以蜜桃种植为主要代表。据统计，生态补偿后蒙阴县蜜桃产量增加了 103875 吨，这主要受品种、技术等多种因素影响，其中生态补

---

① 胡生君，孙保平，王同顺．干热河谷区退耕还林生态效益价值评估——以云南巧家县为例［J］．干旱区资源与环境，2014，28（7）：79-83.

② 欧阳志云，王效科，苗鸿．中国陆地生态系统服务功能及其生态经济价值的初步研究［J］．生态学报，1999，19（5）：607-613.

③ 杨琼，陈章和，沈鸿标．白云山森林生态系统间接经济价值评估［J］．生态科学，2002，21（1）：72-75.

偿的影响约占15%。结合相关专家建议，蜜桃单价取值为3.2元/kg，桃树种植收益为4986万元。云蒙湖水源地生态补偿实施后采用封山育林等政策，木材效益不显著。由此可得云蒙湖生态补偿的林果业效益为1469.24万元。

3. 养殖业效益

生态补偿实施后，高污染的鸡鸭等家禽养殖得到整治，污染少、效益高的长毛兔特色养殖得到大力发展。畜牧业产值共增加33987万元，这是受政府引导、新农村建设等多因素影响的结果，其中生态补偿的影响较小，约占5%。渔业养殖在生态补偿前秩序混乱，年产值50万元，生态补偿后湖面管理秩序良好，产值增至1000万元，增加了950万元，共产生养殖业效益2649.35万元。

4. 水力发电效益

云蒙湖年均发电922万度，以0.37元/度的价格售卖给国家电网，年均发电收入341万元。受气候干旱影响，云蒙湖在2014年已停止水力发电，效益为零。

5. 旅游效益

由于生态补偿机制刚实施2年，许多环保措施正在建设中，缺乏吸引游客的景点，加上生态补偿实施后不允许在云蒙湖私自钓鱼游玩，目前尚未形成显著的旅游效益。

（三）社会效益评价

1. 就业效益

云蒙湖生态补偿实施后，蒙阴县配备了保护区生态保洁员和垃圾运输员，共1582人。保洁员和垃圾运输员按照管理区域的不同每月补助150~200元不等。本研究以最低补助150元计算，生态补偿共实施了2年，带动当地1582名群众就业，根据前文（18）式可得就业效益为47.46万元。

2. 居民健康提升效益

云蒙湖保护区生态补偿前的人均医疗支出为791.23元，生态补偿后人均医疗支出为526.35元，减少了264.88元，主要体现在因环境污染和非绿色种植引起的呼吸类疾病方面，说明生态补偿对当地居民健康的提升具有积极作用。受益人群主要为湖周边的生态区域，本研究以库区人口5万人作为居民健康显著受益人群。根据前文（19）式得出居民健康提升效益为 1324.4 万元。

3. 自然灾害防控效益

2014~2015 年，受厄尔尼诺现象的影响，云蒙湖遭遇了 50 年不遇的干旱。云蒙湖生态补偿实施后，经过一系列的植被绿化、污水净化、农业节水灌溉等工程，比以往干旱年间增加了 2 万亩农田灌溉面积。按照灌溉的旱田单产是自然条件下旱田产量的 2.25 倍①标准，根据《山东统计年鉴 2015》的数据，正常灌溉下山东省小麦、玉米的年均产量分别为 403.53kg/亩、424kg/亩，2014 年小麦、玉米的均价分别为 2.36 元/kg、2.3 元/kg，除去灌溉成本，农田及时灌溉增加的收益约为 856.72 元/亩，可知自然灾害防控效益为 1713.44 万元。

4. 教育效益

目前云蒙湖生态补偿主要以政府转移支付为主，智力补偿等尚未有效开展，保护区居民没有得到有效的就业技术帮助，对促进外出打工影响不明显，因此生态补偿的教育效益不显著。

5. 环保意识增强效益

云蒙湖生态补偿实施后，各部门增强宣传力度，倡导周边农户实施绿色、有机标准化生产，推广农药减量控制、测土配方施肥等实用技术。保护区的农药使用量减少了 78.69 吨，化肥使用中氮肥减少 363.4 吨，磷肥减少 82.81 吨，钾肥增加了 134.76 吨。根据申剑②的研究结果，小麦、玉米、棉花使用农药的均价为 318.83 元/kg。为方便计算，氮肥和磷肥以化肥磷酸二胺的市场价格 2683.33 元/吨表示，钾肥以化肥氯化钾的价格 2204 元/吨表示。根据前文（22）式可得云蒙湖生态补偿减少农药使用效益为 2508.87 万元，减少化肥使用效益为 90.03 万元，环保意识增强效益为 2517.88 万元。

（四）评价结果分析

云蒙湖生态补偿实施 2 年多以来综合效益显著，其中生态效益最为明显，

① 冯颖，姚顺波，郭亚军．基于面板数据的有效灌溉对中国粮食单产的影响［J］．资源科学，2012，34（9）：1734-1740.

② 申剑．农民农药施用及其对生产的影响——以河北、江西、广东省实证数据为例［D］．北京：北京理工大学，2015.

为 10649.75 万元，占总效益的 44.43%；其次为经济效益，货币价值为 7718.59 万元，占比 32.20%；社会效益为 5603.18 万元，占总效益的 23.37%。

表 8.3 云蒙湖生态补偿各指标效益及比例

目标层	准则层	指标层	效益值（万元）	比例（%）
云蒙湖生态补偿综合效益 V	生态效益 $V_{生}$	水质改善效益 V_1	2543.45	10.61
		水源涵养效益 V_2	207.86	0.87
		环境净化效益 V_3	3050.97	12.73
		土壤保持效益 V_4	3350.50	13.98
		生物多样性效益 V_5	1496.97	6.24
	小计		10649.75	44.43
	经济效益 $V_{经}$	生产、生活用水效益 V_6	3600.00	15.02
		种植业效益 V_7	1469.24	6.13
		养殖业效益 V_8	2649.35	11.05
		旅游效益 V_9	0.00	0.00
		水力发电效益 V_{10}	0.00	0.00
	小计		7718.59	32.20
	社会效益 $V_{社}$	就业效益 V_{11}	47.46	0.20
		健康水平提升效益 V_{12}	1324.4	5.52
		自然灾害防控效益 V_{13}	1713.44	7.15
		教育效益 V_{14}	0.00	0.00
		环保意识提高效益 V_{15}	2517.88	10.50
	小计		5603.18	23.37
	合计		23971.52	100

从表 8.3 中可以看出，云蒙湖实施生态补偿以后，生态效益中的各项效益都得到较好体现，其中土壤保持效益占比最高，其次为环境净化效益和水质改善效益等，说明云蒙湖生态补偿有效治理了水土流失，降低了水中污染物浓度。植被面积的增多还有效拦截了地表径流，涵养了水源，净化了周边空气，为更多的生物提供了适宜的生存环境，极大改善了云蒙湖的生态质量；

经济效益中生产、生活用水效益，种植业效益和养殖业效益明显，说明云蒙湖作为水源地保证了充足的供水量，满足了人们的用水需求，通过淘汰治理高污染的养殖种类，转变农业生产方式，实现了农业产业结构升级；社会效益中环保意识提高效益最为显著，说明云蒙湖通过生态补偿能有效提高人们的环保意识，保障水源地保护区的环境安全。居民健康提升效益、就业效益和环保意识提高效益证明了生态补偿在改善生态环境、有效减少自然灾害的发生、带动当地人们就业等方面发挥积极作用。

云蒙湖生态补偿在获得巨大效益的同时，由于实施时间较短和机制不完善等原因，也呈现出一些不足。如发电效益不明显，虽然主要由自然原因所致，但也反映出水源地生态补偿实施时应急事件处理能力的缺陷；教育效益不明显，说明在生态补偿实施时应加强与周边农户的互动，帮助居民提高就业技能；旅游效益尚未形成，说明生态补偿实施时应进一步改善生态环境，促进生态旅游的发展；环保意识提高效益中节约用水的行为还需不断改进，化肥使用量并没有减少，应加大宣传，提高居民的环保意识，保证良好的水源环境。

本章基于效益价值货币化的视角，从生态效益、经济效益和社会效益三个方面构建了水源地生态补偿效益评价指标体系，通过对山东省云蒙湖水源地生态补偿综合效益进行实证分析，发现云蒙湖生态补偿的综合效益显著，在取得一定生态效益的同时也带动了经济社会效益的增加，与水源地生态补偿机制的设计出发点相吻合。

第九章　水源地保护区生态补偿配套政策

建立水源地保护区生态补偿制度，首先要有立法保障，需要在法律框架下，明确水源地保护区生态补偿原则、主体、标准、补偿方式；同时还需要积极探索补偿资金筹集渠道和建立水源地保护区生态补偿协调机构，以保障水源地生态补偿目标的实现。

第一节　立法保障

为了维护社会公平正义，并使生态环境保护得以长久发展，必须要建立生态补偿制度。而生态补偿机制的建立和完善，必须通过立法的形式，确立生态补偿的法律地位。

一、我国生态补偿立法现状

许多国家水资源的脆弱性并不是因为水资源的稀缺性，而是由管理引致的。随着我国经济社会的高速增长和环境问题的凸现，近年来环境政策得到了中央政府的空前重视，陆续出台了许多环境政策。改革开放以来，我国一直非常重视水源保护，并将其作为水污染防治工作的重点任务之一。早在2003年胡锦涛就强调"环境保护工作，要着眼于让人民喝上干净的水"，"在良好的环境中生产生活"。2005年温家宝也强调"要切实抓好水污染防治"，"保护饮用水水源地，保障群众饮水安全"，并在第六次全国环保大会上再次指出“要切实保护饮用水水源地”。2007年2月，国务院组织多个部门对饮用水安全问题进行了专题研究，并发出《研究饮用水安全有关问题的会议纪要》，要求从法制建设、污染防治等方面入手，采取综合手段保障饮用水安全，并着重指出这是保障全国建设小康社会，以及构建社会主义和谐社会的重要内容。

在国家层级的制度供给上，目前我国对水源地保护方面专门地做出了明确规定的相关法律法规，主要有1994年颁布的《中华人民共和国城市供水条例》，条例中规定要编制城市供水水源开发利用规划，并要求环保部门和水政主管部门共同划定饮用水水源保护区；1998年颁布的《中华人民共和国水法》，是我国水资源管理的基本法，并于2002年进行了修订，其中规定要建立饮用水水源保护区制度，并禁止在保护区内设置排污口；2007年颁布了《中华人民共和国城乡规划法》，该法中把水源地作为城市镇总体规划的强制性内容；2008年修订的《中华人民共和国水污染防治法》要求进一步完善饮用水水源保护区制度，将水源地分为一级、二级和准保护区，同时对不同的保护区类型规定了相应的管制措施，如禁止保护区内设置排污口、禁止或限制使用化肥农药、停止或者减少排放水污染物等，并要求建立健全饮用水水源保护区生态补偿机制；同年，国家制定了《饮用水水源保护区划分技术规范》，要求各地根据《技术规范》对水源地进行保护区的划分。

为了落实国家有关水源地保护的法律法规要求，各省市县区也纷纷制定了相关法律法规以及规范性文件，并对水源地保护的范围、管理机制、措施、监测体系等进行了规定，这些法律法规和规范性文件为水源地保护提供了基本的法律保障，并使我国水源地保护与管理实现了有法可循、依法管理。

随着生态补偿制度逐渐成为社会各界广泛关注的热点，近年来我国相继出台了许多推动建立生态补偿机制的政策，促进了生态环境的保护工作。自2005年我国出台“十一五”规划首次提出加快建立生态补偿机制以来，国务院每年都将生态补偿机制建设列为年度工作要点，并在《国务院关于落实科学发展观加强环境保护的决定》，以及国家环保总局2007年印发的《关于开展生态补偿试点工作的指导意见》《国务院2007年工作要点》中都提出了要尽快建立生态补偿机制。随后2008年修订实施的《中华人民共和国水污染防治法》（以下简称《水污染防治法》）中也要求通过财政转移支付等方式，建立健全水环境生态保护补偿机制，国家1号文件中也明确指出要多渠道筹集补偿资金，建立健全生态效益补偿制度。2010年将制定生态补偿条例列入B类立法计划，2011年的1号文件将水生态环境保护提至国家安全战略高度，提出依法划定饮用水水源保护区，建立水生态补偿机制。“十二五”规划纲要则提出，设立国家生态补偿专项资金，推行资源型企业可持续发展准备金制度，加快制定实施生态补偿条例。

全国人大连续5年将建立生态补偿机制作为重点建议，2012年十八大报告明确要求，建立反映市场供求和资源稀缺程度、体现生态价值和代际补偿的资源有偿使用制度和生态补偿制度。尤其是2015年先后印发《关于加快推进生态文明建设的意见》（中发〔2015〕12号）、《生态文明体制改革总体方案》（中发〔2015〕25号），要求探索建立多元化生态补偿机制，加快形成受益者付费、保护者得到合理补偿的运行机制。为了充分调动全社会参与生态保护的积极性，让受益者付费、保护者得到合理补偿，促进保护者和受益者良性互动，中央全面深化改革委员会第二十二次会议还审议通过了《关于健全生态保护补偿机制的意见》。

我国在1985年施行的《森林法》是较早确立生态补偿机制的法律，其中规定国家设立森林生态效益补偿基金，补偿基金必须专款专用，不得挪作他用。在《补偿基金管理办法》中也有规定，补偿性支出用于森林的管护或林农的补偿费。可见这两部法律法规中的补偿性支出并不是严格意义上的生态补偿，而是以保护森林为目的，实质上是森林保护经费，并没有体现出生态补偿的本质。我国在2008年修订实施的《水污染防治法》被看作是真正确立了生态补偿的法律，其中规定国家以财政转移支付等方式，建立健全水环境生态保护补偿机制。《水污染防治法》的相关规定可以说是在生态补偿立法上前进了一步，但是在《中华人民共和国水污染防治法实施细则》中却还没有生态补偿机制的进一步规定。第一部专门性的生态补偿法规是生态环境部在2007年发布的《关于开展生态补偿试点工作的指导意见》，这部法规虽然法律位阶不高，且从体系上并没有严格地对生态补偿进行论证，仅仅是侧重生态补偿试点工作的指导，从性质上来看更类似于一项政策，但这部法规却是第一次对生态补偿做出专门规定的政府部门规章，意义重大。

对生态补偿的立法，相对于国家层级的制度供给，地方性法律法规较为活跃。2014 年苏州出台全国首个生态补偿地方性法规——《苏州市生态补偿条例》（以下简称《条例》），《条例》共 24 条，对适用范围、补偿原则、政府职责等内容进行了规定，还明确了资金使用的监管、监督。《条例》明确规定，生态补偿是指主要通过财政转移支付方式，对因承担生态环境保护责任使经济发展受到一定限制的区域内的有关组织和个人给予补偿的活动。《条例》将在生态补偿机制的法律化、规范化、制度化建设方面起到示范、引领、推动作用，填补了国内生态补偿立法方面的空白。此外《条例》还积极推行体现生态价值和代际补偿的资源有偿使用制度，全面构建区域生态补偿机制，并且还对多元化补偿机制做出了规定，为建立多元化生态补偿机制和鼓励社会力量参与生态补偿活动预留了空间。综上来看，目前我国在生态补偿立法方面，高位阶立法中并没有规定生态补偿，而地方性环境保护的有关规范性文件和规章的权威性及约束性不够，且具有高度的分散性，这就导致生态补偿的资金来源与使用、补偿标准及方式等均不统一和规范。①

2015 年 9 月，国务院发布了《生态文明体制改革总体方案》，要求探索建立多元化补偿机制，逐步增加对重点生态功能区转移支付，完善生态保护成效与资金分配挂钩的激励约束机制，制定横向生态补偿机制办法。随着工业发展、水污染加剧，保护“一湖清水”“一河清水”的压力越来越大，2016 年“两会”中的政府工作报告再次提出要加强生态安全屏障建设，健全生态保护补偿机制，9 位全国政协委员联名提案，建议在河流中下游地区建立生态补偿机制。“十三五”规划纲要草案提出，要加大对农产品主产区和重点生态功能区的转移支付力度，强化激励性补偿，建立横向和流域生态补偿机制。2021 年 9 月，中共中央办公厅、国务院办公厅印发《关于深化生态保护补偿制度改革的意见》，要求践行绿水青山就是金山银山理念，完善生态文明领域统筹协调机制，加快健全有效市场和有为政府更好结合、分类补偿与综合补偿统筹兼顾、纵向补偿与横向补偿协调推进、强化激励与硬化约束协同发力的生态保护补偿制度。因此，将生态补偿制度全面纳入法律调整轨道的

① 王社坤．《生态补偿条例》立法构想［J］．环境保护，2014，42（13）：38-41.

时机已经成熟。①

二、水源地保护区生态补偿立法面临的问题

水源地是各种水资源的源头，其生态环境关系到企业和居民的生产生活用水安全，国家对此非常重视，并重点针对饮用水源地划定了一级、二级和准保护区，同时还对各级别保护区做出了相应的保护性要求。近几年来水源地的生态环境保护成效显著，但是水源地保护区范围的经济社会发展和居民生活却受到了很大的限制，面对“上游青山绿水饿肚皮，下游吃香喝辣要减肥”的问题，要想“绿水青山要守住，金山银山要建设”，就要通过生态补偿来调节生态环境保护中的利益分配问题。生态补偿作为一种使生态保护经济外部性内部化的有效制度和经济激励手段，对于协调水源地保护区生态环境保护中各利益相关群体的关系，缓解生态环境保护与经济社会发展的矛盾，维护社会公平等方面起到了积极作用，也成为当前社会各界关注的热点问题。

（一）生态补偿的专门立法缺位

目前，我国在生态补偿的实践方面主要集中于森林、流域、自然保护区和矿产资源开发等方面，尤其是退耕还林政策，为生态补偿制度的建立积累了许多的政策经验。但是通过上述对我国生态补偿实践与政策法律的简单梳理，可以发现虽然生态补偿的实践正在渐次展开，但是《环境保护法》尚未确认这一制度，造成生态补偿的专门立法缺位。因此，法律调控手段不足是当前我国生态补偿制度的构建面临的最大问题。事实上，我国的生态补偿政策是在综合考虑生态保护成本、发展机会成本和生态服务价值的基础上，采取财政转移支付或市场交易等方式，对生态保护者给予合理补偿，这对于明确界定生态保护者与受益者的权利义务，具有重要的推动意义。但是建立生态补偿制度是一项艰巨而复杂的系统工程，涉及各个方面的关系，事关不同主体利益，而目前各地各部门政策规定较为分散和笼统，实践中行之有效的政策手段也没有及时在法律规范中得到上升，且存在政策多于法律和政出多

---

① 史玉成. 生态补偿制度建设与立法供给—以生态利益保护与衡平为视角［J］. 法学评论，2013（4）：115-123.

门的问题。如《关于开展生态补偿试点工作的指导意见》，仅仅是部门性指导意见，没有法律效力，而实践中诸如一些成功的市场化生态补偿方式也只是停留在政策层面，没有建立起法律制度。

（二）相关的生态补偿立法缺乏可操作性

作为一项系统全面的立法，生态补偿立法应该明确规定补偿主客体、补偿标准、补偿方式、资金来源等方面，但是现有与生态补偿有关的立法中，各利益相关者的权利义务以及责任界定尚不明确，甚至缺乏可供操作的具体规定。目前生态补偿的主体一般是国家，生态受益者的补偿责任没有得到体现，且受偿主体的范围界定也过于狭窄，对其补偿中发展机会损失等方面没有计算在补偿范围内，导致补偿标准过低现象普遍存在。同时，由于补偿资金主要来源是财政转移支付，资金筹措渠道过于单一，造成了政府的财政负担过重，实际中难以保证生态补偿政策实施的可持续性。另外在实践中还存在监管机制漏洞多、有关违法责任的规定范围过于狭窄以及效益评估机制科学性不足等问题，因此在生态补偿制度建设中还应对补偿客体违反相关环境保护法律法规和补偿资金的违规使用等行为，进行明确规定。

（三）缺少统一协调的管理机制

在实际操作中，生态补偿的实施涉及多个部门，且往往发生在不同的行政区域之间，这就需要有较高位阶层次的立法来统一协调各管理机构。但是由于目前我国尚缺乏较高位阶层次的立法，各个环境保护单行法之间缺乏一致性和协调性，使得在跨行政区域内的许多生态补偿机制难以建立和实施。如果没有统一的协调管理机制，上下游之间的法律责任就无法明确，因此，区域之间的协调是生态补偿立法首先要解决的问题。

综上，目前我国还没有针对生态补偿的专门立法，有关规定分散在多部法律中，对补偿范围、主体、原则、内容、对象、方式、标准和实施措施缺乏具体规定，不系统、可操作性不强。虽然不少地方政府出台了规范性文件，但权威性和约束性较弱，因此，要实现恢复和保护生态服务功能的目标，协调不同主体的不同利益冲突和利益诉求，需要制定《生态补偿法》，从而确定合理的生态补偿标准、程序和监督机制，保障利益主体的合法利益，这也是现代法治社会的必然选择。

三、完善立法保障的构想

不管是在国内还是在国外，生态补偿制度都已经成为一项重要的生态环境保护制度。无论是出于维护社会公平正义的需要，还是出于生态环境保护的需要，我国的生态补偿立法都迫在眉睫。生态补偿立法是根据生态补偿的类型，以及生态补偿的实际需要而进行的专门性立法。其中通过掌握生态补偿的内在规律，科学合理地进行立法，是生态环境保护和生态补偿法律制度建设的重要内容。

（一）在环境保护基本法中确立生态补偿的法律地位

我国的生态补偿立法应选择自上而下的方式，要在环境保护基本法中确立生态补偿的法律地位。生态补偿作为一项重要的生态环境保护措施，有必要在《环境法》中进行明确规定，以使进一步的生态补偿立法有法可依。

（二）在各环境保护法律中细化有关生态补偿的规定

《生态补偿法》应确立生态补偿原则为“谁受益、谁补偿”“公平合理”“政府主导、市场辅助”和“公众参与”等原则。主体的界定是明确在生态补偿法律关系中各利益相关方权利义务的前提，因此《生态补偿法》还应该明确补偿主体与补偿客体，由于生态利益具有公共利益属性，生态环境服务的受益主体和受偿主体之间难以进行直接的补偿，这就需要政府这个公共利益的代表作为替代补偿主体实施补偿行为，同时还可以解决交易费用高昂的问题。另外，补偿主体还包括可以明确界定的生态受益者和导致生态利益减损的破坏者或资源开发者，补偿客体包括因生态保护导致相关权利受限或受损的组织和个人。在水源地保护区生态补偿中生态补偿的责任主体应该是政府和生态利益享受者、破坏者或资源开发者，如当地政府、水资源利用者和破坏者，而补偿客体包括保护区生态环境的保护者和建设者，还包括由于划定保护区之后对水源地周围生产生活提出禁限要求的利益受损者和减少破坏者，如当地政府、保护区范围内的土地利用者、企业和居民。

生态补偿标准作为一个不能回避的难点问题，应该成为具有法律约束力的技术规范，因此《生态补偿法》应该对生态补偿标准做出原则性规定，在立法中确定生态补偿标准的考量因素，从公平目标、经济发展水平的制约和利益平衡等因素出发，全面考虑补偿客体受到的经济损失以及非经济损失。

生态补偿的方式方面，由于生态环境的公共物品属性，决定了生态补偿方式要以政府资金补偿为主，而仅仅依靠中央政府的财政转移支付和专项基金，不能确保持续的资金支持的力度，因此要积极探索市场补偿机制，灵活运用各种补偿方式，并鼓励新型补偿方式的创新，如通过配额交易、一对一交易等市场补偿方式，交易双方可以直接或者通过一个中介进行谈判，政府可以为交易双方提供交易协商平台、制定相关技术核算标准和法律与技术咨询服务，以及建立环境仲裁机制等，从而在降低交易成本方面发挥关键作用。

另外，生态补偿监督管理体制作为实施生态补偿法律制度的重要保障，也应该在《生态补偿法》中进行严格规定，从而为生态补偿法律制度的动态运行，提供管理与监督机制。目前我国的环境管理体制是单一的纵向实施模式，缺乏针对跨省市、跨流域以及跨部门的协调机制，因此在确立生态补偿管理体制时，要兼顾不同生态要素的特性，以及生态补偿发生的不同层次与范围，从而解决流域上下游之间生态环境补偿问题。如生态补偿资金的使用方面，补偿资金的利用效率高低直接决定了生态补偿法实施的效果，因此要在立法中明确资金的监管单位，设立专户管理和审批制度，并加强补偿资金使用情况的审计和监督，从而保证专款专用，提高生态补偿法实施的效率。

（三）根据水源地保护区的特点进行专门立法

颁布《生态补偿条例》，在水源地保护区生态环境保护单行法中，要细化有关生态补偿的规定。如在水源地保护区生态保护中，可以《生态补偿法》为基础，根据水源地保护区的特点进行专门立法，出台《水源地保护区生态补偿条例》，条例中要明确生态调节功能区的主要生态问题、计量技术、补偿主客体、生态补偿方式和补偿范围等，使生态补偿进一步具体化和完善化，并将生态补偿的理念渗透到各部门法中。

总之，生态补偿立法可以通过自上而下、渐次推进的思路来进行，首先在《环境保护法》中明确规定生态补偿的主客体、方式和程序，然后在生态补偿制度有了法定依据之后，对一些成熟的政策和实践在法律上予以规范化和细化，使生态补偿有法可依。同时，现有环境与资源保护单行法可以配套跟进，对有关生态补偿的内容进行修改与整合，增强其可操作性和科学性。

第二节 资金筹集

在水源地保护区生态补偿资金的筹集渠道方面，要积极探索市场机制作为生态补偿资金来源的可能途径，从而建立多元化、多渠道的融资机制。水源地保护区生态补偿资金可以通过政府筹集、市场筹集和社会捐赠等渠道进行筹集。

一、政府筹集

目前我国生态补偿资金的来源主要是政府财政预算，根据我国国情，这种补偿资金筹集方式还将在今后很长一段时间占主导地位，政府筹集包括上级财政补贴和地方资金预算。

（一）中央政府资金支持

在生态补偿实践中，由于生态利益是公共利益，因此生态系统服务总是以总体的形式被消费，同时各利益相关方通常表现为不特定的多数人，难以将其清晰地进行划分。一方面生态环境保护者和提供者做出的贡献难以度量，从而导致受偿主体可能会因为补偿标准不一致而产生分歧；另一方面生态服务的受益者也是一个庞大的群体，具有广泛性，他们也会在是否应该补偿、补偿标准等方面有分歧。中央政府作为全局利益和长远利益的代表，理应在解决生态补偿中的利益分配和协调方面起到主导作用，利用行政命令避免生态服务搭便车现象，降低生态补偿中的交易成本，并组织和引导补偿资金的筹措，激励生态服务的供给行为，从而协调生态补偿各利益相关主体之间的利益以及维持社会公平。以三峡水库为例，地方政府组织动员当地居民和企事业单位进行库区生态环境治理时，并未得到积极响应，之后在中央政府主导下，采取污染治理补贴、生态产业扶持以及生态林建设专项投资支持后，相关生态环境保护工程和措施得以实施，环境治理才得以改观。①

---

① 戴思锐．体制重构、成本分担与利益分享：三峡水库例证［J］．改革，2013（11）：77-88.

政府财政补贴对于国内外生态补偿实践的推动，都发挥了重要的作用。美国纽约市与上游卡茨基尔（Catskills）流域之间的清洁供水交易是生态补偿实践的典型案例之一，在确定流域上下游的补偿责任主体与标准的前提下，通过发行纽约市公债及信托基金等方式筹集补偿资金，用以补贴上游地区来激励生态保护主体采取友好型生产方式，来改善 Catskills 流域的水质。目前我国生态环境保护建设工程，如退耕还林（草）工程、退牧还草工程、退渔还湿等，都是由中央政府负责发起和实施的。在生态补偿中，中央政府可以通过中央财政转移支付和国债资金等方式筹措资金，然后建立专项补偿基金，对生态保护行为进行资金补贴和技术扶助，同时建立专门的生态补偿基金管理机构，对补偿资金进行统一管理支付，实现专款专用。

（二）地方资金预算

除中央政府外，每一级地方政府负责解决的是本辖区内的生态补偿问题，根据财政分权理论，由地方政府负责实施生态补偿是有效率的。地方政府在统筹安排中央政府财政转移支付，协调流域上下游之间的财政收入分配关系具有积极作用。同时地方政府作为生态环境保护的受益方，也应该从财政收入和生态效益收入中分摊一部分补偿资金。

随着社会经济发展和生态服务跨区交易愈加突出，越来越多的地方政府开始了生态补偿实践。2015 年福建省出台《福建省重点流域生态补偿办法》，对省内闽江、九龙江、敖江三大重点流域实行生态补偿。除了积极争取中央财政转移支付之外，还加大了省级政府投入，同时以水质指标为补偿资金分配的主要依据，其中水环境综合评分占 70%权重，对发生重大水环境污染事故的市、县，每次将扣减生态补偿资金的 20%。同时还规定，分配到各市、县的流域生态补偿资金由各市、县政府统筹安排，主要用于饮用水源地保护、城乡污水垃圾处理设施建设、畜禽养殖业污染整治、企业环保搬迁改造、水生态修复、水土保持、造林防护等流域生态保护和污染治理工作。在资金筹措和分配上向流域上游地区和欠发达地区倾斜，并对水质状况较好、水环境和生态保护贡献大、节约用水多的市、县加大补偿。据初步测算，三个流域共可筹集生态补偿金不少于 10 亿元，要比目前该省每年约 3 亿元的省重点流域水环境综合整治专项资金总额增加了 2 倍多，其中，约 70%的资金将分配到流域上游的南平、三明、龙岩地区。除政府财政补助外，地方政府还将扶贫开发作为生态补偿的重要辅助手段，如浙江“飞地模式”典范——“金磐”模式，1995年浙江省金华市成立了该省唯一一个异地省级开发区，即“金磐扶贫经济开发区”，以“保浙江中部一方净土，送下游人民一江清水”为目标，通过建立生态补偿机制，对上游的经济发展损失给予补偿，2014年开发区亩均税收达到18万元，走在浙江省前列。

二、市场筹集

生态补偿资金的筹集要以政府为主导，积极探索多种筹集渠道，开拓市场化运作模式。市场筹集主要包括受益者付费、课取税捐、水源地经营收入以及生态标签等渠道。

（一）受益者付费、课取税捐

根据庇古税原理，通过征税使生态环境的外部性内部化，从而激励生态环境提供者和保护者的正外部性行为，同时还可以制约生态环境的过度开采利用，约束对生态环境的破坏行为。因此通过税收，可以限制相应的负外部性行为，将对生态环境资源的消耗控制在可允许的范围内，同时征税还可以用于补偿资金的筹集。

通过税收方式筹集生态补偿资金主要包括对生态环境的受益者付费、课取税捐，如水费、资源税、排污费、生态补偿税等，这种补偿资金筹集方式就是将水资源生态保护成本纳入各种税费中，然后通过向水资源服务使用者征收税费来筹集资金，这部分资金可以作为生态补偿的固定资金来源，用于水源区的生态建设，以及补偿给参与生态环境保护的单位和个人。如我国财政部和国家税务总局在2006年联合下发的《财政部 国家税务总局关于消费税若干具体政策的通知》（财税〔2006〕33号），将对实木复合地板和木制一次性筷子纳入消费税征税范围，对其生产过程征收5%的消费税。

利用课取税捐作为补偿资金筹集渠道，首先需要建立多层次的资源课税体系，在资源开发、生产消费等各个环节，设置相应的税种。资源开发阶段设置资源税、生产阶段设置生态税、产品消费环节设置消费税、在废弃物处置环节设置环境保护税，通过这种协调统一、目标一致的资源税体系，可以实现资源的合理开发和有效利用，并能丰富补偿资金的筹措渠道。其次要对各税种的计税依据和税率进行合理设计，对于水源地保护区可以按照水质水量作为计税依据，利用价格杠杆和税收杠杆相互协调，从而实现合理征税，发挥税收在资源利用、开发和保护方面的调节作用。再次应扩大消费税的征收范围以及开征环境税，把一些对环境可能会造成破坏的产品如化肥农药、电池等纳入征税范围，从而调整消费者的消费习惯。有的学者还提出，在我国开征环境税已经非常必要，① 通过对污染排放物等开征环境税，并逐步将各种污染源纳入收费范围内，加大收缴力度，发挥税收对环保工作的促进作用。

（二）水源地经营收入

水源地保护区可以依托自身有利条件，充分发挥保护区自然资源丰富和生态环境优良的优势，通过引入生态产业、生态农业以及生态旅游等项目，来筹措生态补偿资金。这是一种操作性较强的资金筹集方式，通过这种方式，可以构筑以生态为主导的水源保护区生态产业体系，培育生态旅游业、清洁能源产业等新兴产业，不仅可以补偿水源地保护区生态保护建设和管护费用，还可以促进保护区经济发展，开发内部就业空间，提高水源地保护区居民的收入和福利水平。

除了以上两种补偿资金筹集渠道，还可以通过生态标签体系模式来筹集生态补偿资金。生态标签认证制度是欧盟在 1992 年实行的，获得该标签的产品，需保证从设计、生产、销售及处理的每一个环节，都要按照欧盟对产品的设计、生产和销售来做，从而做到在产品设计、生产和销售的各个环节都不会危害生态环境。作为回报，贴有经过绿色认证标签的产品，其价格要比普通产品高出 20%~30%，通过消费者支付较高的价格购买这些产品，间接地对生产商进行补偿，最终实现对水源地的补偿。

三、社会捐赠

社会捐赠主要是通过非政府组织、国际组织、个人和社会团体等渠道进行生态补偿资金筹集的方式，如环保 NGO 利用其在社会上具有的影响力，建

---

① 王金霞．生态补偿财税政策探析［J］．税务与经济，2009（2）：92-96.

立资金筹集渠道，为水资源保护主体提供资金支持。通过这种渠道，不仅宣扬了生态环境保护的公德意识，而且还为具有生态保护意识的民众提供了参与环境保护的渠道。捐赠的方式可以是生态补偿基金，也可以是援建项目或捐赠物品。

除了非政府组织或社会团体等的公益性筹资，生态彩票也是一种为水资源保护筹集资金的社会公益性渠道，用发行生态彩票的方式为水资源保护筹资，比国债风险小，比税收的效率要高。据《2015 年世界彩票年鉴》计算，2014 年中国彩票销售（不包括视频型彩票）约合 560 亿美元，占世界彩票销售的 19. 7%。民政部发布的《2014 年社会服务发展统计公报》中显示，福利彩票年销售 2059. 7 亿元；全年筹集福彩公益金 585. 7 亿元，比上年增长 14. 7%，全年民政系统共支出彩票公益金 231. 3 亿元，比上年增加 35. 8 亿元。据统计①，发达国家的博彩业收入大概占 GDP 的 2%至 3%，而 2011—2013 年来中国彩票的实体销售收入占 GDP 的比例分别为 0. 37%、0. 4%和 0. 5%，占比远远低于发达国家；在彩民规模方面，亚太地区约有七成以上的成年人会购买彩票，但在中国，购彩人群占比只有一成左右，由此显示虽然我国的彩票事业处于起始阶段，但在购彩人群方面，中国还远远未达到饱和状态，也就是说中国彩民的规模还有很大的拓展空间。

通过发行生态彩票以获得相应的公益金，可以将社会闲散资金快速地筹集起来，一方面缓解了财政压力，另一方面还起到了提高民众环保意识的教育作用。生态彩票是补偿资金筹集的一种创新方式，其发行和实施过程都要借鉴福彩、体彩等彩票的运作模式，并制定“生态彩票”的管理制度。无论是实践层面还是理论层面，作为一种特殊形式的生态补偿方式，生态彩票都具有极强的探索性意义和现实意义。②

四、补偿资金监管

需要注意的是，生态补偿资金的拨付、管理和使用是否规范合理，对于

① 上海为公彩票业务培训中心，http：//www. wgcppx. com/.

② 陈珂，曹天禹，孙亚男，等. 生态彩票与生态林业建设资金筹集：理论与实证 [J]. 中国人口·资源与环境，2013，23 (11)：88-93.

水源地保护区居民的生态环境保护积极性同样有很大影响，因此对生态补偿资金使用情况的监管非常重要。

在实地访谈中得知，水源地保护区居民对于生态补偿资金的拨付和下发金额存有质疑。生态补偿资金的拨付使用往往经过多个部门，而到了受偿居民手中的生态补偿金往往是扣除各级部门生态保护管理费之后的金额，由于各级部门对于生态补偿资金的使用情况并未向水源地保护区受偿居民予以公开，使得当地居民质疑生态补偿资金使用的合理性，这在一定程度上会降低他们对生态补偿的满意度。

生态补偿资金管理也会影响水源地保护区居民的生态环境保护积极性。因此，对于不同渠道筹集的生态补偿资金，都要设立专户，并建立生态补偿资金用途管制制度和资金监管、审计制度，加强生态补偿资金的监管力度，提高生态补偿资金使用的透明度。同时要强化补偿资金管理意识，对补偿资金要实行统一管理和统一分配，从而保障生态补偿资金的激励和引导作用的发挥。因此建立高效透明的资金使用绩效评估与监督机制，对生态补偿的制度建设具有重要作用。

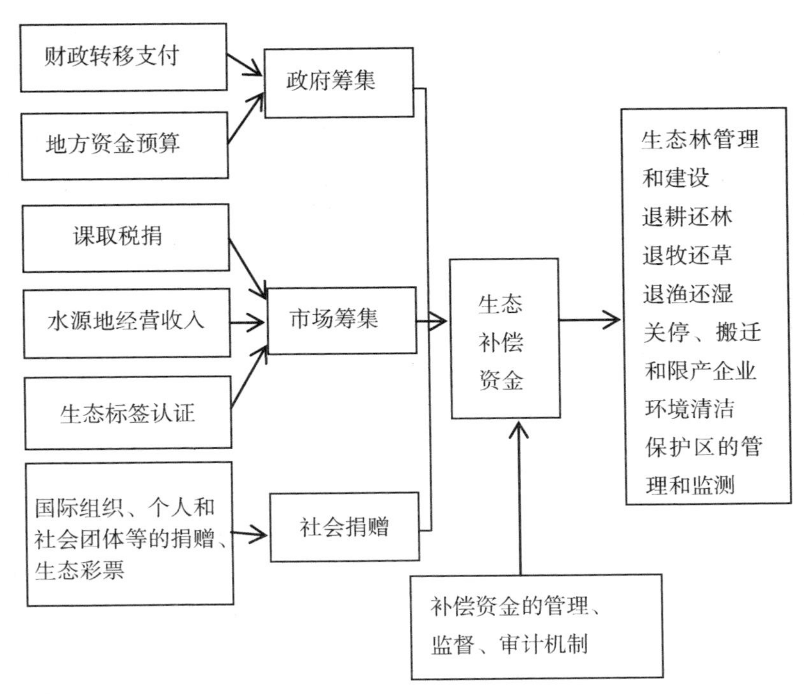

图 9.1　水源地保护区生态补偿资金筹集渠道及用途

第三节 协调管理

水资源问题牵涉到多个部门，不是水利部门能单独解决的。① 在我国的水源地保护区管理上，多部门治理的特征更加明显。水源地保护区的生态环境保护涉及农业、林业、水利、环保等部门（各部门职责见表9.1），需要专门机构进行协调与管理。因此，需要建立水源地保护区生态补偿协调机构，保障水源地生态补偿目标的实现。

表9.1 水源地保护区管理所涉及的部门职责

部门	职责	部门	职责
人民政府	编制实施水源地保护区生态保护规划，组织协调各部门工作	行政执法局	负责查处保护区内的违章建筑和违法排污等行为
环保局	划定水源保护区，负责水质监测，抓好环境执法监管和应急预案编制实施	国土资源局	负责抓好保护区内国土保护管理，制定实施国土保护规划，依法查处土地违法行为
水利局	负责区内水利工程建设	林业局	负责森林资源保护和水保工作
建设规划局	负责制定实施保护区发展规划、污水设施建设与管理	海洋与渔业局	负责抓好水生动植物的洁水保水工作
卫生健康局	负责水质监管及疾病预防	工商局	负责对依法关停的污染企业或个体经营户工商营业执照的吊销工作
农业农村局	负责农业面源污染的防治	旅游局	负责保护区生态旅游管理和规划
交通运输局	负责运输车辆管理和道路规划	移民办	负责保护区移民工作和示范区建设

① 陈江龙，姚佳，徐梦月，等．基于发展权价值评估的太湖东部水源保护区生态补偿标准[J]．湖泊科学，2012，24（4）：609-614.

续表

部门	职责	部门	职责
公安局	负责危险化学品运输车辆监管	财政局	负责生态补偿资金的落实，以及多元化投融资机制建设
生产安全监管局	负责保护区生产安全监管及安全生产事故处置工作	科技局	负责保护区水质保护的科技支撑和攻关工作

水源地保护区生态补偿的协调机构，就是要将政府部门、公众等各利益主体纳入管理框架中，通过整合、协调管理资源，将管理机构与政策的协调、财政投入、信息传播以及公众参与等联动起来，推行水源地保护区管理的共同责任机制，提升保护区生态环境管理的效率。

在国家层面上，可以生态环境部和水利部为主要协调机构，设立生态补偿领导小组，通过整合协调各部门的管理政策，负责国家生态补偿的协调管理工作，形成水源地保护区生态补偿的宏观决策框架。同时，建立一个技术咨询委员会，由专家负责相关政策和技术咨询。在省市级层面上，可以由各涉水管理部门和水源地保护区所在管理处组建生态补偿实施委员会，协调管理职能和政策，行使生态补偿工作的协调监督等相关职责，并建立统一的监测体系和信息发布机制。通过协调机构的管理，促进水源地保护区生态补偿制度的实施，从而实现生态保护与区域发展矛盾的协调。

另外，通过加大水源地保护区生态环境保护宣传，提高保护区各利益相关群体的积极性和参与度。水源地保护区当地居民是生态环境保护的主要参与主体，他们对生态补偿的满意程度和参与的积极性，影响着生态补偿政策实施的效果。从第三章表 3.2 的调查问卷结果分析来看，69.8%的居民认为水源地保护区的生态环境功能是保证饮水安全，这说明在大多数人心目中，保证饮水安全作为水源地保护区最重要的生态环境功能成为普遍共识。然而水源地保护区的设立，并非仅仅是为了保证饮水安全，还有诸如保育土壤资源、涵养水源、废物净化、提供娱乐休闲旅游空间、维护生物多样性等，但是在调查中，选择涵养水源功能的仅占 7.0%，选择提供野生动物生存的场所、维护生物多样性的仅占 0.5%，说明居民对于水源地保护区生态环境功能的认知局限性较强，这会限制对水源地保护区环境保护意识的提高，因此亟须加强对此方面的宣传教育。因此，要想正确处理经济发展与生态环境保护之间的关系，就要把推进生态补偿政策实施与提高保护区当地居民保护生态环境重要性的认知和参与意识结合起来，通过广播、宣传栏等媒介以及定期举行宣传讲座等方式，广泛宣传水源地保护区的生态功能以及生态补偿政策的主要精神和重要意义，从而提高保护区居民的认知水平，增强保护区居民对生态补偿政策的满意度，充分调动保护区居民理解、支持和参与生态补偿工作的积极性。

另外，还要通过各部门的协调管理，加大水源地保护区的环境执法监管力度，鼓励成立非政府组织如环保 NGO 等，由他们对生态补偿政策实施过程进行监督，及时发现各种违法违规现象。通过课题组实地走访，发现水源地保护区内还存在违反《水污染防治法》情况，在一级保护区还存在养殖户，饮用水源附近还有垃圾堆放，还有村民违规使用化肥农药。国务院发布“水十条”中提到，要严惩各类环境违法行为和违规建设项目，加强行政执法与刑事司法衔接，健全水环境监测网络。因此，扩大监督群体范围，明确和落实水源地保护区各方责任，强化地方政府水环境保护责任，落实违规单位主体责任，是保障水源地保护区环境保护的有力途径。

综上，生态补偿制度的制定和实施是个复杂的系统工程，涉及公共管理的各个层面和各个领域，因此要强化水源地保护区生态保护各部门的协作，推动各部门之间有关生态补偿信息的共享以及技术互助等多方面的协作，在协调各部门利益和落实责任的基础上，形成一个良性的政府协作网络结构，通过各部门的联动推动生态补偿政策的实施。

建立水源地保护区生态补偿制度，离不开配套政策保障，本章从立法保障、资金筹集和部门协调三个方面进行了论述。水源地保护区生态补偿制度建设，首先要有立法保障，需要在法律框架下，明确水源地保护区生态补偿原则、主体、标准、内容、利益相关方的权责、补偿金的利用和管理等，以此作为水源地保护区利益相关者的生态补偿法律依据。在生态补偿资金筹集渠道方面，目前我国的生态补偿资金的主要来源是政府财政转移支付，通过上级财政补贴和地方资金预算筹集补偿资金，但是在进一步完善生态补偿财政转移支付制度的同时，应该积极鼓励引导和建立以市场为基础的生态系统服务付费交易制度，诸如受益者付费、课取税捐、水源地经营收入以及社会捐赠等渠道，真正做到“谁污染、谁付费”。水源地保护区涉及农业、林业、水利、环保等多个部门，因此需要建立水源地保护区生态补偿协调机构，协调和管理生态补偿政策的实施，从而保障水源地生态补偿目标的实现。

第十章　结论与研究展望

第一节　主要研究结论

水源地保护区生态补偿被普遍认为是保护水源地生态环境的有效制度设计。本研究从减少生态环境破坏的角度出发，通过实地调查，分析了水源地保护区当地居民对保护区设立的认知、生态补偿现状、生计变化情况以及对现有生态补偿的满意度等问题，在此基础上，结合博弈分析和特别牺牲理论，对水源地保护区的生态补偿范围进行了界定，并对补偿标准的核算和补偿方式的选择进行了研究，研究成果可以为水源地保护区生态补偿制度的制定、完善和实施提供科学依据和参考。

一、对水源地保护区生态补偿相关内涵进行了界定

水源地保护区是国家对某些特别重要的水体加以特殊保护而划定的区域，它是为了防治水污染、保护和改善环境、保障饮用水安全、促进经济社会全面协调可持续发展而划定的。为了更好地研究水源地保护区生态补偿各利益相关主体所涉及的主客体确定、补偿标准以及补偿方式等问题，本研究首先对土地利用者、企业和居民进行了概念界定。土地利用者，是指通过劳动与土地进行物质、能量、价值、信息的交流和转换，以获得物质产品和服务的经济活动的人，包括耕种土地的农民和通过从他人那里转包土地用于经济用

途并拥有土地使用权的法人或自然人。企业经营者是指在水源地保护区范围内从事生产经营的并在工商部门注册的组织或个人，本研究主要是针对从事工业生产的企业、从事矿产资源开采的企业以及从事畜禽、水产等养殖的个人和组织，以及水库工程建设和扩容导致的淹没企业等进行研究。水源地保护区居民是指在一定时期内，居住在水源地保护区某一乡村区域或村庄内，受某一区域或村庄组织领导管理的村落居民，包括从事农业生产的农民和仅仅在此区域或村庄居住的村民，根据生态补偿的研究角度，本研究将其分为生态移民和居民。

二、水源地保护区生态补偿的实地调查分析

设立水源地保护区，必然会对当地居民的生产、生活及社会经济发展带来一定影响。为了更好地解决“谁补偿谁、补偿多少、如何补偿”的问题，本研究基于条件价值评估法设计了调查问卷，通过选取典型水源地保护区进行实地调查，收集和整理得到了 731 份有效问卷，其中处于一级、二级和准保护区的问卷 645 份，范围涉及山东等 12 个地市。本研究利用收集整理的 645 份调查问卷数据，针对水源地保护区当地居民对保护区设立的认知程度、生态补偿现状以及对现有补偿满意情况与影响因素等方面进行了分析。

从调查问卷结果分析来看，在对设立水源地保护区的必要性这个问题上，71.6%的被调查者认为有必要，22.6%的被调查者认为非常有必要，仅有 0.4%的被调查者认为不太必要和不必要。另外，69.3%的居民认为水源地保护区的生态环境比较重要，仅有 0.4%的居民认为不太重要和不重要。这说明大多数被调查者对于水源地保护区设立的必要性和生态环境保护的重要性已经有了较好的认知，这对于水源地保护区生态环境的保护打下了一定的认知基础。

问卷数据统计分析显示，对于设立水源地保护区带来的影响，98.1%的被调查者认为有必要进行补偿，仅有 1.9%的被调查者认为没必要补偿，这说明被调查者具有强烈的受偿意愿。对于生态补偿政策的实施情况这一问题，目前水源地保护区已经得到了补偿的被调查者占 68.7%，没有得到补偿的被调查者占 31.3%，根据实地调查发现，实施生态补偿政策的地区大多处于一

级保护区，基本还没有涉及二级和准保护区。在得到政府补偿的被调查者中，所得补偿额主要集中在0~300元和301~600元两个档次上，分别占到34.7%和54.9%，而生态补偿方式以现金补偿为主，其他补偿方式比较少。

通过问卷调查发现，对于现有补偿标准，仅有25.4%的被调查者对现有补偿满意，74.6%的被调查者不满意，不满意的主要原因是被调查者认为现有补偿标准太低，不足以弥补他们为保护水源地生态环境所做出的贡献。为了找出影响被调查者对现有生态补偿满意度的因素，本研究通过建立回归模型，发现被调查者的年龄、家庭年收入、所处保护区类型以及补偿标准对其生态补偿满意度的影响高度显著。

三、水源地保护区生态补偿范围的界定

生态补偿范围的界定是水源地保护区生态补偿制度建设的前提，因此在生态补偿政策的制定和实施过程中，首先要分析各利益相关主体的利益及其行为，明确哪些需要进行补偿，哪些不需要补偿。本研究首先利用利益相关者理论和特别牺牲理论，对水源地保护区生态补偿中的利益相关者进行了识别，并对其利益诉求进行了分析，然后通过建立补偿主体和补偿客体的博弈模型，分析了他们的行为选择及其影响因素，结果表明补偿主体会扩大监管空间、缩小排污空间来优化补偿客体的行为，如增加违规排污、滥用化肥农药等行为的惩罚、水源地保护区生态环境保护内外收益差等。在此基础上，从土地利用、企业经营和居民生活三个方面，分别对其补偿范围进行了界定，这对于水源地生态补偿政策的制定和顺利实施并取得预期效果至关重要。

水源地保护区设立之后，对土地利用者采取了土地利用管制，包括禁止土地利用、限制土地利用和改变土地利用三种情况，对其进行补偿范围界定时，可以依据土地利用管制措施是否造成区内的土地所有权人因承受超出一般的社会责任而形成了损害，如果造成了损害则需补偿，反之则不需补偿；按照水源地保护区的要求，保护区内的企业需要进行搬迁（或关闭）、生产限制或转产，在对水源地保护区企业经营者补偿范围进行界定时，要考虑其所在保护区及污染情况，在一级保护区的企业以及在二级保护区排污企业，需要进行搬迁（或关闭），二级保护区内的企业需要进行转产或者生产限制，这

些对于企业的限制行为，如果造成了企业效益下降，就需要进行补偿；对于水源地保护区的居民来说，按照水源地保护区管理办法，对于保护区的居民分为生态移民和生活限制两类，由于水源地保护区的设立以及生态环境保护的相关措施，给处于保护区的居民带来了生计资本下降和生活不便等问题，基于公平合理原则，应对他们为生态环境保护做出的牺牲给予补偿。

四、水源地保护区生态补偿标准的核算

补偿标准的核算是生态补偿的难点和重点，在明确了补偿范围之后，本研究针对土地利用、经营企业和居民生活三种情况分别测算了补偿标准。

首先对三种土地利用管制情况下的生态补偿标准进行了测算。禁止土地利用实际上就是完全剥夺了原土地所有者的所有权，这种情况下，需要政府与土地所有者就产权进行补偿，其补偿标准可由两种方式形成：一是由第三方对土地价值进行评估所形成的标准，二是参照同类土地市场价格；限制土地利用可能会因为土地利用限制导致土地收益下降，土地用途不同，导致的收益减少的幅度也不同，因此，根据其受限程度的不同确定土地受限补偿系数，其每年的补偿金额可利用下式计算：补偿金额=土地现值×土地面积×土地受限补偿系数；改变土地利用要综合考虑土地利用方式改变后产出的减少、经营方式的改变、设施的增加等经济损失，以及失业损失、转型损失等非经济损失，对此进行综合评估后形成补偿标准。

其次，分别对搬迁（或关闭）和转产限产企业的生态补偿标准进行了测算。对于需要进行搬迁（或关闭）企业的补偿，需要对企业进行评估，按照评估价格进行补偿；对于生产限制的企业，其补偿标准确定要综合考量企业规模、行业以及受限程度等，确定补偿系数；对于转产企业，要综合考虑转产成本、机会成本等经济损失以及失业、行业风险等非经济损失，进行综合评估后形成补偿标准。

再次，对水源地保护区居民的生态补偿标准进行了测算。水源地一类保护区内的居民需要进行生态移民，生态移民的补偿标准要综合参照移入地的居住、生活标准以及移出地的收入水平和生活水平，确立补偿标准；水源地保护区的居民，为保护水源地对生活进行限制，包括生活方式改变、就业转

业训练及辅导等无形补偿，以及控制非点源污染的设施建设等有形补偿。

最后，研究还以云蒙湖为例，对其保护区范围内的被征收耕地的生态补偿标准进行了估算。通过估算得出，2010年云蒙湖水库耕地的总价值为29.05万元/亩，其中耕地社会保障价值为19.29万元/亩，接近经济价值的2倍，超过征地补偿总额的一半（约占土地总补偿额度的66.4%），这说明现行征地补偿标准虽然兼顾了土地补偿费、安置补助费等补偿，但是补偿标准过低，并未包含耕地所承载的巨大社会保障价值。

五、水源地保护区生态补偿方式选择

不同的利益主体，其适合的生态补偿方式也会有所不同。本研究分别对土地利用、企业经营和居民生活三种情况的补偿方式进行了分析。

针对土地利用管制情况下的生态补偿方式的选择，可以采取政府土地收储补偿方式，以协议收购方式取得水源地保护区的土地，以此对原土地所有者进行补偿，收储后的位于一级保护区内的土地，由政府进行涵雨林建设，对位于二级保护区及准保护区的土地，可以再出售供农业使用，但需遵守生产或土地利用限制；还可以通过发展权转移补偿方式，将土地发展权与其他权利分离，自由移转给他人，而土地所有权人仍保有发展权以外的土地权利，通过出售发展权，可以消除水源地保护区对土地管制而产生的土地暴损，借由出售发展权而得到补偿。

针对生产企业经营的生态补偿方式，要根据不同的情况来选择，对于需要搬迁或关闭企业，可采用资金补偿的方式，对于搬迁的企业，可以采取土地置换的补偿方式，支持和鼓励企业搬离水源地，以寻求更大的发展空间；对于限制生产以及转产的企业，政府可以采用税收优惠、土地利用优惠等政策措施，间接地对企业进行补偿。

针对水源地保护区居民的生态补偿方式选择，一是对于迁出水源地保护区的生态移民，采用资金补偿的方式；二是对于水源地保护区的居民可以采取智力补偿方式，在教育、生活等方面采用智力培训、就业培训等形式，减轻国家财政负担，帮助居民提高就业能力。同时还要建立和完善相应的配套措施，比如成立专门的水源地保护区居民就业安置部门，不仅免费提供各项培训服务，而且还要定期关注他们的就业情况，建立培训安置人员档案，不断拓宽就业机会，从而打消他们的顾虑，减小对现金补偿方式的依赖。

六、水源地保护区生态补偿的保障机制

建立水源地保护区生态补偿制度，要有相应的政策保障措施。本研究从立法保障、资金筹集和协调管理三个方面，分别探讨了建立和完善水源地保护区生态补偿的保障机制。建立水源地保护区生态补偿制度，首先要有立法保障，需要在法律框架下，明确水源地保护区生态补偿原则、主体、标准、内容、利益相关方的权责、补偿金的利用和管理等，以此作为水源地保护区利益相关者的生态补偿法律依据；在资金筹集方面，可以从上级财政补贴、地方资金预算、受益者付费、课取税捐、水源地经营收入以及社会捐赠等渠道筹集；在部门协调方面，由于水源地保护区涉及农业、林业、水利、环保等部门，因此，需要建立专门的水源地保护区生态补偿协调机构，以保障水源地生态补偿目标的实现。

第二节 需要进一步研究的问题

由于时间和资料的局限性，本研究仍有一定的改进空间，需要在后续研究中进一步补充与完善：

（1）本研究通过设计调查问卷并选取典型水源地保护区样本点进行实地调查的方式，收集了731份有效问卷，其中处于一级、二级和准保护区的有效调查问卷645份，问卷中的问题设计主要涉及水源地保护区居民，而针对保护区企业经营者的调查采取的是典型案例的方法，样本量偏小，在后续研究中还需要加大对保护区企业经营者的样本数量，并控制问卷质量，以完善对保护区企业经营者补偿标准的测算研究。另外，本研究在设计调查问卷时，并未涉及补偿主体补偿意愿和支付标准等相关问题，这使得在补偿标准测算时数据的获取不够全面，这个在今后研究中还有待进一步完善。

（2）本研究在测算禁止利用土地情况下的生态补偿标准时，由于数据的可获得性，并未对保护区设立之后生态效益的增加量进行测算。另外，一部分生态收益也可以纳入补偿资金中，这也是值得积极去探索的生态补偿资金筹集渠道，但研究中并未对这一资金筹措方式进行分析，且未涉及这一部分生态收益的分配、管理等问题，在后续研究中还可以更进一步深入系统的研究。

（3）本研究在对水源地保护区生态补偿配套政策方面，提出要建立水源地保护区生态补偿协调机构，以保障水源地生态补偿目标的实现，但是并未对现行生态补偿政策的实施效果及其影响因素进行分析，今后可以更加深入地进行全面综合研究。

参考文献

一、中文文献

（一）著作类

［1］《环境科学大辞典》编委会. 环境科学大辞典［M］. 北京：中国环境科学出版社，1991.

［2］吕忠梅. 超越与保守［M］. 北京：法律出版社，2003.

［3］罗必良. 新制度经济学［M］. 太原：山西经济出版社，2005.

（二）期刊类

［1］蔡银莺，张安录. 规划管制下农田生态补偿的研究进展分析［J］. 自然资源学报，2010，25（5）.

［2］葛颜祥，吴菲菲，王蓓蓓，等. 流域生态补偿：政府补偿与市场补偿比较与选择［J］. 山东农业大学学报（社科版），2007（4）.

［3］东梅. 生态移民与农民收入—基于宁友杠寺堡移民开成区的实证分析［J］. 中国农村经济，2006（3）.

［4］董丽丽，谭启华. 城市湖泊治理与土地储备联动机制研究［J］. 科技进步与对策，2006（8）.

［5］杜群. 生态补偿的法律关系及其发展现状和问题［J］. 现代法学，2005，29（3）.

［6］杜伟，黄敏. 成渝地区失地农民补偿安置满意度的实证分析［J］. 重庆师范大学学报（哲学社会科学版），2010（6）.

［7］杜英，王安，李建伟. 饮用水源保护区生态补偿机制研究［J］. 环

境科学与管理，2012，37（1）.

[8] 段靖，严岩，王丹寅，等. 流域生态补偿标准中成本核算的原理分析与方法改进 [J]. 生态学报，2010，30（1）.

[9] 葛颜祥，梁丽娟，接玉梅. 水源地生态补偿机制的构建与运作研究 [J]. 农业经济问题，2006（9）.

[10] 葛颜祥，梁丽娟，王蓓蓓，吴菲菲. 黄河流域居民生态补偿意愿及支付水平分析—以山东省为例 [J]. 中国农村经济，2009（10）.

[11] 耿涌，戚瑞，张攀. 基于水足迹的流域生态补偿标准模型研究 [J]. 中国人口. 资源与环境，2009，19（6）.

[12] 郭志建，葛颜祥，范芳玉. 基于水质和水量的流域逐级补偿制度研究—以大汶河流域为例 [J]. 中国农业资源与区划，2013（1）.

[13] 国家发展改革委国土开发与地区经济研究所课题组. 我国限制开发和禁止开发区域利益补偿研究 [J]. 宏观经济研究，2008（5）.

[14] 韩美，王一，崔锦龙，等. 基于价值损失的黄河三角洲湿地生态补偿标准研究 [J]. 中国人口. 资源与环境，2012（6）.

[15] 何子福. 浅谈水土保持补偿费和水土流失防治费的涵义 [J]. 广东水利水电，1999（5）.

[16] 胡存智. 完善土地收购储备制度的建议和思考 [J]. 中国土地科学，2010，24（3）.

[17] 胡久生，邢晓燕，等. 湖北省农村环境污染典型调查—洪湖市万泉镇南昌村实证研究 [J]. 中国农业资源与区划，2011，32（1）.

[18] 胡石清，乌家培. 外部性的本质与分类 [J]. 当代财经，2011（10）.

[19] 桓曼曼. 生态系统服务功能及其价值综述 [J]. 生态经济，2001（12）.

[20] 黄俊铭，等. 基于博弈论的水资源保护补偿机制研究 [J]. 西北农林科技大学学报，2013（5）.

[21] 黄润源. 论生态补偿的法学界定 [J]. 社会科学家，2010（8）.

[22] 黄锡生，峥嵘. 论跨界河流生态受益者补偿原则 [J]. 福建财会管理干部学院学报，2012，21（11）.

[23] 黄锡生，潘璟. 流域生态补偿的内涵及其体系 [J]. 水利经济，

2008，26（5）.

［24］黄一凡，许开鹏，王晶晶，等. 饮用水源地保护经济补偿标准核定方法研究［J］. 中国人口·资源与环境，2012，22（11）.

［25］黄祖辉，汪晖. 非公共利益性质的征地行为与土地发展权补偿［J］. 经济研究，2002（5）.

［26］蒋中天. 关于建立农业环境污染和生态破坏补偿法规的探讨［J］. 农业环境保护，1990，9（2）.

［27］靳乐山，左文娟，李玉新，等. 水源地生态补偿标准估算—以贵阳鱼洞峡水库为例［J］. 中国人口·资源与环境，2012（2）.

［28］孔凡斌. 江河源头水源涵养生态功能区生态补偿机制研究—以江西东江源区为例［J］. 经济地理，2010，30（2）.

［29］赖力，黄贤金，刘伟良. 生态补偿理论、方法研究进展［J］. 生态学报，2008，28（6）.

［30］李慕唐. 建议国家对划为生态效益的防护林应予补偿［J］. 辽宁林业科技，1987（6）.

［31］李胜，陈晓春. 基于府际博弈的跨行政区流域水污染治理困境分析［J］. 中国人口·资源与环境，2011（12）.

［32］李团民. 基于生态资本权益的生态补偿基本内涵研究［J］. 林业经济，2010（4）.

［33］李维乾，解建仓，李建勋，等. 基于改进 Shapley 值解的流域生态补偿额分摊方法［J］. 系统工程理论与实践，2013，33（1）.

［34］李永宁. 论生态补偿的法学含义及其法律制度完善—以经济学的分析角度［J］. 法律科学（西北政法大学学报），2011（2）.

［35］刘桂环，文一惠，张惠远. 基于生态系统服务的官厅水库流域生态补偿机制研究［J］. 资源科学，2010，32（5）.

［36］刘强，彭晓春，周丽旋，等. 城市饮用水水源地生态补偿标准测算与资金分配研究—以广东省东江流域为例［J］. 生态经济，2012（1）.

［37］刘玉龙，胡鹏. 基于帕累托最优的新安江流域生态补偿标准［J］. 水利学报，2009，40（6）.

［38］马俊丽，王秀峰. 水源地生态环境补偿问题探析［J］. 生产力研

究，2012（8）.

[39] 马世骏. 生态规律在环境管理中的作用—略论现代环境管理的发展趋势［J］. 环境科学学报，1981，1（1）.

[40] 马兴华，崔树彬，安娟. 水源区生态补偿机制理论框架研究［J］. 南水北调与水利科技，2011，8（4）.

[41] 马秀霞. 我国近几年生态移民理论与实践研究概述［J］. 宁夏社会科学，2012（4）.

[42] 毛显强，钟瑜，张胜. 生态补偿的理论探讨［J］. 中国人口·资源与环境，2002，12（4）.

[43] 毛晓建，等. 崂山水库饮用水源保护区生态补偿机制实践研究［J］. 水科学与工程技术，2005（6）.

[44] 聂倩. 国外生态补偿实践的比较及政策启示［J］. 生态经济，2014，30（7）.

[45] 庞爱萍，李春晖，刘坤坤. 基于水环境容量的漳卫南流域双向生态补偿标准计算［J］. 中国人口. 资源与环境，2010，20（5）.

[46] 彭丽娟. 生态补偿范围及其利益相关者辨析［J］. 时代法学，2013，11（5）.

[47] 乔旭宁，杨永菊，杨德刚. 流域生态补偿标准的确定——以渭干河流域为例［J］. 自然资源学报，2012，27（10）.

[48] 任艳胜，张安录，邹秀清. 限制发展区农地发展权补偿标准探析—以湖北省宜昌、仙桃部分地区为例［J］. 资源科学，2010，32（4）.

[49] 邵帅. 基于水足迹模型的水资源补偿策略研究［J］. 科技进步与对策，2013，30（14）.

[50] 沈满洪，何灵巧. 环境经济手段的比较分析［J］. 浙江学刊，2001（6）.

[51] 沈满洪，陆菁. 论生态保护补偿机制［J］. 浙江学刊，2004（4）.

[52] 宋红丽等. 流域生态补偿支付方式研究［J］. 环境科学与技术，2008（2）.

[53] 苏芳，尚海洋，聂华林. 农户参与生态补偿行为意愿影响因素分析［J］. 中国人口·资源与环境，2011，21（4）.

[54] 苏芳，尚海洋. 生态补偿方式对农户生计策略的影响 [J]. 干旱区资源与环境，2013，27 (2).

[55] 孙步忠，曾咏梅. 基于合作博弈的跨省流域横向生态补偿机制构建 [J]. 生态经济，2011 (2).

[56] 庄国泰，等. 中国生态环境补偿费的理论与实践 [J]. 中国环境科学，1995，15 (6).

[57] 余璐，李郁芳. 中央政府供给地区生态补偿的内生缺陷—对补偿原则和收益原则内在矛盾的分析 [J]. 技术经济与管理研究，2010 (6).

[58] 林凌. 基于公平发展原则的生态补偿机制探析——以莆田市东圳水库饮用水水源保护区为例 [J]. 福建财会管理干部学院学报，2011 (1).

[59] 陈晓芳. 我国土地储备制度正当性考辨——以收储范围为视角 [J]. 北京大学学报 (哲学社会科学版)，2011，48 (5).

[60] 谭秋成. 丹江口库区化肥施用控制与农田生态补偿标准 [J]. 中国人口·资源与环境，2012，22 (3).

[61] 王爱敏，葛颜祥，耿翔燕. 水源地保护区生态补偿利益相关者行为选择机理分析 [J]. 中国农业资源与区划，2015，36 (5).

[62] 王成超，杨玉盛. 生态补偿方式对农户可持续生计影响分析 [J]. 亚热带资源与环境学报，2013，8 (4).

[63] 王放，王益谦. 论生态移民与长江上游可持续发展 [J]. 人口与经济，2003 (2).

[64] 王丰年. 论生态补偿的原则和机制 [J]. 自然辩证法研究，2006，22 (1).

[65] 王青瑶，马永双. 湿地生态补偿方式探讨 [J]. 林业资源管理，2014 (6).

[66] 王淑云，耿雷华，黄勇，等. 饮用水水源地生态补偿机制研究 [J]. 中国水土保持科学，2009 (9).

[67] 王彤，王留锁，姜曼. 水库流域生态补偿标准测算体系研究——以大伙房水库流域为例 [J]. 生态环境学报，2010，19 (6).

[68] 王鑫，张忠潮，高琪. 对流域生态补偿内涵的法律思考 [J]. 长春工业大学学报 (社会科学版)，2014，26 (6).

［69］王作全，王佐龙，等. 关于生态补偿机制基本法律问题研究—以三江源国家级自然保护区生物多样性保护为例［J］. 中国人口·资源与环境，2006，16（1）.

［70］项和祖，周运祥，张华忠. 三峡库区受淹工矿企业补偿评估理论与探索［J］. 水利水电快报，1997，18（24）.

［71］谢婉菲，尹奇，鲍海君. 基于农户行为的彭州市耕地保护现状及影响因素分析［J］. 中国农业资源与区划，2012，33（1）.

［72］徐保根. 基于集对分析的征地补偿价格评估方法研究［J］. 武汉大学学报（哲学社会科学版），2009，62（6）.

［73］徐大伟，涂少云，常亮，等. 基于演化博弈的流域生态补偿利益冲突分析［J］. 中国人口. 资源与环境，2012（2）.

［74］徐敬俊，吕浩. 捕捞渔民转产转业的沉淀成本分析［J］. 中国渔业经济，2008，26（1）.

［75］徐琳瑜，杨志峰，帅磊，等. 基于生态服务功能价值的水库工程生态补偿研究［J］. 中国人口·资源与环境，2006，16（4）.

［76］徐永田. 水源保护中生态补偿方式研究［J］. 中国水利，2011（8）.

［77］徐振辞，潘增辉，樊雅丽，等. 城市供水水源地集水区生态补偿研究—以岗南、黄壁庄水库集水区为例［J］. 南水北调与水利科技，2009，7（1）.

［78］燕守广. 关于生态补偿概念的思考［J］. 环境与可持续发展，2009（3）.

［79］于富昌，葛颜祥，等. 水源地生态补偿各主体博弈及其行为选择［J］. 林业经济，2013（2）.

［80］俞海，任勇. 流域生态补偿机制的关键问题分析—以南水北调中线水源涵养区为例［J］. 资源科学，2007，29（2）.

［81］张建. 论生态补偿的法律内涵［J］. 知识经济，2014（9）.

［82］张术环. 从征地补偿和生态补偿的依据看征地生态补偿的内涵［J］. 农业经济，2009（3）.

［83］张术环. 论征地生态补偿的内涵实质和原则［J］. 学术论坛，2008（7）.

［84］张韬. 西江流域水源地生态补偿标准测算研究［J］. 贵州社会科

学，2011，261（9）.

［85］张文新. 论城市土地储备的理论基础［J］. 城市发展研究，2004，11（2）.

［86］张郁，苏明涛. 大伙房水库输水工程水源地生态补偿标准与分配研究［J］. 农业技术经济，2012（3）.

［87］周竞红. 民族地区的生态移民风险规避与和谐社会构建［J］. 大连民族学院学报，2006（4）.

（三）其他类

［1］陈曦. 城市水源保护与管理机制研究［D］. 武汉：中国地质大学，2010.

［2］封雅卓. 河北省平山县水源地生态补偿机制的研究［D］. 武汉：中国地质大学，2011.

［3］何欣. 西南山地水源地生态补偿研究——基于平武县余家山案例的分析［D］. 成都：四川省社会科学院，2008.

［4］姜曼. 大伙房水库上游地区生态补偿研究［D］. 长春：吉林大学，2009.

［5］刘思典. 森林生态效益补偿主要原则研究［D］. 北京：北京林业大学，2011.

［6］卢艳丽. 大伙房水库生态补偿机制的理论与实证研究［D］. 长春：东北师范大学，2008.

［7］石利斌. 城市水源地生态补偿分区与管治研究［D］. 北京：首都经济贸易大学，2014.

［8］姚艺伟. 丹江口库区水源地保护及利益补偿机制研究［D］. 武汉：中南民族大学，2009.

［9］于富昌. 水源地生态补偿者界定及其博弈分析［D］. 泰安：山东农业大学，2013.

［10］张彤. 大连市水源地保护区生态脆弱性评价及生态补偿机制研究［D］. 大连：辽宁师范大学，2011.

［11］邓明翔. 滇池流域生态补偿机制研究［D］. 昆明：云南财经大学，2012.

二、外文文献

[1] ALLEN A O, FEDDEMA J J. Wetland loss and substitution by the section 404 permit program in southern Califonia, USA [J]. Environmental Management, 1996 (22).

[2] ASQUITH N M, VARGAS M T, WUNDER S. Selling Two Environmental Services: In - kind Payments for Bird Habitat and Watershed Protection in Los Negros, Bolivia [J]. Ecological Economics, 2008, 65 (4).

[3] BOUMANS R., COSTANZA R., FARLEY J., VILLA F., WILSON M.. Modeling the dynamics of the integrated earth system and the value of global ecosystem services using the GUMBO model [J]. Eco- logical Economics, 2002 (41).

[4] COSTANZA R, et al. The value of the world's ecosystem services and natural capital [J]. Nature, 1997 (387).

[5] COSTANZA R, D´ARGE R, et al. The value of ecosystem services: putting the issues in perspective [J]. Ecological Economics, 1998 (25).

[6] CUPERUS R, CANTERS K J, et al. Guidelines for ecological compensation associated with highways [J]. Biological Conservation, 1999, 90 (1).

[7] DAILY G C. Nature's Service: Societal Dependence on Natural Ecosystems [M]. Washington D. C.: Island Press, 1997 (25).

[8] DAUBERT JT, YOUNG RA. Recreational demands for maintaining instream flows: a contingent valuation approach [J]. American journal of agricultural economics, 1981, 63 (4).

[9] ENGEL S, PAGIOLA S, WUNDER S. Designing Payments for Environmental Services in Theory and Practice: An Overview of the Issues [J]. Ecological Economics, 2008, 65 (4).

[10] FARLEY J, COSTANZA R. Payments for Ecosystem Services: From Local to Global [J]. Ecological Economics, 2010, 69 (11).

[11] FENNESSY, M. S., CRONK J. K. The effectiveness and restoration potential of riparian ecotones for the management of nonpoint source pollution, par-

ticularly nitrate [J]. Critical Reviews in Environmental Science and Technology, 1997, 27 (4).

[12] FERRARO P J. Asymmetric Information and Contract Design for Payments for Environmental Services [J]. Ecological Economics, 2008, 65 (4).

[13] FERRARO P J, Simpson D. The Cost-effectiveness of Conservation Payments [J]. Land Economics, 2002, 78 (3).

[14] HECKEN G V, BASTIAENSEN J. Payments for Ecosystem Services: Justified or Not A Political View [J]. Environmental Science&Policy, 2010, 13 (8).

[15] HEAD J. G., SHOUP C. S.. Public Goods, Private Goods, and Ambiguous Goods [J]. The Economic Journal, Vo1. 79, No. 315 (1969).

[16] KOSOY N, CORBERA E. Payments for Ecosystem Services as Commodity Fetishism [J]. Ecological Economics, 2010, 69 (6).

[17] MUNOZ-PINA C, GUEVARA A, TORRES J M, et al. Paying for the Hydrological Services of Mexico's Forests: Analysis, Negotiations and Results [J]. Ecological Economics, 2008, 65 (4).

[18] MURADIAN R, CORBERA E, PASCUAL U, et al. Reconciling Theory and Practice: An Alternative Conceptual Framework for Understanding Payments for Environmental Services [J]. Ecological Economics, 2010, 69 (6).

[19] WARD F A. Economics of water allocation to instream uses in a fully appropriate driver basin: evidence from a New Mexico Wild River [J]. Water Resources Research, 1987, 23 (3).

[20] COSTANZA R R A. Theory of Public Finance [M]. New York: McGraw Hill, 1959.

[21] NEWTON P, NICHOLS E S, ENDO W, et al. Consequences of Actor LevelLivelihood Heterogeneity for Additionality in a Tropical Forest Payment for Environmental Services Programme with an Undifferentiated Reward Structure [J]. Global Environmental Change, 2012, 22 (1).

[22] NORGAARD R B. Ecosystem Services: From Eye-opening Metaphor to

Complexity Blinder [J]. Ecological Economics, 2010, 69 (6).

[23] VATN A. An Institutional Analysis of Payments for Environmental Services [J]. Ecological Econo- mics, 2010, 69 (6).

[24] COSTANZA R J, et al. Paying for the Environmental Services of Silvopastoral Practices in Nicaragua [J]. Ecological Economics, 2007, 64 (2).

[25] PETHERAM L, CAMPBELL B M. Listening to Locals on Payments for Environmental Services [J]. Journal of Environmental Management, 2010, 91 (5).

[26] PHAM T T, CAMPBELL B M, GARNETT S. Lessons for Pro-poor Payments for Environmental Services: An Analysis of Projects in Vietnam [J]. The Asia Pacific Journal of Public Administration, 2009, 31 (2).

[27] CUPERUS R, et al. Guidelines for ecological compensation associated with highways [J]. Biological Conservation, 1991, (3).

[28] HOLTERMANN S. E.. Externalities and Public Goods [J]. Economics, Vo1. 39, No. 153 (1972).

[29] SCHERR S., WHITE A. and KHARE A.. Current Status and Future Potential of Markets for Ecosystem Services of Tropical Forests: an Overview. A Report prepared for the International Tropical Timber Council [EB/OL]. Accessible with www. forest- rends. rg, 2004.

[30] SCHOMERS S, MATZDORF B. Payments for Ecosystem Services: A Review and Comparison of Developing and Industrialized Countries [J]. Ecosystem Services, 2013 (6).

[31] SCULLION J, THOMAS C W, COGT K A , et al. Evaluating the environmental impact of payments for ecosystem services in Coatepec (Mexico) using remote sensing and on-site interviews [J]. Environmen- tal Conservation, 2011, 38 (4).